HKPIP

U0959012

ARCHITECTURE

WORLD HOTELS

世界酒店建筑

——对话国际建筑师事务所

香港理工国际出版社 主编

中国林业出版社

前言

现代酒店是一个集食、宿、行、娱、购、游为一体的综合性服务企业，是一个充分体现现代科技文明、物质文明、精神文明的经济实体。顺应世界经济的发展，星级酒店有如雨后春笋般层出不穷。酒店业在强劲的市场需求推动下，其规模每 10 年都会成倍地增长，未来必将演绎出一番浩荡繁荣的景象。

但凡一个优秀的酒店无一不是建筑师精心策划、呕心沥血设计出来的，它就好比一个产品，既包含商业性，又包含艺术性，更包含生活性、人文性。自 19 世纪中叶以后，随着宾客对酒店功能要求复杂性的不断增加，设计师也表现出层出不穷的想象力。酒店除了拥有住宿、餐饮、聚会等基本功能之外，已逐渐成为乡村、都市的文化空间，它甚至还是一种思想，一种文化，一个故事。

香港理工国际出版社本着"弘扬建筑文化，传播先进建筑理念"的宗旨，最近隆重推出《世界酒店建筑》一书。该书共收录了 19 家设计公司的 30 多个设计风格迥异的酒店项目专案，已建成或尚在设计中的项目专案都代表了目前国际上最新最好的酒店建筑设计，体现出当代酒店建筑设计多元化的发展趋势。其特征主要表现为新颖尖端的设计、别出心裁的方式和与众不同的构造。书中包含有 ZNA 泽碧克格鲁建筑设计事务所设计的三亚海棠湾红树林费尔蒙酒店、UN 工作室设计的法兰克福君悦酒店、FOSTER 建筑事务所设计的新加坡卡佩拉酒店等等一系列具有代表性的酒店建筑作品。

Jan Benda
AAI 设计主管

张俊杰
现代设计集团
华东建筑设计研究院有限公司董事长

王旭
ZNA(北京） 董事

Remo Riva
P & T 设计总监

杨为众
总建筑师
深圳市筑博工程设计有限公司

Martin Jochman
阿特金斯集团设计总监

序一

写这篇文字的时候，我在海上。

远离了忙碌的办公室，交通拥堵喧嚣的城市，往来繁杂的电邮与电话，把自己从一个专业设计师转换到一个平凡旅行者的位置上，也许与我们想要创造的感觉更近了。

因为在路上，在别处，所以人们才获得了从另一个角度审视自己原有生活的机会，可以思考、冥想，甚至忘却……因而有了太多的如果，如果我不是原来的我，而是生活在另外一个地方的自由生命，那么生活于我是否就有了全然不同的含义。

正是酒店和度假胜地为人们的这种需求提供了开启全新体验的契机。优秀的酒店建筑师所关注的远远超越了建筑实体，他们着眼于营造新的度假体验及生活方式，给人们提供一个能够去忘却，去唤醒，去重生的空间。因为即使再昂贵的酒店客房依然是有价的，而从日常生命中超越，唤醒另一个自己的全新感受是无价的，也是人们梦寐以求的。

中国酒店业目前尚处于发展期，随着人们对度假及旅行需求的进一步提高，中国的酒店业也势必迎来蓬勃发展的高潮，更高的标准，更新的理念，但最终都离不开对人的关注。书中所收录的 30 多个酒店项目，都属于目前国际上最新的典范作品。它们具有多方面的优秀特质，而共同点就是聚焦于人，设计师们的目标不再仅仅是设计又一个酒店，而是设计一种人们从来没有经历过的，令人回味与难忘的生活体验。这也就是中国未来酒店业的发展趋势吧。

ZNA 北京 Principal 董事王旭

序二

酒店和度假胜地的设计对建筑师来讲有着极大的乐趣。尤其在最初的设计理念和项目研究阶段，想要获取必要的知识和灵感的最佳方式就是去旅行，这样才能在第一时间发掘出不同目的地类似风格的相关项目。当然，这并不适用于所有情况，但仍然可以获得十分优质的参考数据。

很显然，这本书的真正意图不仅仅是成为设计者的学习参考数据，更是人们茶余饭后坐在咖啡馆的休闲书籍，颇具吸引力。书中大量不同风格的经典项目，无论是已完成或尚在设计之中的，都出自国际顶尖设计师之手，将为您展示全球最新的酒店设计理念。

很长一段时间内，我都在为酒店业做设计。最近在中国，我的客户们常常要求我为他们设计出一座"地标性建筑"。而我给他们的回答是——一座"地标性建筑"不仅需要标志性的地点、优秀的客户、出色的建筑师，地理位置、设计的质量、建筑材料的质地和创新的理念都成为一个真正"地标性建筑"的重要组成部分。当然，地标性就代表了它的价格不菲，并且单靠外形无法促成它的地标性。作为酒店设计师，我们很荣幸面对这样的挑战，尤其是在潜力无限且标榜高调的酒店业。作为酒店的经营者，他们也正在试图以最原始的建筑理念超越彼此，成为媒体新闻报道的头条。

酒店设计是一个十分复杂的行业。在这里，你面对着大量有兴趣的客户，他们都拥有自己的一套想法。而一座优秀的建筑必须满足开发商、经营者和使用者各自不同的需要，所以这将是一个漫长且艰难的过程。在这里，我们可以看到一个设计中需要考虑到类型、形状和质量等各种因素，但是设计者始终要围绕一个观点，即不仅要满足客户对建筑原始和创新的要求，还要用一种理性并经过深思熟虑的方式表达在设计当中。

创新是关键，它可以体现在不同的方面，比如创新的结构、密集程度和规划解决的方案等，都应该遵循低碳、绿色可持续发展的原则。值得一提的是，这本书中介绍的酒店设计恰恰突出了这个主题。绿色可持续发展的原则是近年来酒店业的新热点，覆盖的范围十分之广，从最初的生态环保旅行发展到在设计中坚持可持续低碳利用的原则，再发展到运营方式当中。同时，作为设计者，我们的支持和促进也是十分重要的。这也需要设计者、客户、运营商和宾客的理解，我们有责任减少能源的浪费和进入大气层的碳排放，这些都是十分有意义的。由于长期的运营成本，建筑物必须对开发商和运营商同时具有吸引力，并大大增加用户的环境舒适度。有了如此优秀的项目，我们才更加具有说服力。

Martin Jochman Dip Arch (Bristol) RIBA Design Director ATKINS

序三

“能知是智，所知是境，智来溟境，得玄即真”——从一本书，可以去探求酒店设计的真谛，除了常说的塑造生活品味，引领生活模式，更深层次的应该是提升生活的境界。本书收纳的无论是城市酒店还是度假酒店都体现着世界各国最新的酒店理念，而其中蕴含的境界与智慧则需要读者去细细品味。希望这是一本能够在一种轻松的氛围里带给您独特的视觉和心理体验的书。

随着我国城市化的进程和重点城市国际化的发展，国民生活水平的提高，旅游业将成为国民经济的战略性支柱产业，中国的酒店行业也将迎来新一轮再发展的机遇。酒店建筑，作为一种建筑类型和物质载体，在功能上为客人提供歇息、栖身的场所，并为客人配备商务或休闲、娱乐活动功能； 在文化、精神上，因与人所处的时代生活高度的相关性和代表性， 反映了人们的希望和追求，反映了时代的文明特征。客人更重视酒店给人的整体印象和它的服务，以及是否能令人感到宾至如归。近年来，顾客的需求有了显著的变化，人们希望如今的酒店与十年前的传统设计有所不同，差异化、独特性是主要因素，个性化的酒店和设计同样也能增加酒店的客盈率。当今的酒店再次将选址、顾客定位和其价值需求作为设计的出发点，酒店的设计也常常体现出设计师的鲜明风格特征。对入住酒店的客人来说，有的时候会超越“住宿”这一需求本身，而成为寻求特殊的体验。另一个差异化趋势反映在酒店服务品种的不断丰富，酒店类型呈现出多元化发展，如度假酒店、会议商务酒店、经济型连锁酒店、奢华型精品酒店、迷你型酒店、大型超级酒店、主题性酒店等应有尽有。对顾客来说，从一成不变的日常生活中抽身而出，在较短的那段时间里希望能得到独特的体验，这种情况就决定了酒店的设计必须要把握设计潮流的脉搏，把握顾客的价值需求，并在实践中不断加以调整，探索价值创新和升值之路。

目前，绿色环保的理念已经深入人心，而酒店建筑作为耗能大户，如何在保证舒适性的同时降低能耗是一大难题，这需要设计者具有出色的总体把控能力，能够协调各个专业及部门，达到酒店管理公司以及绿色评定机构的共同要求，尽管这两者的要求在大多数情况下是矛盾的。绿色酒店之路必然曲折，但也势在必行，我们作为设计者，所做的就是走在市场的前面，书中收纳的一些酒店已在设计上积极探索实践，力求达到绿色建筑标准。在可以预见的将来，绿色标准必将成为推进酒店理念发展的巨大推动力。

张桦

现代设计集团
华东建筑设计研究院有限公司董事长
中国建筑学会建筑师分会副理事长
中国建筑学会建筑师学会建筑理论与创作委员会副主任委员

ATKINS

KPF

ZNA

UN

WONG TUNG

FOSTER

MT

AEDAS

MAD

195
199
203

211

231

243

255

ECADI

JR

ZHUBO

AS

3LHD

ATKINS

作为伦敦股票市场的上市公司，阿特金斯集团在全球拥有17,000多名员工，是世界上最成功的国际建筑公司之一，是欧洲最大的咨询工程公司，还是世界领先的生态环境和可持续发展专业咨询公司。

经过在中国大陆10多年的稳步发展，阿特金斯(中国)已拥有超过500名员工，业务范围涵盖了城市规划、城市设计、建筑及景观设计、生态环境和交通咨询。另外，子公司F & G (中国) 还提供项目和成本管理服务。阿特金斯在中国大陆几乎所有的主要城市中都非常成功地参与了城市发展建设的规划设计咨询工作，包括大量的酒店、住宅、商业、综合利用及机场等项目。

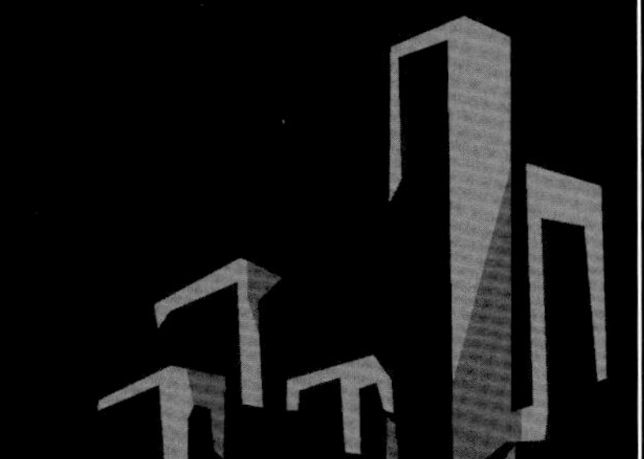

DI SHUI LAKE FIVE-STAR HOTEL

项目名称：滴水湖五星酒店
项目位置：中国，上海
竣工时间：2009年
建筑面积：67, 350平方米
专案业主：上海港城开发有限公司
设计规划：阿特金斯集团

项目简介

滴水湖五星商务度假酒店坐落于上海临港新城的一个小岛，四周湖泊环绕，共有355间客房。酒店临近上海国际机场，宾客在飞机抵达之时便清晰可见。

项目特点

该项目采取三方位空间设计，在不规则的小岛上设计出五叶荷花状的五星级酒店，非常和谐。客房以及会议室、宴会厅、水疗所、休闲娱乐设施分别配置在这五片“花瓣”上，其中主厅位于荷花的中心，圆形屋顶，与酒店房间的第三层边缘相连接。南边的二级入口则可以单独进入到会议室。五个区域的设计之中，四个为酒店客房，一个为会议区。酒店的标准区域内拥有更大的公共服务空间。

酒店内还有一个中心花园，它的弧线设计允许自然光线进入到项目内部。建筑表面采用现代与传统相结合的材料，主要是陶瓦和木料，加强其图案的设计感。锌质的屋顶，弧度柔和，在阳光下闪闪发亮。

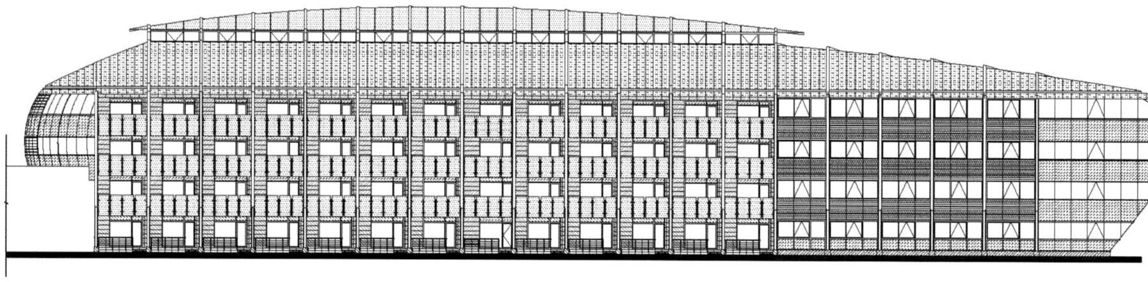

叶片立面图一

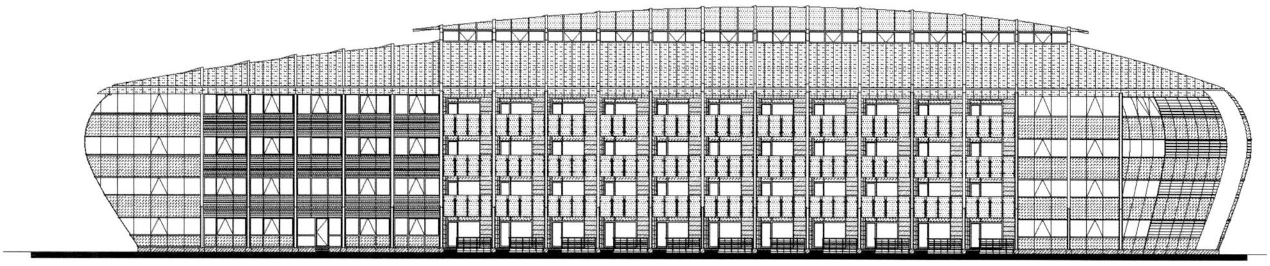

叶片立面图二

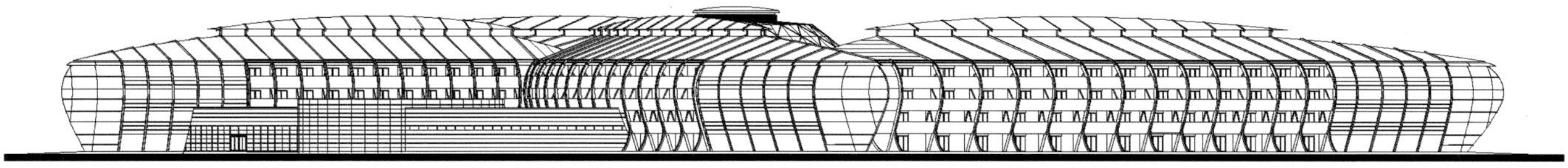

东立面图

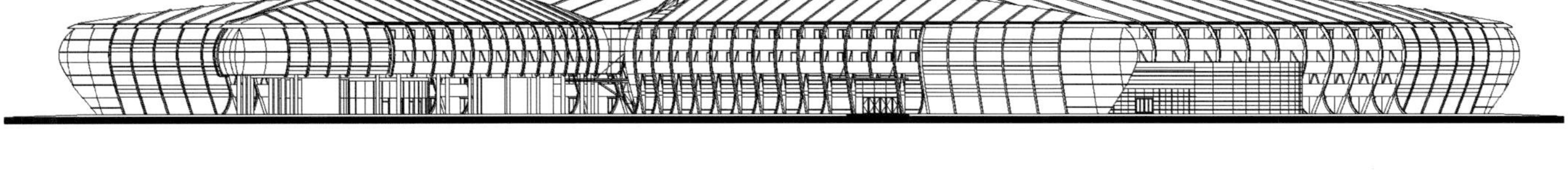

南立面图

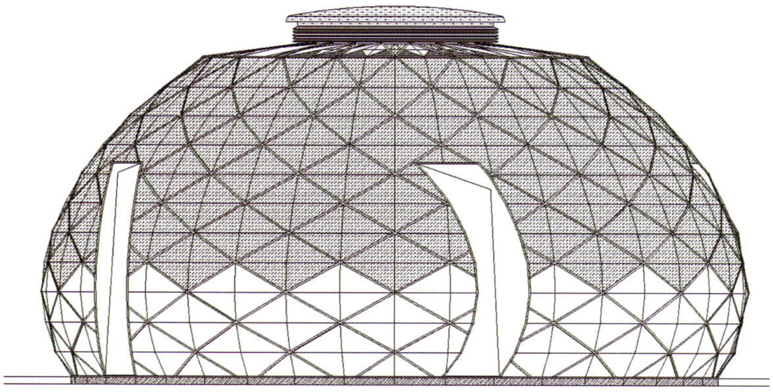

大堂立面图 -1

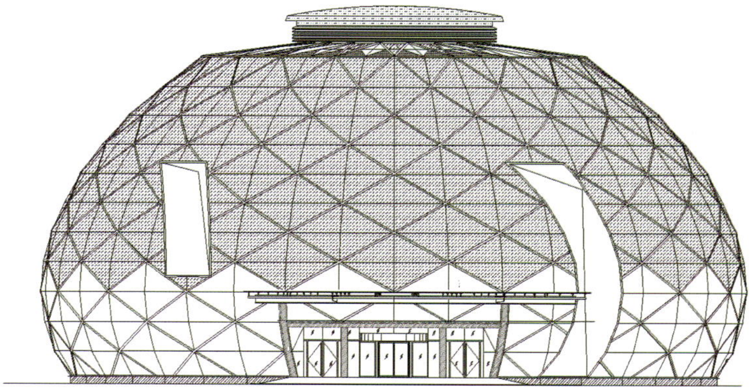

大堂立面图 -2

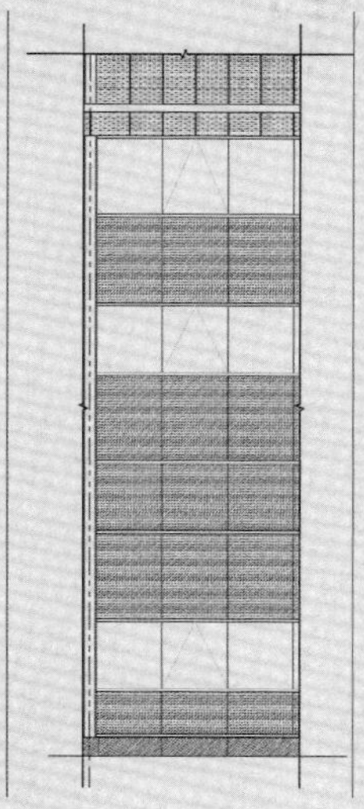

立面图

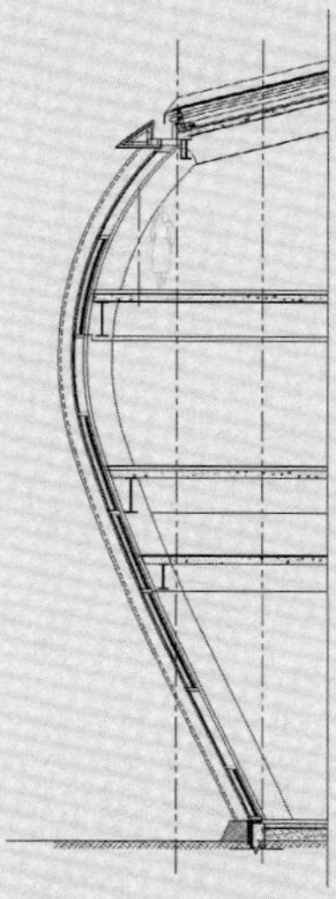

墙身剖面图

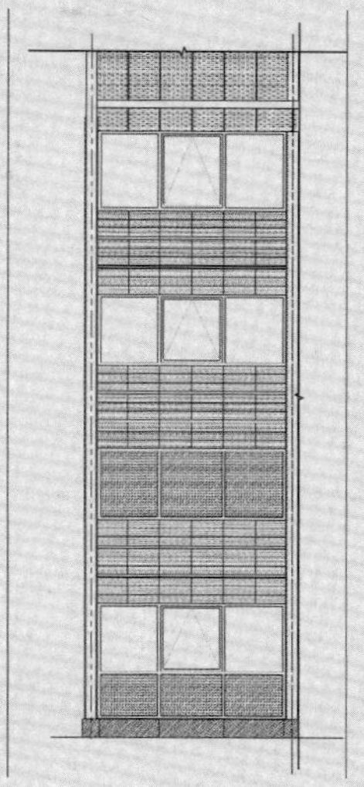

立面图

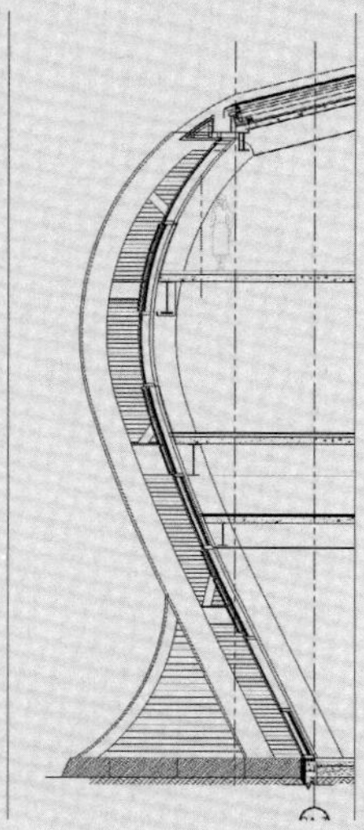

墙身剖面图

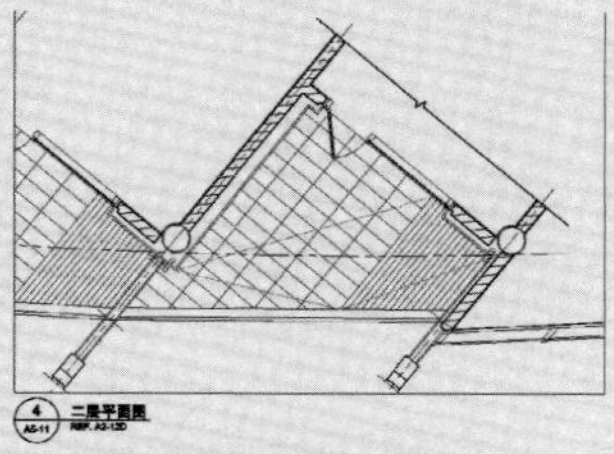

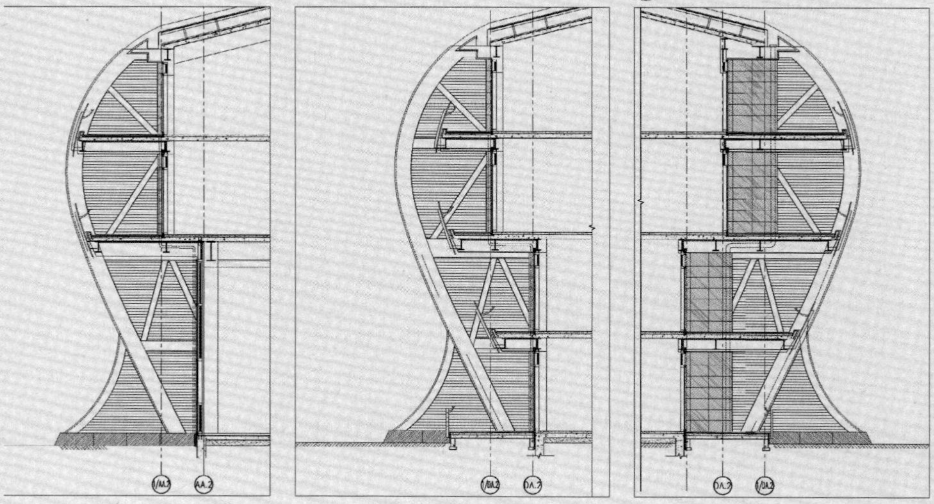

墙身剖面图

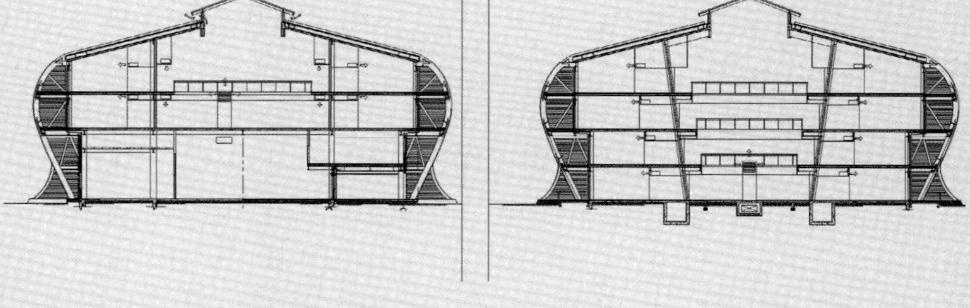

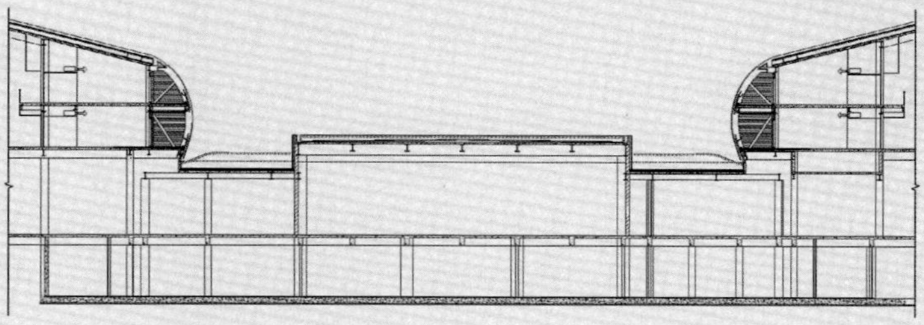

客房剖面图

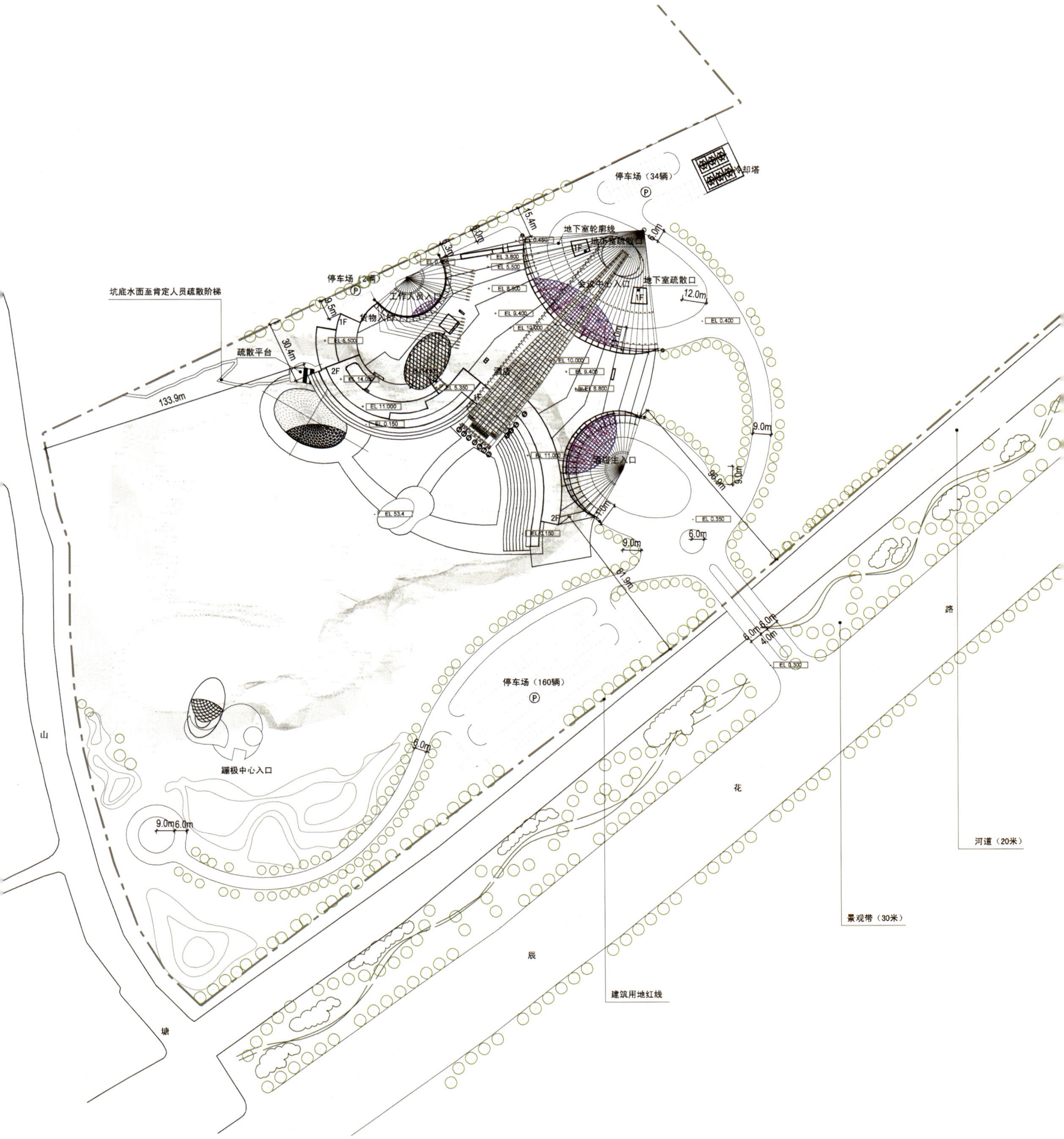

THE SONGJIANG SHIMAO HOTEL

项目名称：上海世茂松江酒店
项目位置：中国，上海
竣工时间：2009年
建筑面积：49, 409平方米
专案业主：上海世贸New Experience Development
设计规划：阿特金斯集团

项目简介

该五星级商务旅游酒店的设计在竞争中脱颖而出，它建于上海松江一个废弃的采石场内，共有388间客房。由于地面建筑高度的限制，所以决定了这栋17层的建筑大部分都在地下，即原来的采石场内部。酒店可入住约1, 000位宾客，他们还可以享受酒店里的餐厅、咖啡厅、健身房、宴会厅、水族馆、会议厅、泳池、攀岩等公共设施。

项目特点

建筑宏伟壮观，有一组瀑布状的玻璃幕墙，非常漂亮。其中，每一个楼层都由一系列被巨大瀑布破坏形成的弯曲石头面呈现出来。这里还是一座极为环保的建筑，整个酒店的屋顶种满青草，石场为酒店提供了良好的温度控制。

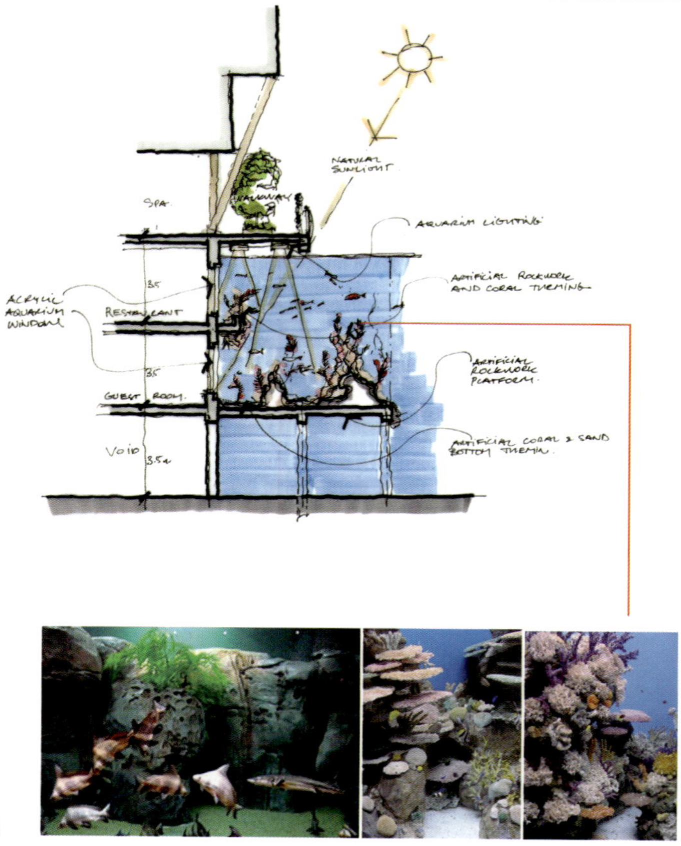

分析图

瀑布幕墙的光滑表面是整座建筑最醒目的标志。酒店的房间则在项目弯曲的"双翼"之中。酒店最低的两层客房位于水平面以下，即采石场基地的水务中心，这里还建有淡水水族馆，营造出基地中的水上生活。

立面效果图

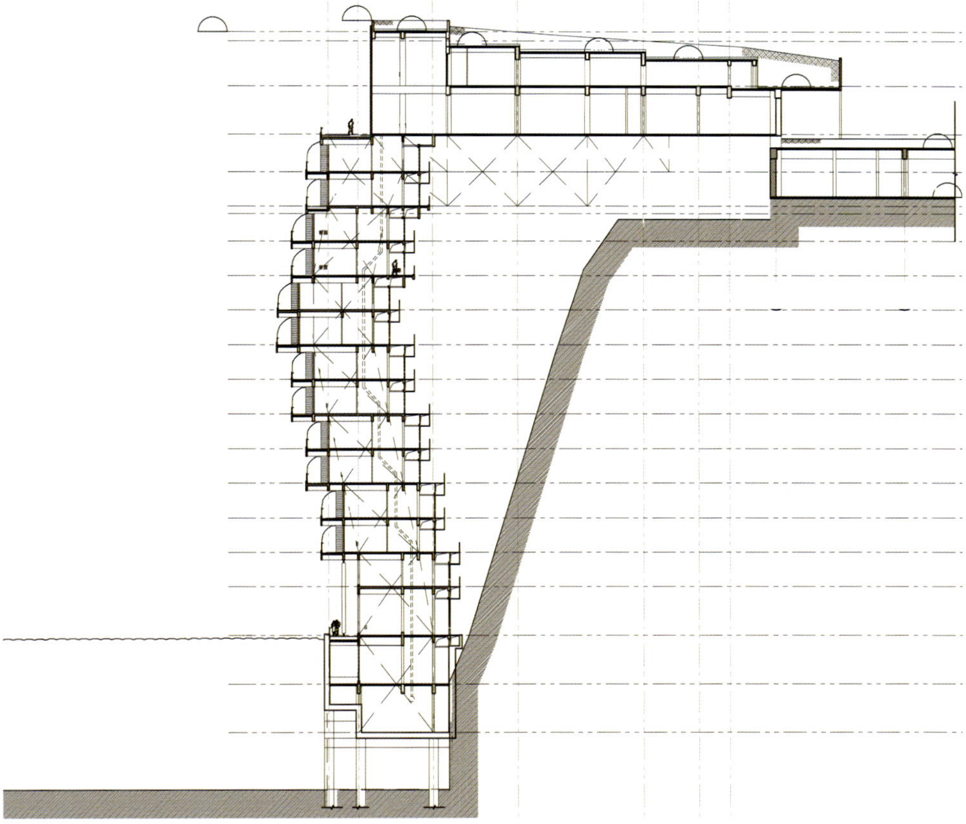

立面图 -1

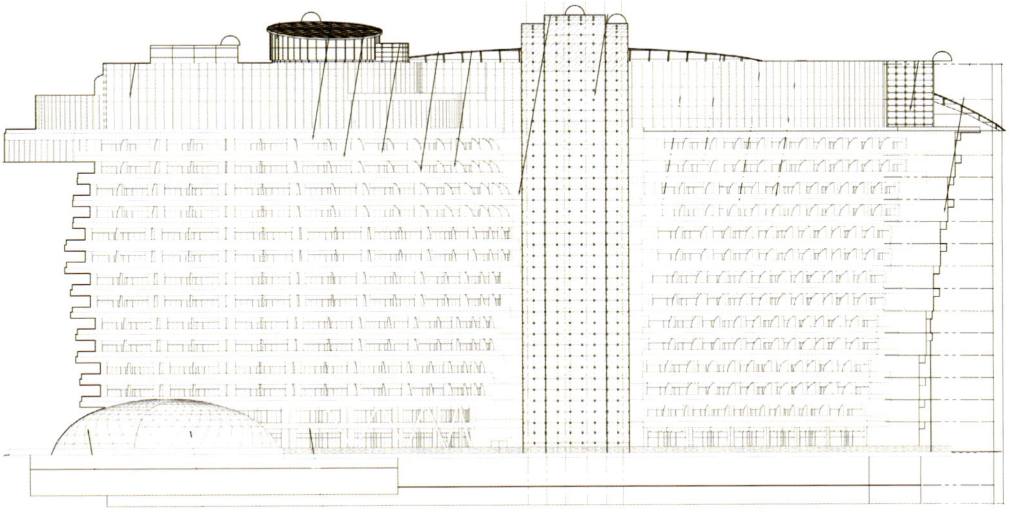

立面图 -2

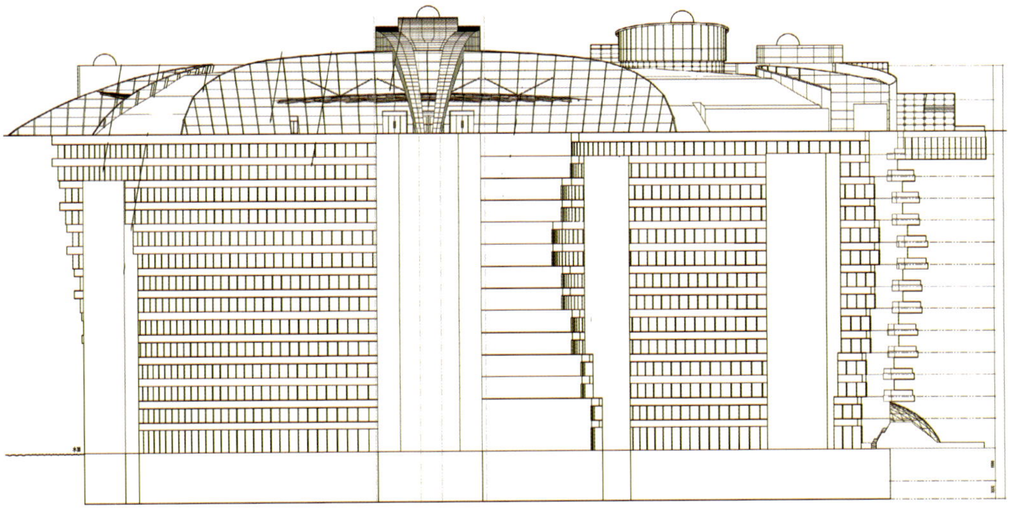

立面图 -3

THE ADDRESS DOWNTOWN BURJ DUBAI HOTEL

项目名称：澳德商业酒店
项目位置：阿拉伯联合酋长国，迪拜
竣工时间：2008年
建筑面积：178, 000平方米
专案业主：Mirage Mille
设计规划：阿特金斯集团

项目简介

澳德商业酒店坐落于著名的商业海湾区域内。开发区内有商业中心、健身俱乐部、水疗吧、餐厅及足够停放900辆汽车的大型停车场。酒店共63层，拥有198间客房。

项目特点

酒店建筑高达306米，十分壮观，其独特的设计也使之成为当地的地标性建筑。酒店楼层由一系列相连的弧形逐渐推进，展示出酒店内部的二维、三维空间，壮丽无比。

站在高塔内，可将迪拜美景尽收眼底，该设计理念也充分体现在了客房的设计中。酒店上方高耸着翼形塔尖，内有45间豪华服务套房。

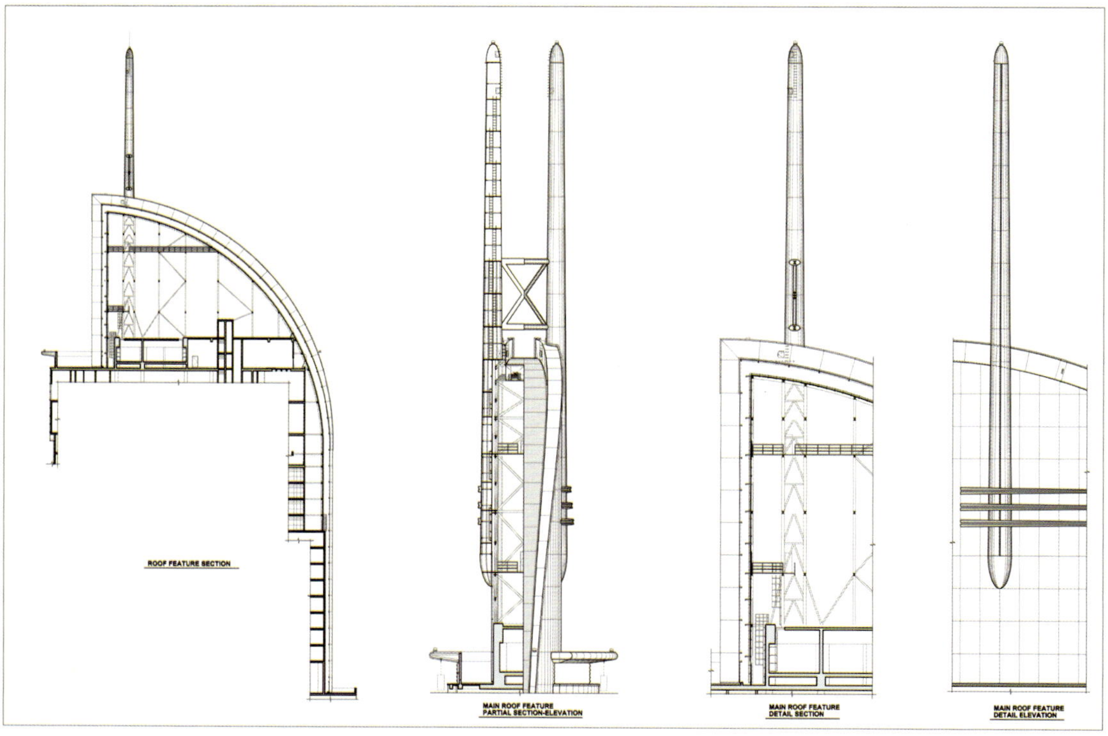

剖面图

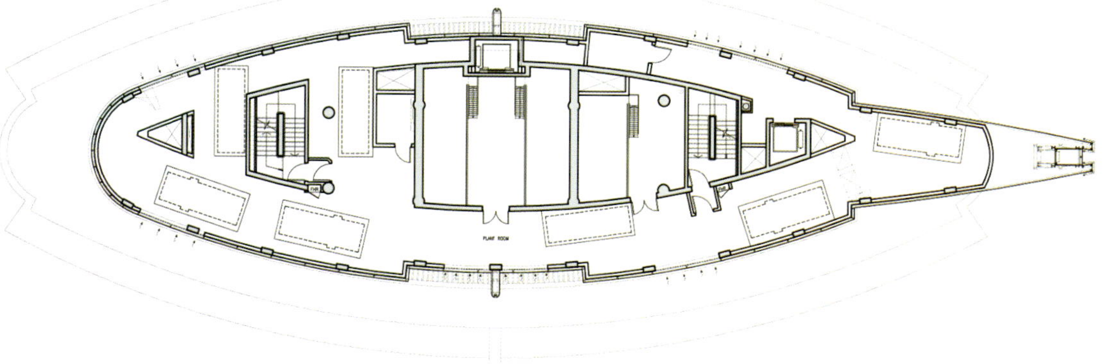

平面图 -1

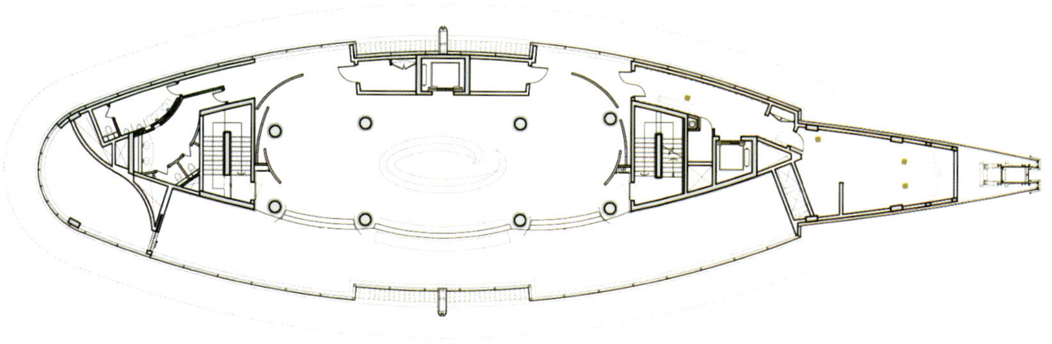

平面图 -2

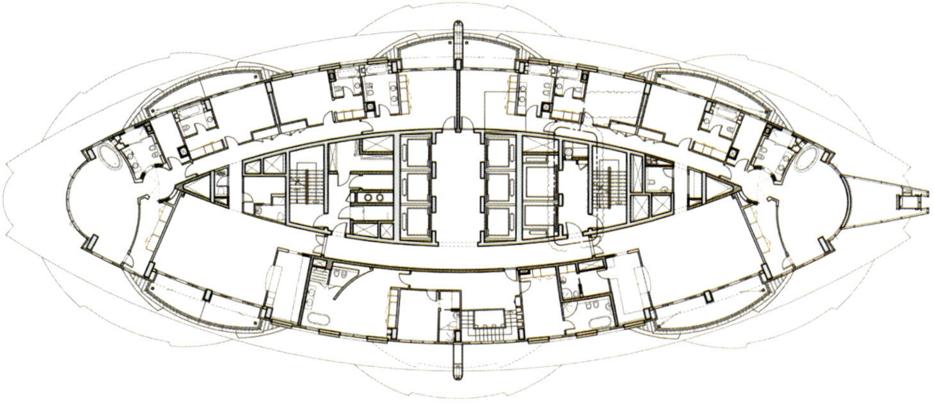

平面图 -3

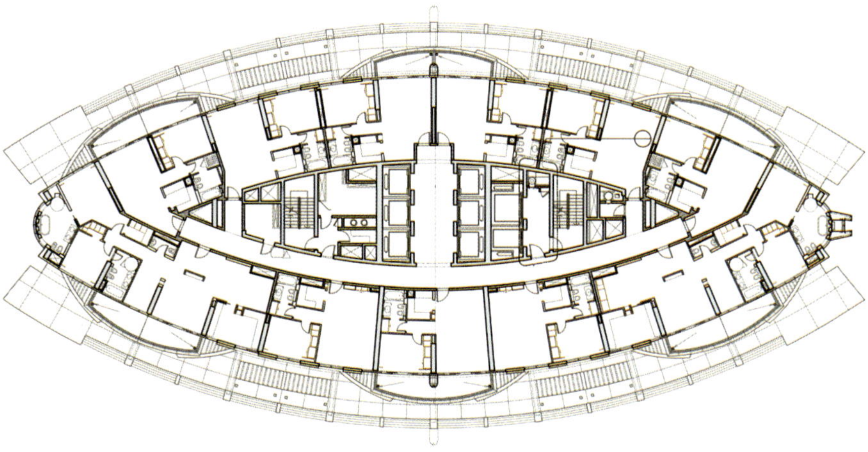

平面图 -4

SHERATON ZHANJIANG HOTEL

项目名称：湛江民大喜来登酒店
项目位置：中国，广东省，湛江
竣工时间：2011年6月
建筑面积：206, 600平方米
专案业主：广东民大投资有限公司
设计规划：阿特金斯集团

项目简介

该五星级商务度假酒店地处广东湛江，共有591间客房。"V"字型的双子楼正对海岸公园，所有客房内都可欣赏到迷人的海景。该项目结构复杂，采取了阶梯式的正面处理，最终以海贝的形状呈现出来。帆状的屋顶则更方便客人欣赏海景和美丽的昼夜地平线景观。

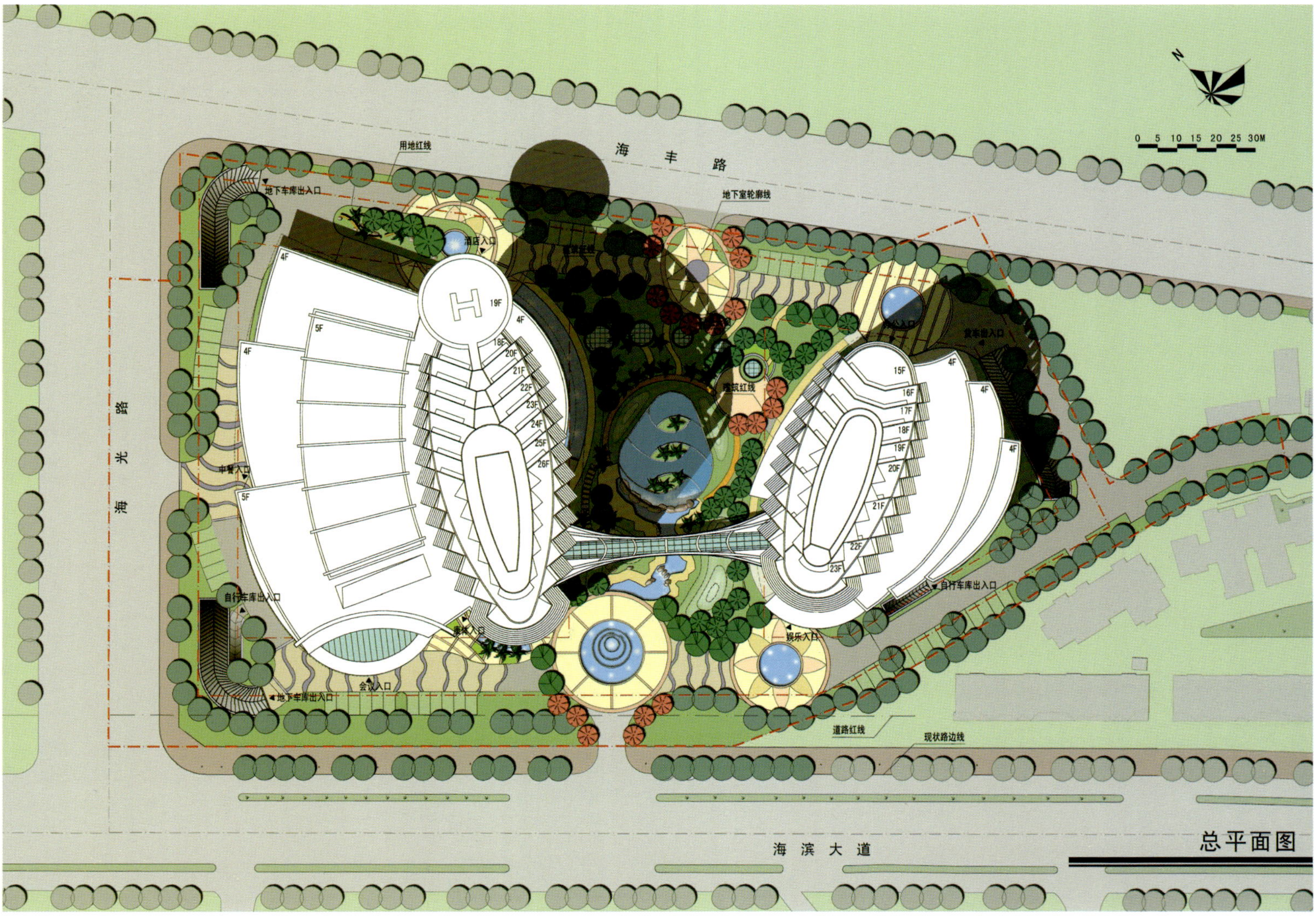
海 丰 路
海 光 路
海 滨 大 道
用地红线
地下车库出入口
地下室轮廓线
酒店入口
建筑红线
中餐入口
自行车库出入口
会议入口
娱乐入口
道路红线
现状路边线
0 5 10 15 20 25 30M
N
总平面图

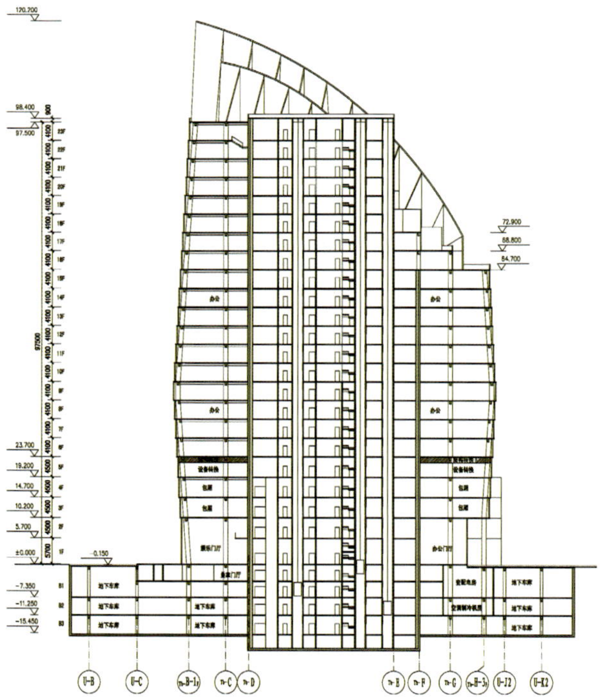

立面图 -1

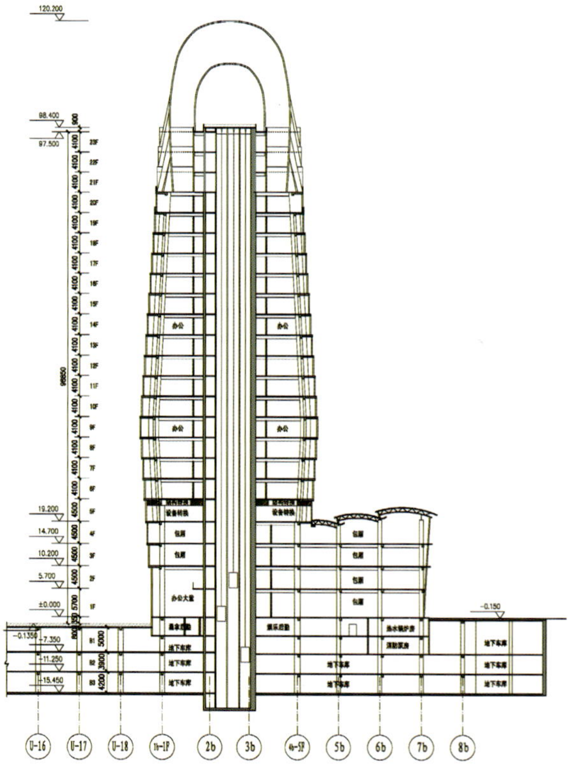

立面图 -2

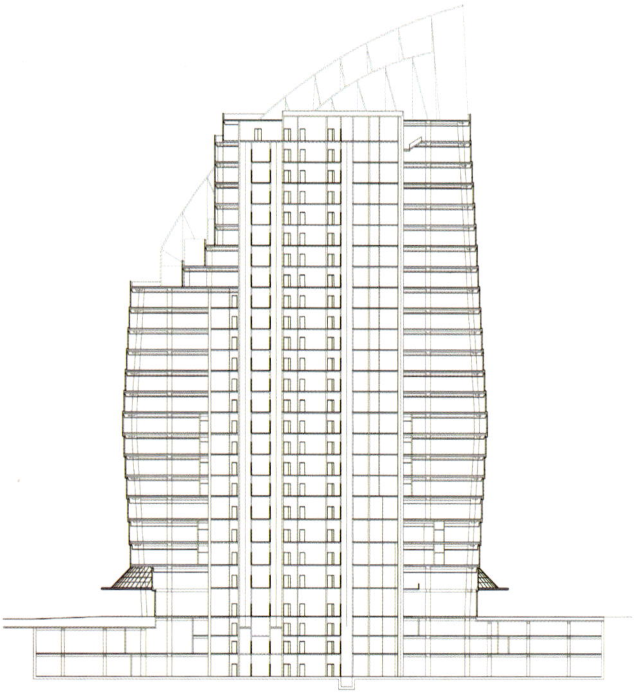

剖面图 -1

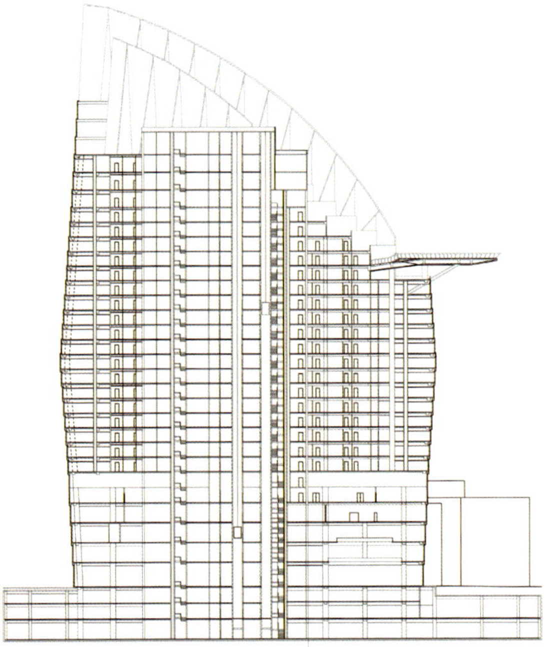

剖面图 -2

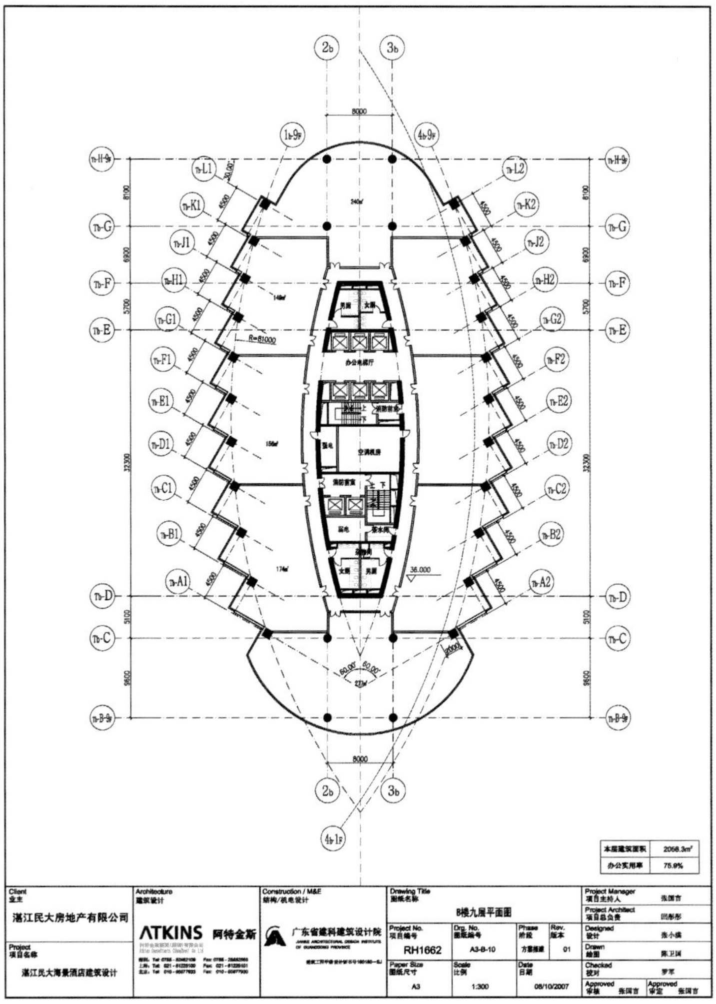
本层建筑面积 2058.3m²
办公实用率 75.9%
Client 业主
湛江民大房地产有限公司
Project 项目名称
湛江民大海景酒店建筑设计
Architecture 建筑设计
ATKINS 阿特金斯
Construction / M&E 结构/机电设计
广东省建科建筑设计院
Drawing Title 图纸名称
B楼九层平面图
Project No. 项目编号 RH1662
Drg. No. 图纸编号 A3-B-10
Phase 阶段 方案推建
Rev. 版本 01
Paper Size 图纸尺寸 A3
Scale 比例 1:300
Date 日期 08/10/2007
Project Manager 项目主持人 张国言
Project Architect 项目总负责 回彤彤
Designed 设计 张小填
Drawn 绘图 陈卫国
Checked 校对 罗军
Approved 审核 张国言
Approved 审定 张国言

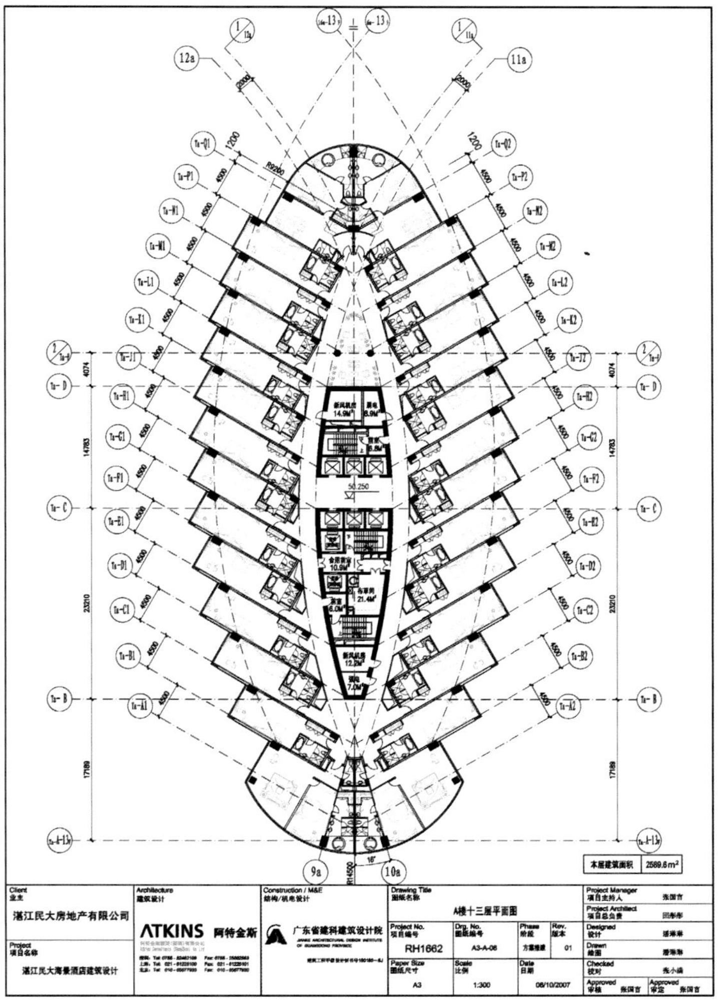
本层建筑面积 2589.6m²
Client 业主
湛江民大房地产有限公司
Project 项目名称
湛江民大海景酒店建筑设计
Architecture 建筑设计
ATKINS 阿特金斯
Construction / M&E 结构/机电设计
广东省建科建筑设计院
Drawing Title 图纸名称
A楼十三层平面图
Project No. 项目编号 RH1662
Drg. No. 图纸编号 A3-A-06
Phase 阶段 方案推建
Rev. 版本 01
Paper Size 图纸尺寸 A3
Scale 比例 1:300
Date 日期 08/10/2007
Project Manager 项目主持人 张国言
Project Architect 项目总负责 回彤彤
Approved 审核 张国言
Approved 审定 张国言

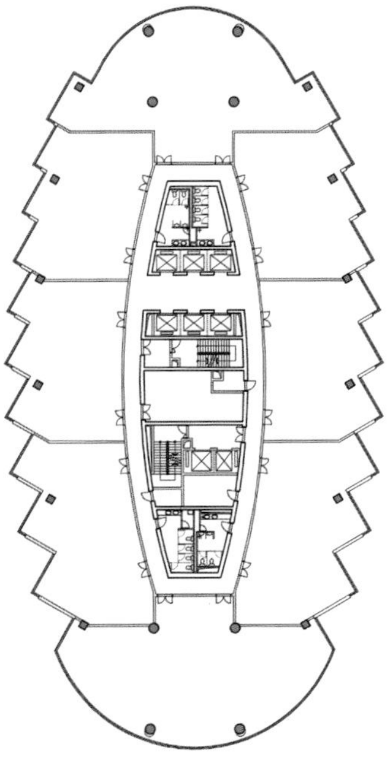

平面图 -1

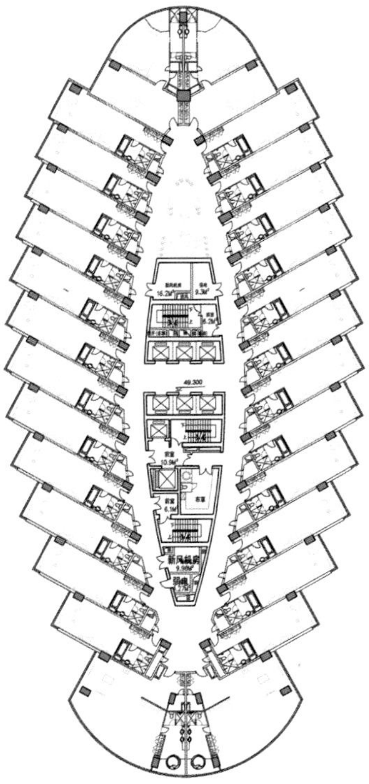

平面图 -2

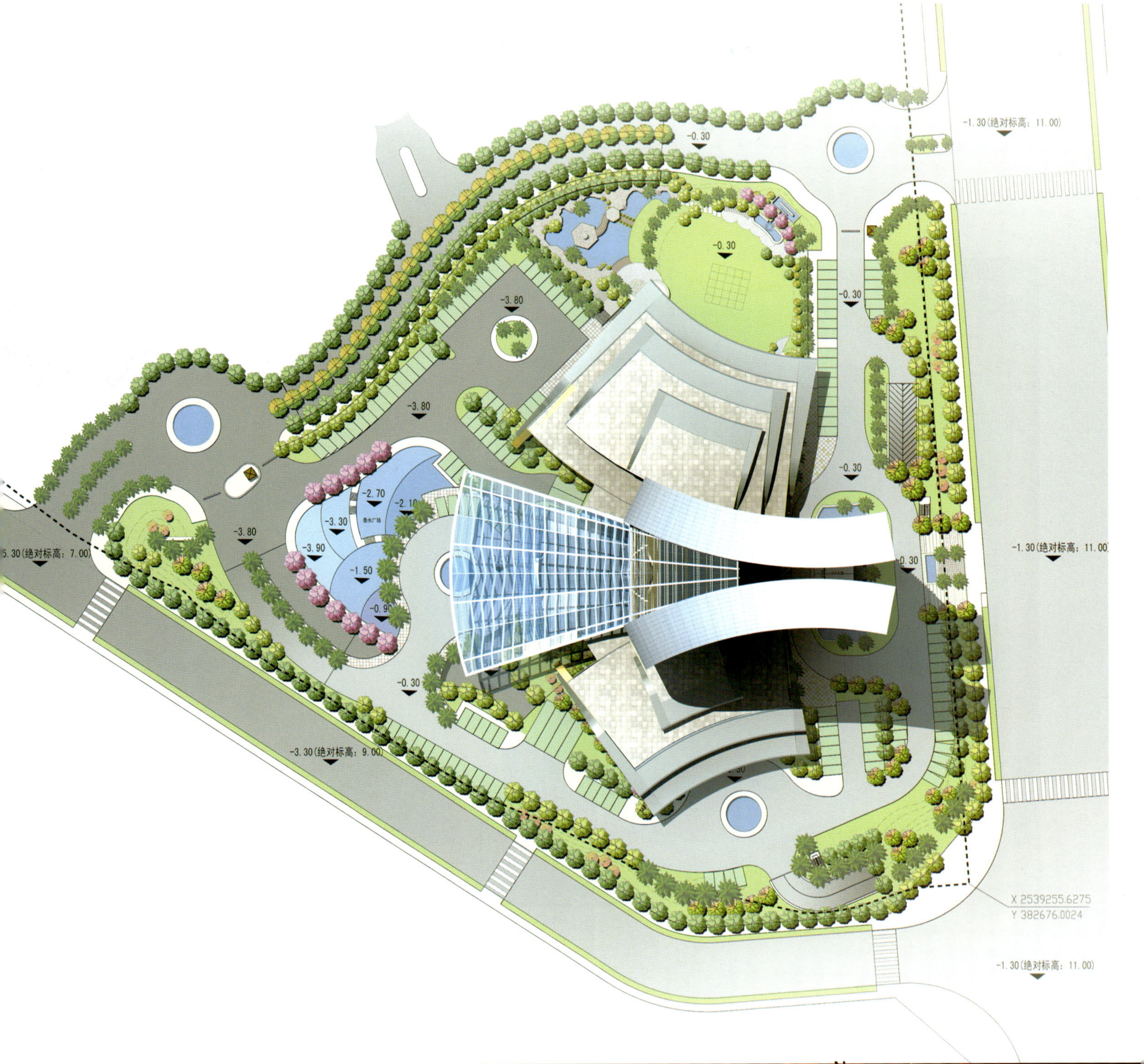

GAOMING FUYIWAN FIVE-STAR HOTEL

项目名称：高明富逸湾五星级酒店
项目位置：中国，广东省，顺德
竣工时间：2011年
建筑面积：128, 992平方米
专案业主：富逸湾实业开发有限公司和新加坡NewStar国际投资股份有限公司
设计规划：阿特金斯集团

项目简介

在酒店内能够欣赏到附近河谷的美丽风景及西桥山上著名的佛像。两座南北方向的桥将其与广州和机场连接起来，东边是住宅开发区，南边河岸上则是未来的商业区。

该项目共28层，全部由热弯玻璃装饰，铝面，共400间客房。整体是由两栋高耸的建筑复合而成，顶部有露台。酒店还包括各种公共设施，包括室内外游泳池、可容纳800人的宴会厅、会议室、健身俱乐部、酒吧、餐厅、便利店，还有独立管理的水疗会所等娱乐设施。这些都是为酒店以及东部豪华别墅开发区服务的。

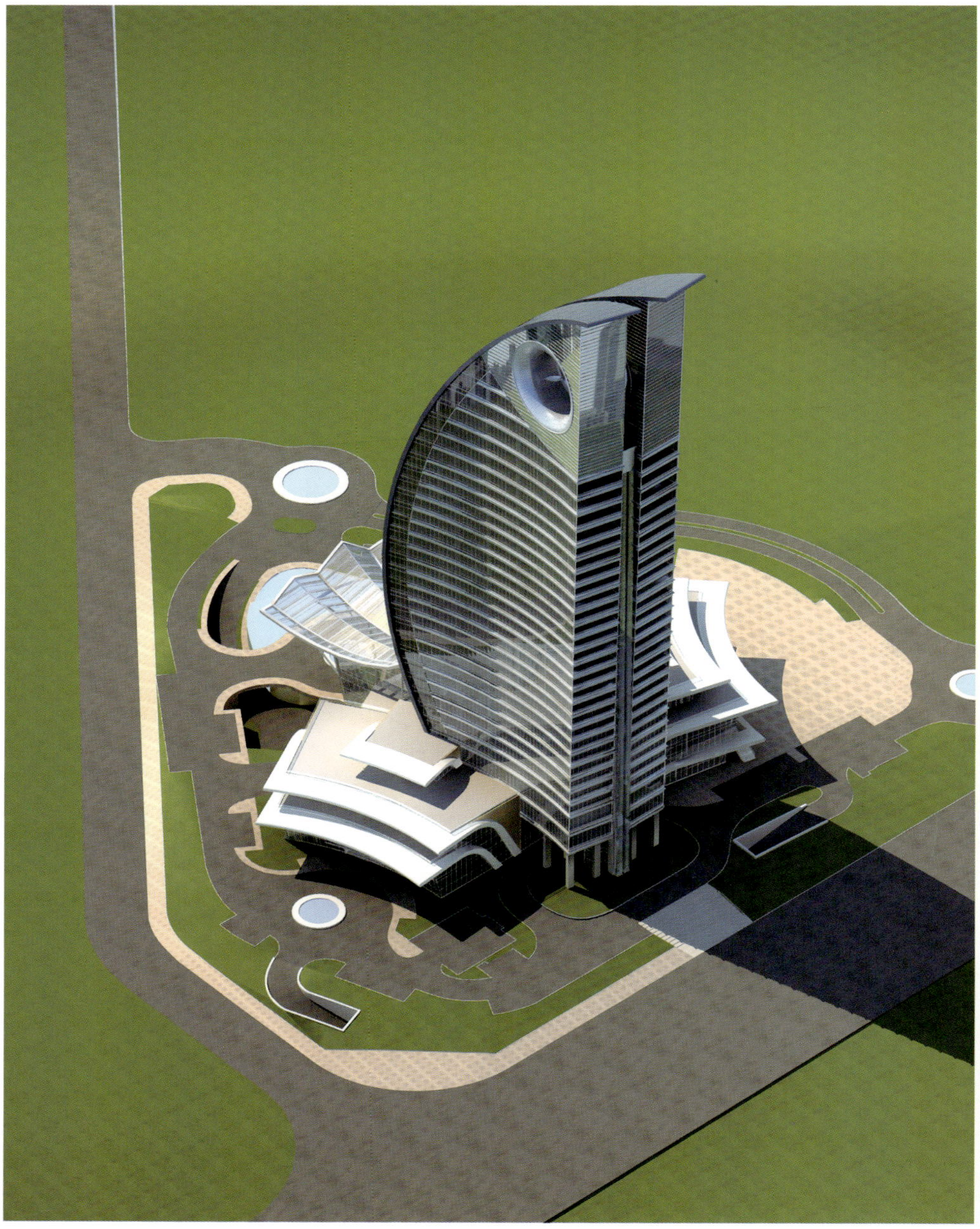

项目特点

这座高塔的独特曲线造型在河谷地区独树一帜，展现出高低起伏的海拔，十分有趣。西部主厅的设计灵感由佛像而来，而东西面的设计则象征一群鱼从波涛中跳跃而起。宾客从东边大厅进入，乘坐力学设计的电梯进入高塔，其间还可以欣赏到山谷的全景。

-3.80
-0.30

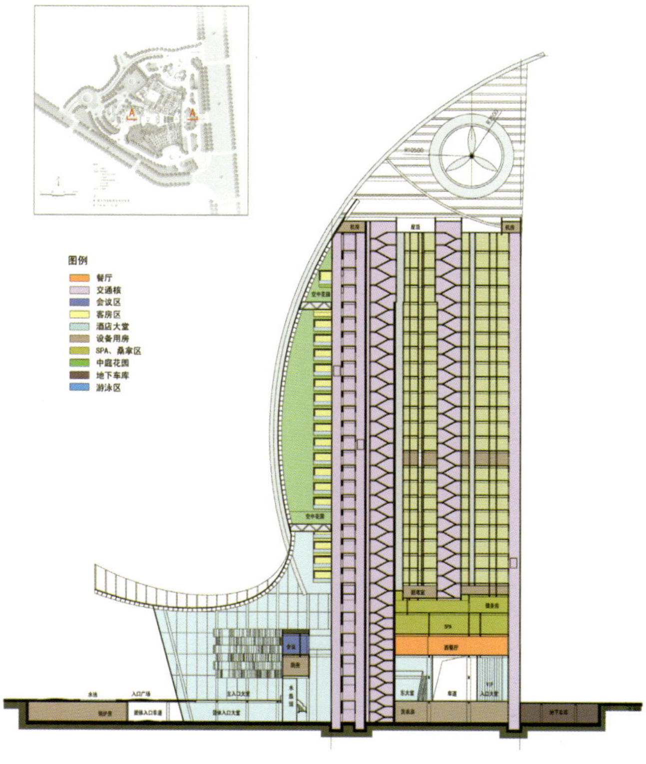

剖面图

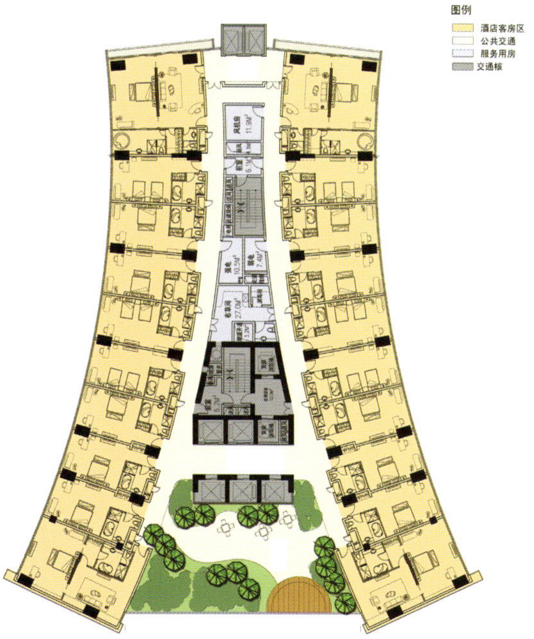

平面图

南北朝向的客房并非都能欣赏到壮观的河景，设计时注重合理实用。此外，该项目还预计在顶部巨大的空旷地带安装一个直径16米的风力发电机。

KPF

PF是一家国际知名的建筑师事务所，在美国纽约和英国伦敦都设有工作室，在中国上海的业务范围也日益拓展。事务所致力于为公共机构和个人提供设计服务，研究范围涵盖了建筑设计、规划设计、城市设计、产品设计和设计制图等领域。

从20世纪90年代早期开始，技术与结构观念就成为该事务所关注的焦点。其经典作品包括华盛顿世界银行总部、牛津大学罗瑟米尔学院、美国今日集团总部、荷兰海牙政府办公大楼。超高层建筑是KPF的拿手好戏，全世界有200多座高层和超高层建筑是KPF的设计，在中国包括108层的香港九龙车站大厦、480米高的香港环球贸易广场、492米高的上海环球金融中心、288米高的上海恒隆广场等。KPF的设计理念深深置根于一个信念，那就是：成功源于紧密的交流与协作。

CVS
pharmacy
OPEN
24
HOURS
CVS
Las Vegas

MANDARIN ORIENTAL HOTEL LAS VEGAS

项目名称：拉斯维加斯文华东方酒店
项目位置：拉斯维加斯，内华达
竣工时间：2009年
建筑面积：100, 592平方米
专案业主：MGM MIRAGE
设计规划：KPF建筑设计所

项目简介

拉斯维加斯文华东方酒店坐落于MGM MIRAGE大都会度假中心City Center的入口处，成为赌场地带内唯一一家独立的非博彩性酒店。整座酒店及住宅项目均散发出皇者气息，为精彩多姿的拉斯维加斯营造一个时尚高雅的宁静空间。酒店共有400间客房，215套公寓，塔顶有舞厅与零售店，属于多功能酒店。

Monte Carlo
LANCE BURTON

hollywood

MANDALAY BAY
MGM
THE CITY OF ENTERTAINMENT
NEW YORK NEW YORK
LANCE BURTON
POLO TOWERS

Monte Carlo
CVS/pharmacy

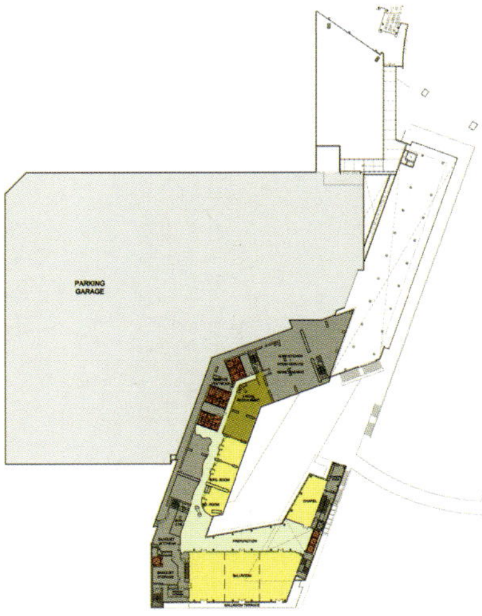

PLAN LEVEL 2

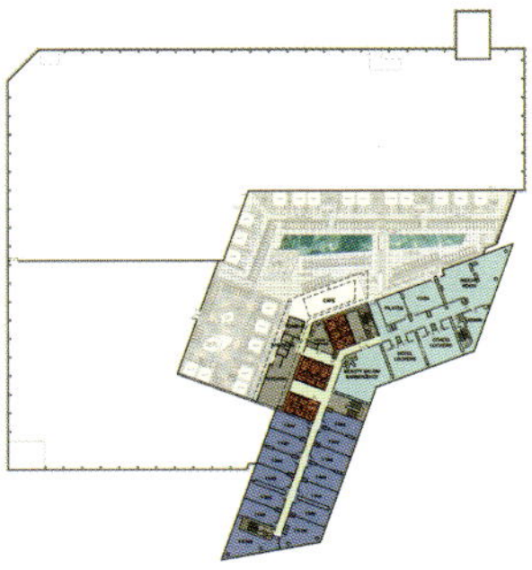

PLAN LEVEL 7 POOL DECK

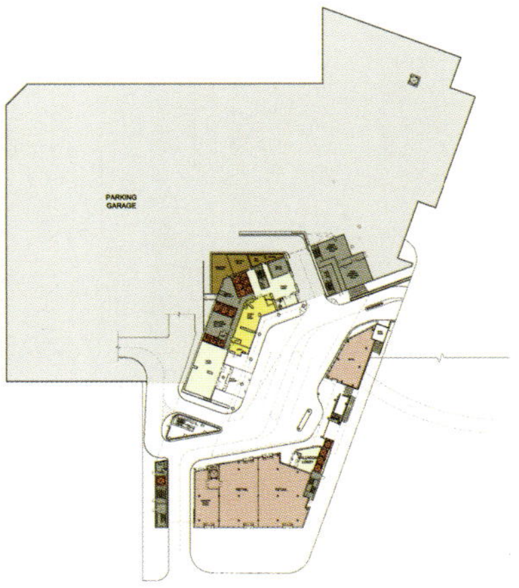

STREET LEVEL

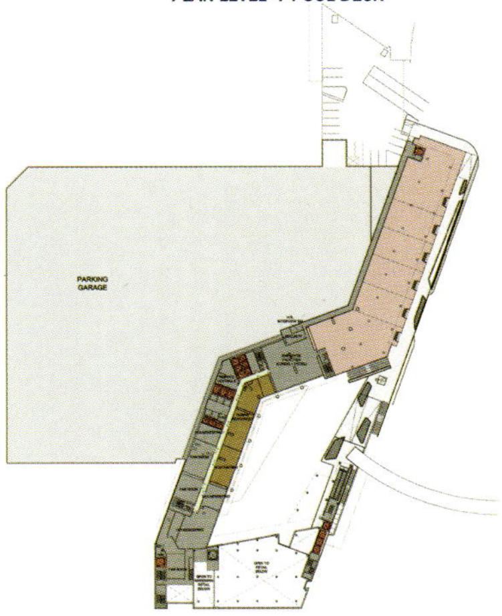

LEVEL 01

项目特点

建筑的表面设计层层叠进 、相互连接，采用纵向铝板装饰，水平玻璃装饰的设计方案。从内部看，客人可透过透明玻璃欣赏到自然开放的迷人景色，同时还可以享受到隐蔽阴凉的私人空间。

酒店内的每间客房及套房均配备有不同凡响的卓越科技和娱乐系统，建于酒店顶层的三间总统套房更极尽奢华之能事，每间面积逾3,200平方尺，宾客可饱览City Center、赌场地带及附近丘峦起伏的大漠风光。

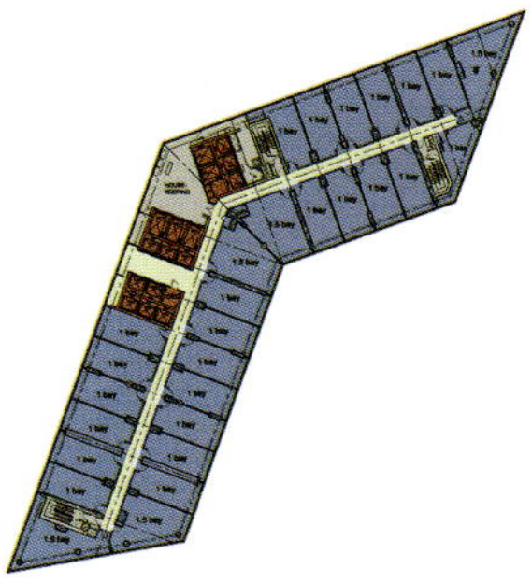

TYPICAL HOTEL PLAN

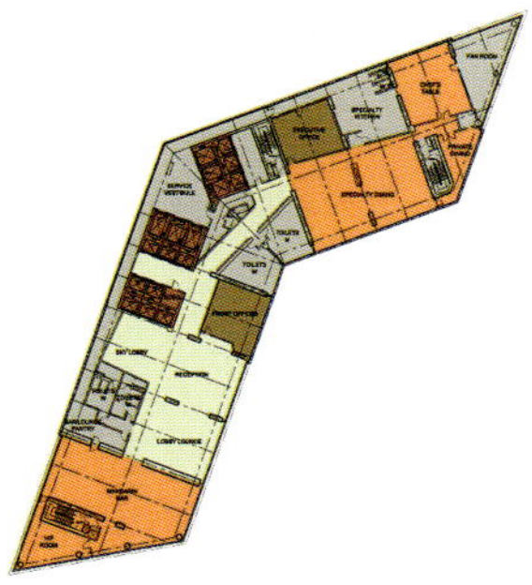

PLAN LEVEL 22 SKY LOBBY

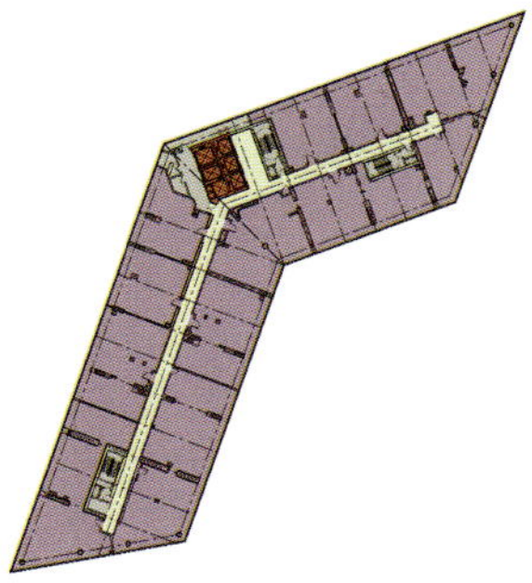

TYPICAL CONDOMINIUM PLAN

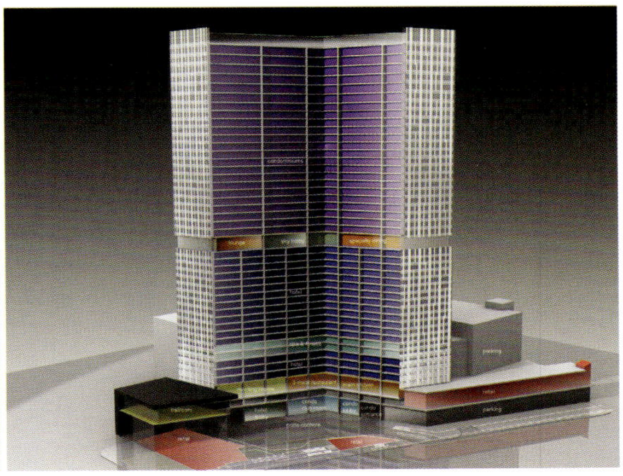

酒店提供有装潢典雅的活动及会议场地，是举行高级商务会议或私人宴会的不二之选。其中占地 7,650 平方尺的东方宴会厅更是城中唯一能提供赌场地带景色的宴会场地，气氛亲切舒适。所有活动场所均配备尖端科技系统，包括广播功能等，各式配套设施一应俱全。

该项目主要得益于高效的中央设施、灵敏的房控系统、采光控制、节水设备和绿色能源等集成设计。该项目的环保效益为 LEED Gold performance 贡献颇多。

XINTIANDI HOTEL, SHANGHAI

项目名称：上海新天地大酒店
项目位置：中国，上海
竣工时间：2010年
建筑面积：61, 780平方米
专案业主：上海礼兴酒店
设计规划：KPF建筑设计所

项目简介

该建筑呈曲线形，面向步行街购物广场。上海新天地大酒店高100多米，其中24米高的露台为功能区，设有休息室和会议区等。

362间Conrad迎合了世界各地商务游客的需要，会议室、中央休息室、宴会厅等应有尽有。309间Jumeirah则可满足休闲旅游者的要求，这里配有大量的旅游便利设施，如屋顶的结婚教堂及夜店。弧形的塔墙和非传统的墙壁处理营造出别具一格的窗户布局，更加便于客人欣赏城市不同角度的风景。

项目特点

上海新天地大酒店位于上海中部，其设计为现代化高楼的建设在专案的融合创新和联系周围环境方面树立了新的标准。

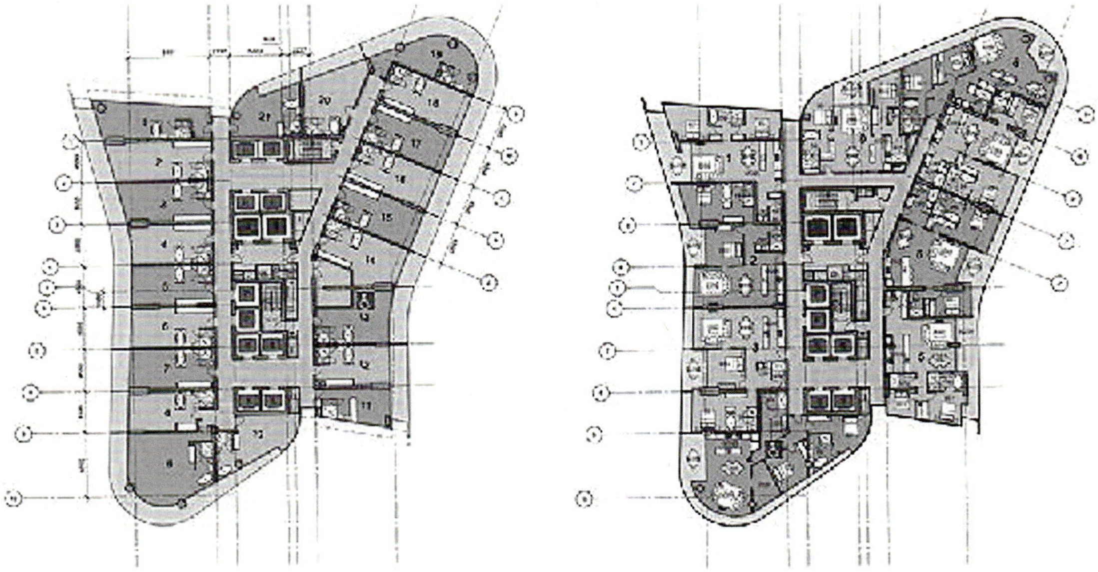

平面图

建筑与人行天桥相连，采用中国大理石式的玻璃墙装饰，十分独特。Conrad的外部处理来自于中国传统的网格结构，而Jumeirah 汉唐的玻璃墙处理则用一种更为轻松的方式来诠释。

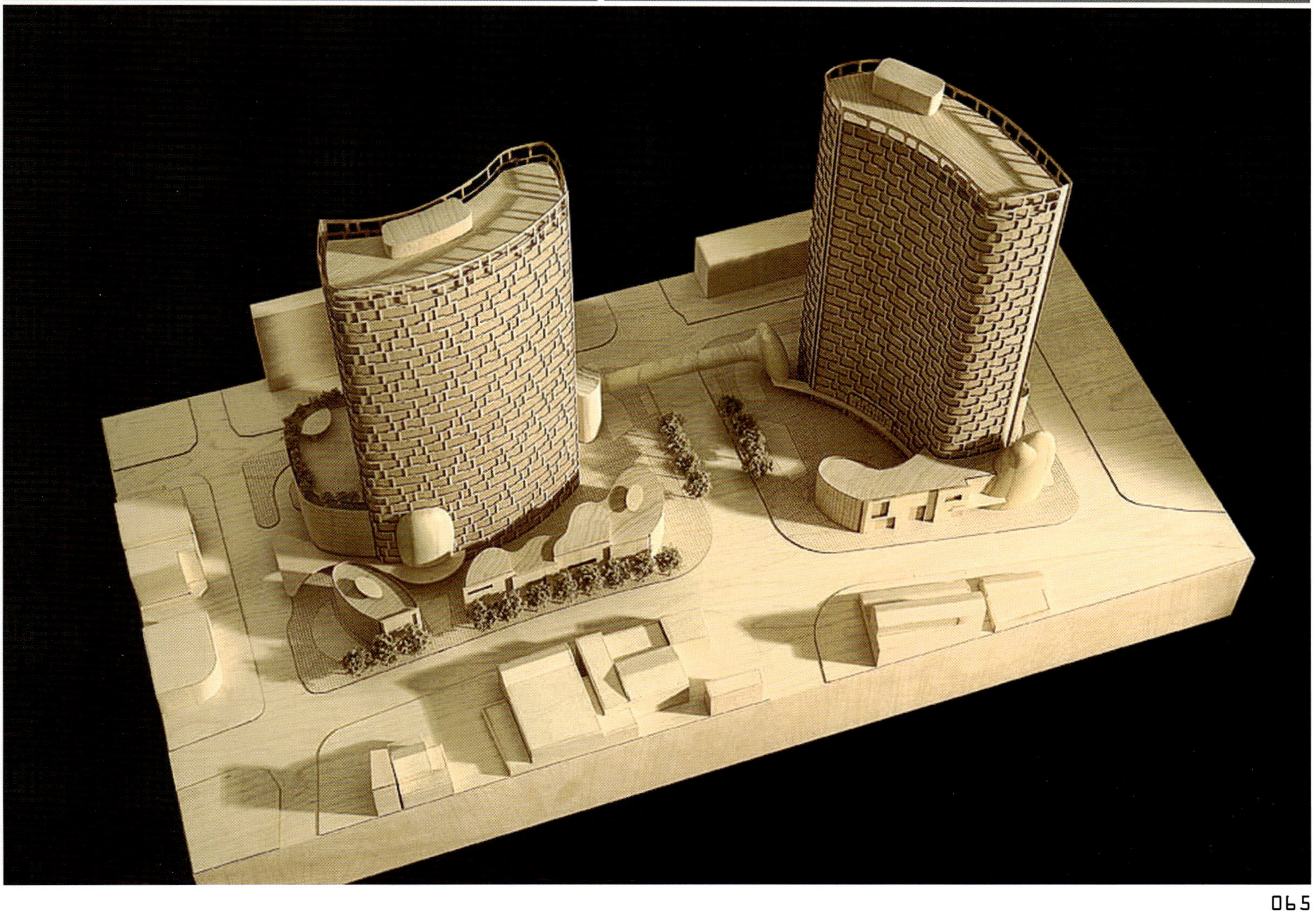

平面图

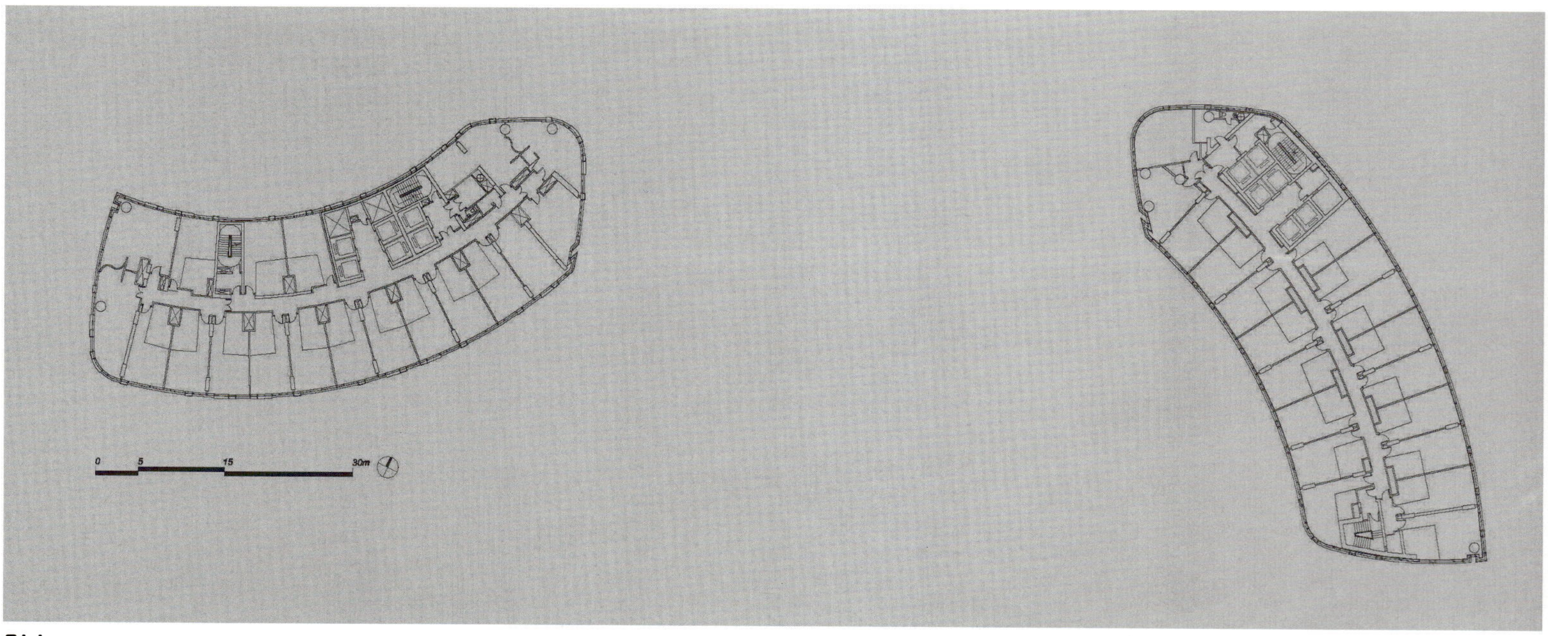

Jumeirah的外部采用不同颜色的LED灯装饰，随意地分散于窗户上，客人关闭百叶窗时便会自动启动这些彩灯。露台上"L"字型的窗户与高楼的玻璃墙相互呼应。Conrad的设计灵感来自于飞马——汉朝的一个象征；Jumeirah汉唐则来自于唐朝仕女——唐朝的标志。

同时，该项目突出的建筑外形和高端的便利设施展现了上海现代大都市的活力。

ZNA

ZNA建筑设计事务所，总部位于美国波士顿，集优秀的设计创意和卓越的项目管理水平于一身，实施的项目总价超过百亿美元，是一个在国际上享有盛誉的知名设计公司。

作为一家国际领先的规划设计公司，ZNA几十年来的历史成就了其在行业内的知名地位，其项目类型跨越了从大型城市公共空间，混合功能综合体，超高层建筑综合体到度假居住，办公展览，教育科研等相关的规划、建筑、景观及室内设计。ZNA所实施的项目遍布了全球五大洲数十个国家。为诸如美国联邦政府、沙特阿拉伯王国政府、阿联酋王室、哈佛大学及其他知名商业、政府机构提供了各类重要项目的设计服务。近年来，除了固有的美国和中东地区市场，ZNA还着力于拓展亚洲区的业务。

。

ZNA亚洲区子公司在北京的成立就为亚洲区域市场的业务拓展翻开了新的一页。北京公司合伙人都有着国际顶尖院校的教育背景，曾在境内外国际著名的建筑师事务所工作，由于所承接的项目常常具有多元化的复杂文化及地域背景，ZNA北京公司在实践过程中形成了追求项目相关自然元素以及文化背景的完美结合的核心设计理念。

HAITANG BAY MANGROVE FAIRMONT HOTEL

项目名称：三亚海棠湾红树林费尔蒙酒店
项目位置：中国，海南省，三亚
项目状态：在建
占地面积：261, 000平方米
建筑面积：108, 610平方米
专案业主：今典集团
设计规划：ZNA北京泽碧克格鲁建筑设计咨询有限公司

项目简介

本基地位于海南省三亚市被定为"国家海岸——国际休闲度假区"的海棠湾中心区，南北两侧独享绿化隔离带，东临海棠湾长达22公里的绵长海岸线。毗邻一个豪华游艇俱乐部、一座27洞的海滨高尔夫球场和亚洲最大的海洋公园，与周围20个五星级酒店形成豪华度假旅游带。

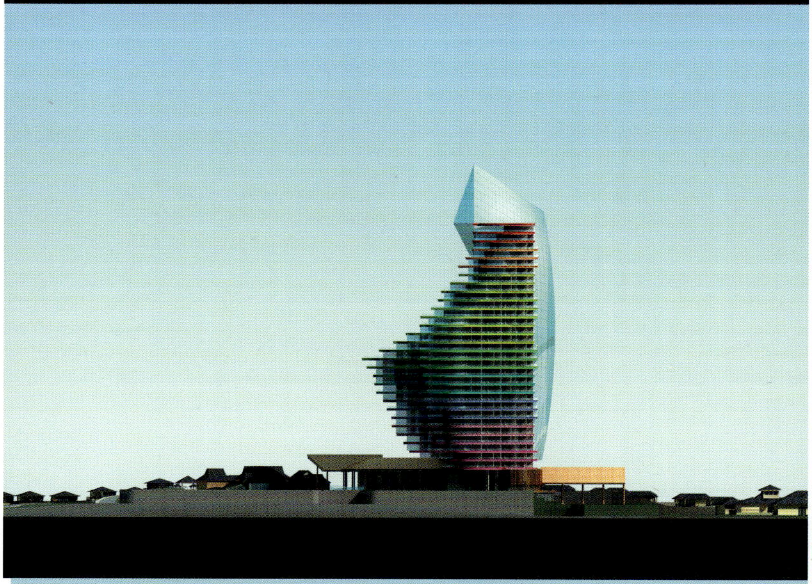

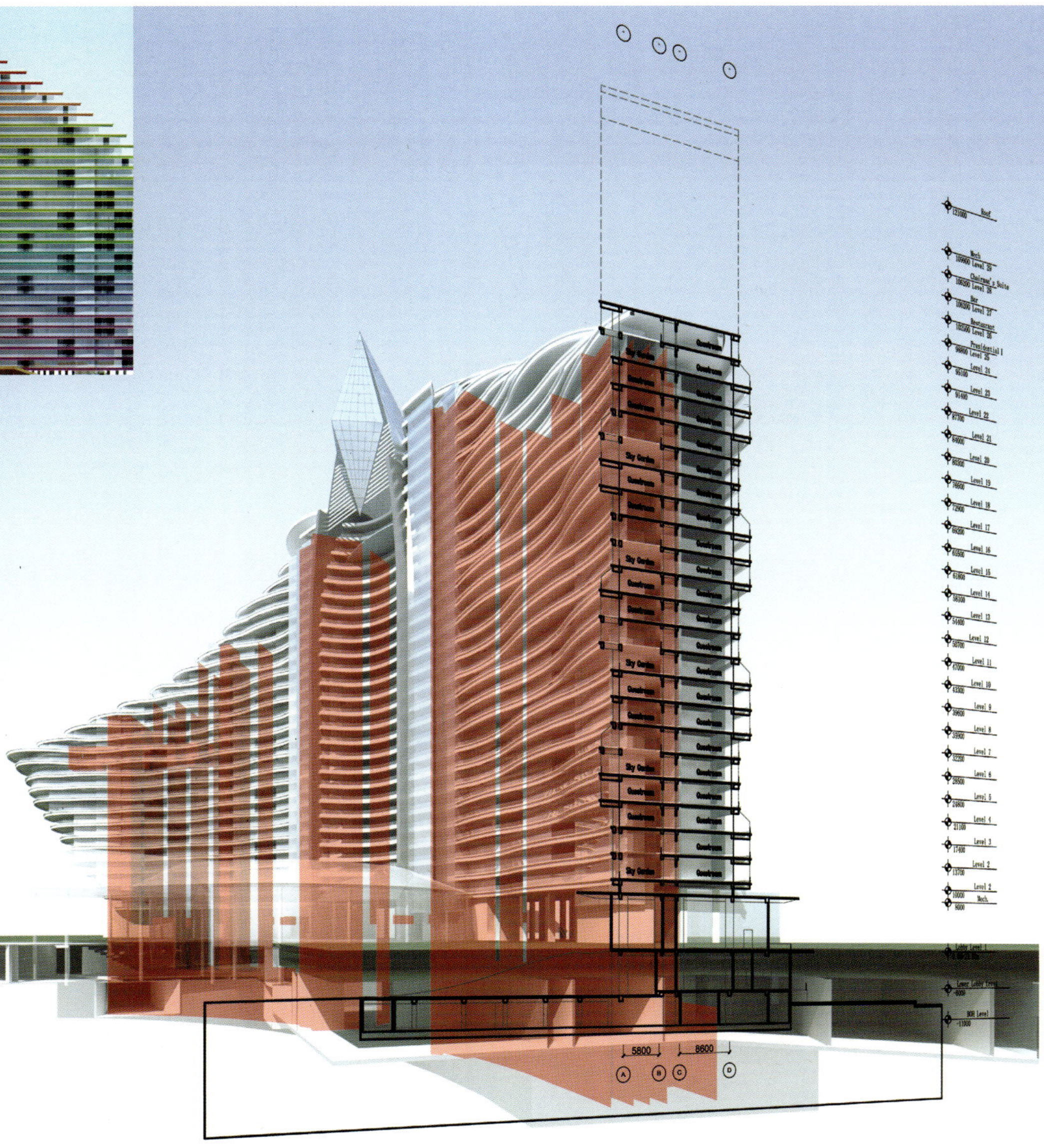

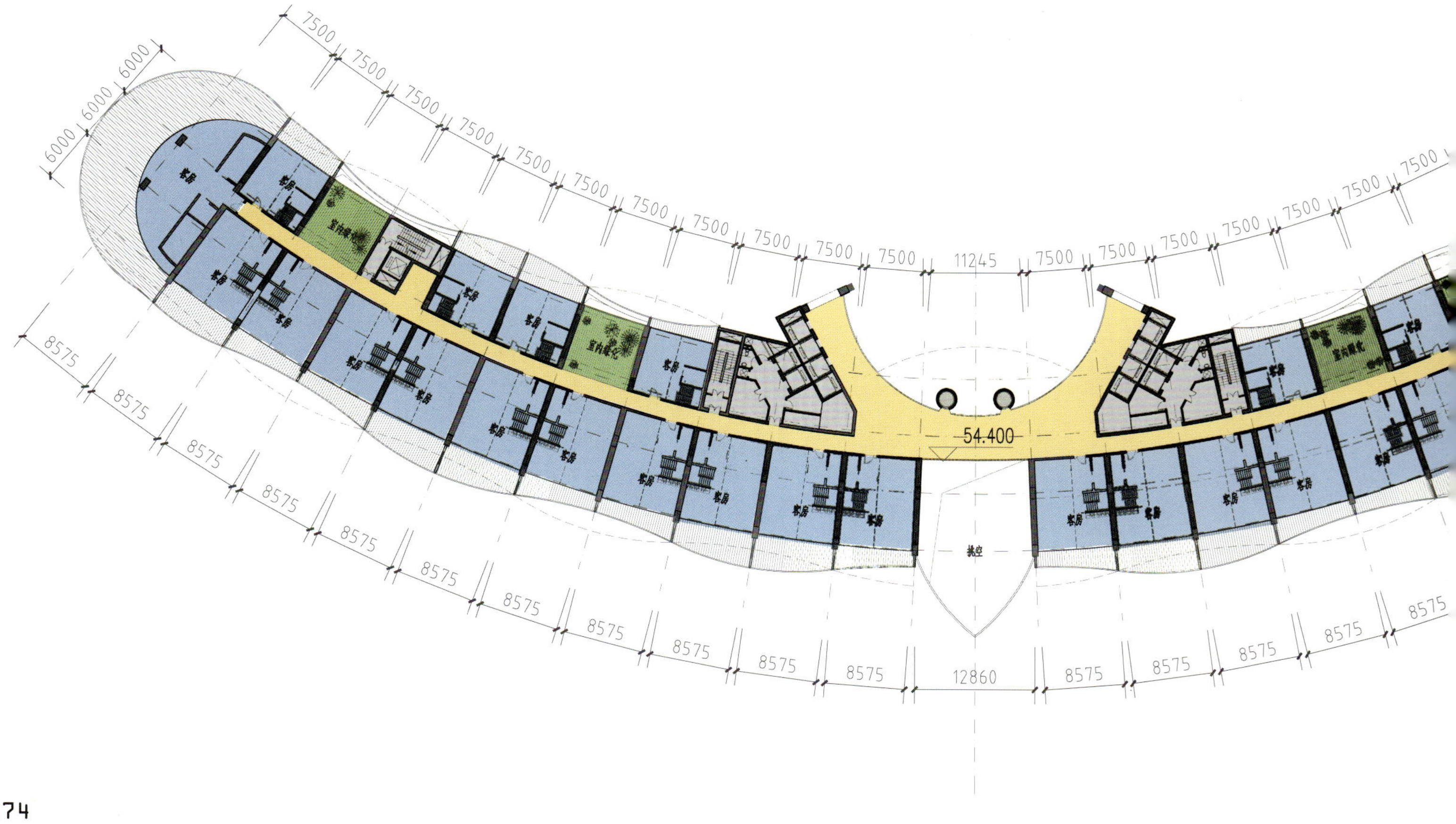
6000
7500
11245
8575
12860
54.400
客房
挑空

项目特点

目前，项目地点获得批准建筑限高120米，将明显高于周围区域的其他酒店建筑物。业主希望通过高水平的策划及建筑设计将本项目建成具有国际领先水平的海南旅游标志性建筑。项目建设包括七星级酒店塔楼、酒店别墅、水疗中心、精品特色餐厅、宴会会议厅、精品商业街、电影院以及水上世界。

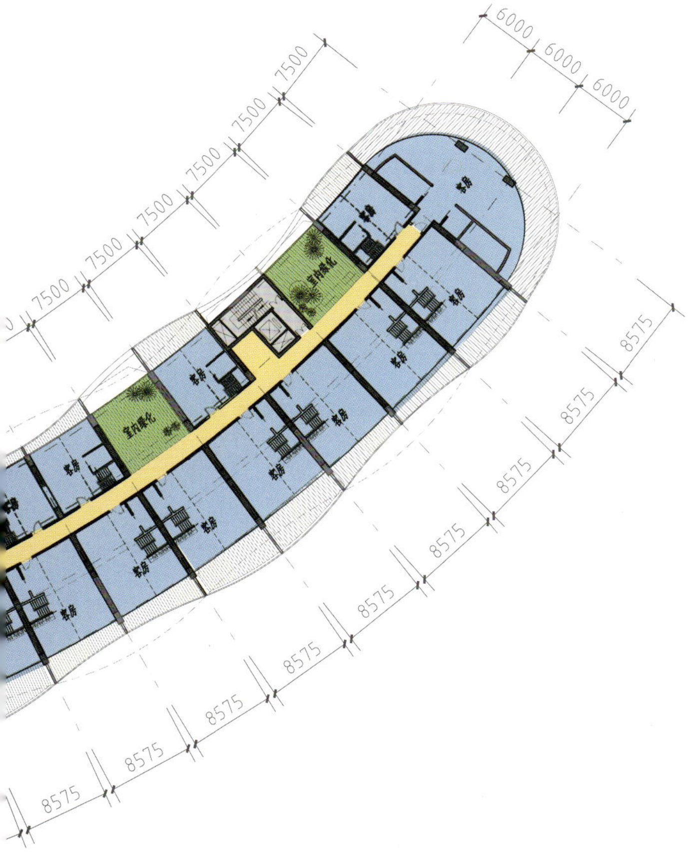

平面图

TSINGTAO MANGROVE TREE RESORT AND CONFERENCE HOTEL

项目名称：青岛红树林度假会展酒店
项目位置：中国，山东省，青岛市
项目状态：在建
占地面积：296, 361平方米
建筑面积：778, 385平方米
专案业主：今典集团
设计规划：ZNA北京泽碧克格鲁建筑设计咨询有限公司

项目简介

为将其建成中国北方第一大度假会展酒店，亚龙湾红树林酒店已有的影院、会展中心、购物街、水上乐园等将在青岛水城被全盘复制，还将增加室内运河街、室内冰场、大型温泉馆、儿童体验城、生态餐厅等休闲娱乐配套设施。ZNA建筑设计事务所将这座酒店设计成贝壳造型，如一只巨型彩贝伫立在灵山湾畔，构成青岛的又一华美地标。拉斯维加斯式的全度假生活梦想，将在这里完美呈现。贝壳酒店的客房总量将超过3, 000间，规模堪比6家五星级酒店。

项目特点

专案的设计定义了新的休闲度假酒店综合体形式。充满激情和特色的建筑群通过地下商业水街将彼此串联起来，而广场层则与海岸、下沉庭院交汇出另一番宜人的自然景观。不同风格的空间设计在酒店综合体内有机存在，呈现出酒店的独特魅力。

分析图 -1

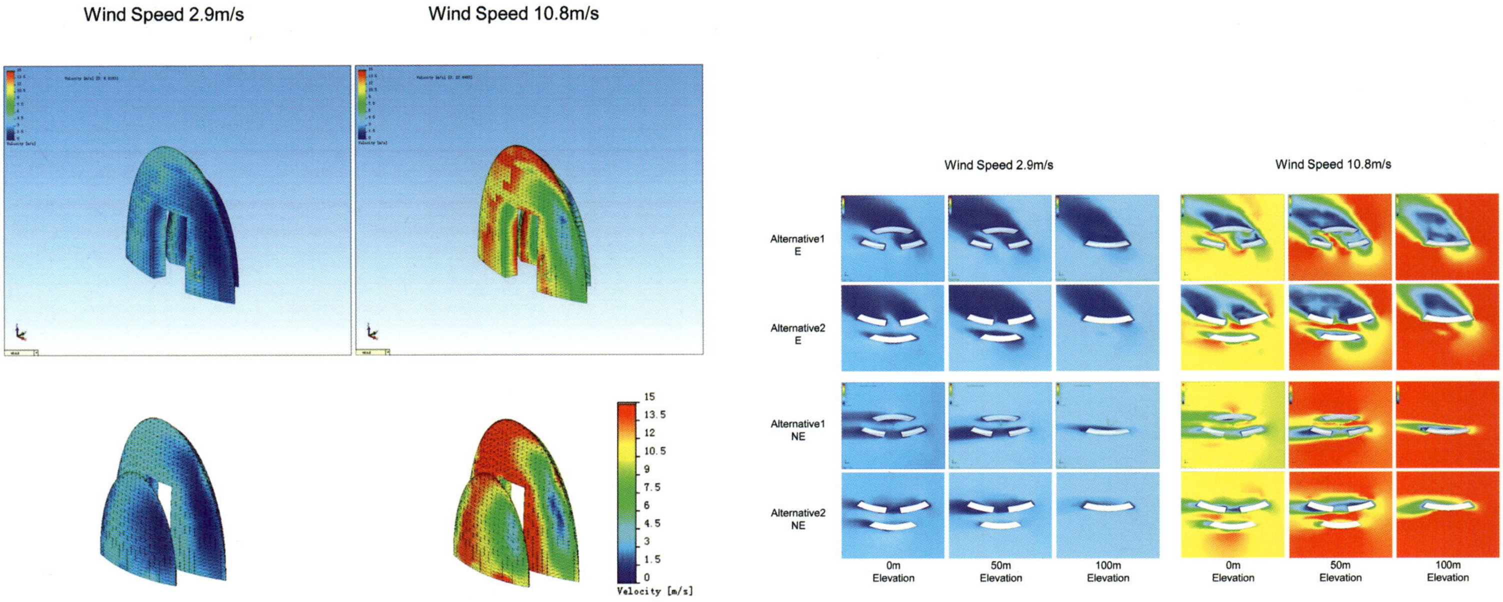

Wind Speed 2.9m/s
Wind Speed 10.8m/s
15
13.5
12
10.5
9
7.5
6
4.5
3
1.5
0
Velocity [m/s]
Wind Speed 2.9m/s
Wind Speed 10.8m/s
Alternative1
E
Alternative2
E
Alternative1
NE
Alternative2
NE
0m
Elevation
50m
Elevation
100m
Elevation
0m
Elevation
50m
Elevation
100m
Elevation

分析图 -2

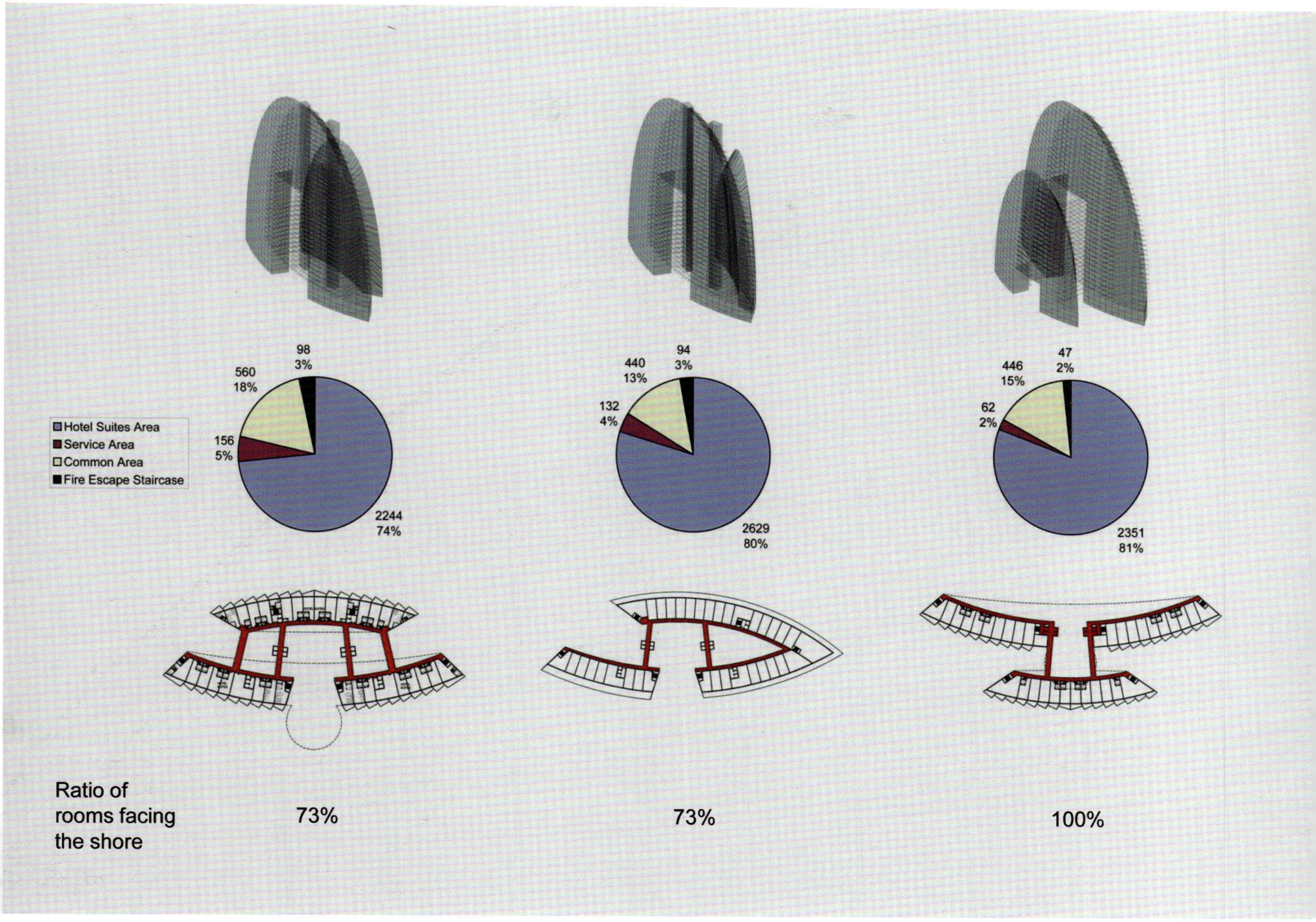
98
3%
560
18%
Hotel Suites Area
Service Area
Common Area
Fire Escape Staircase
156
5%
2244
74%
440
13%
94
3%
132
4%
2629
80%
446
15%
47
2%
62
2%
2351
81%
Ratio of rooms facing the shore
73%
73%
100%

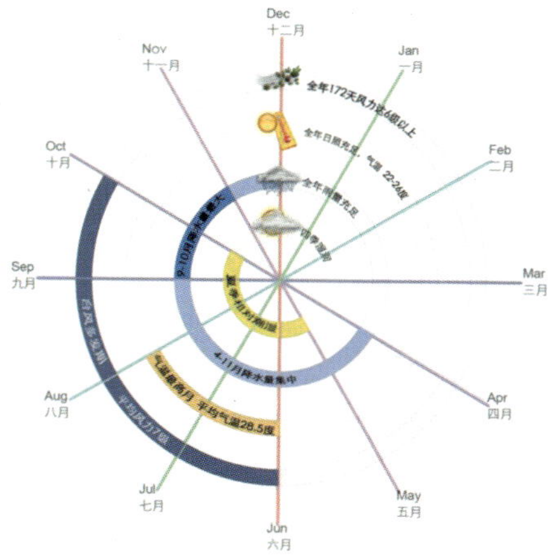
Dec
十二月
Jan
一月
Feb
二月
Mar
三月
Apr
四月
May
五月
Jun
六月
Jul
七月
Aug
八月
Sep
九月
Oct
十月
Nov
十一月
全年172天风力达6级以上
全年日照充足，气温 22-26度
全年雨量充足
4-11月降水量集中
气温最高月 平均气温28.5度

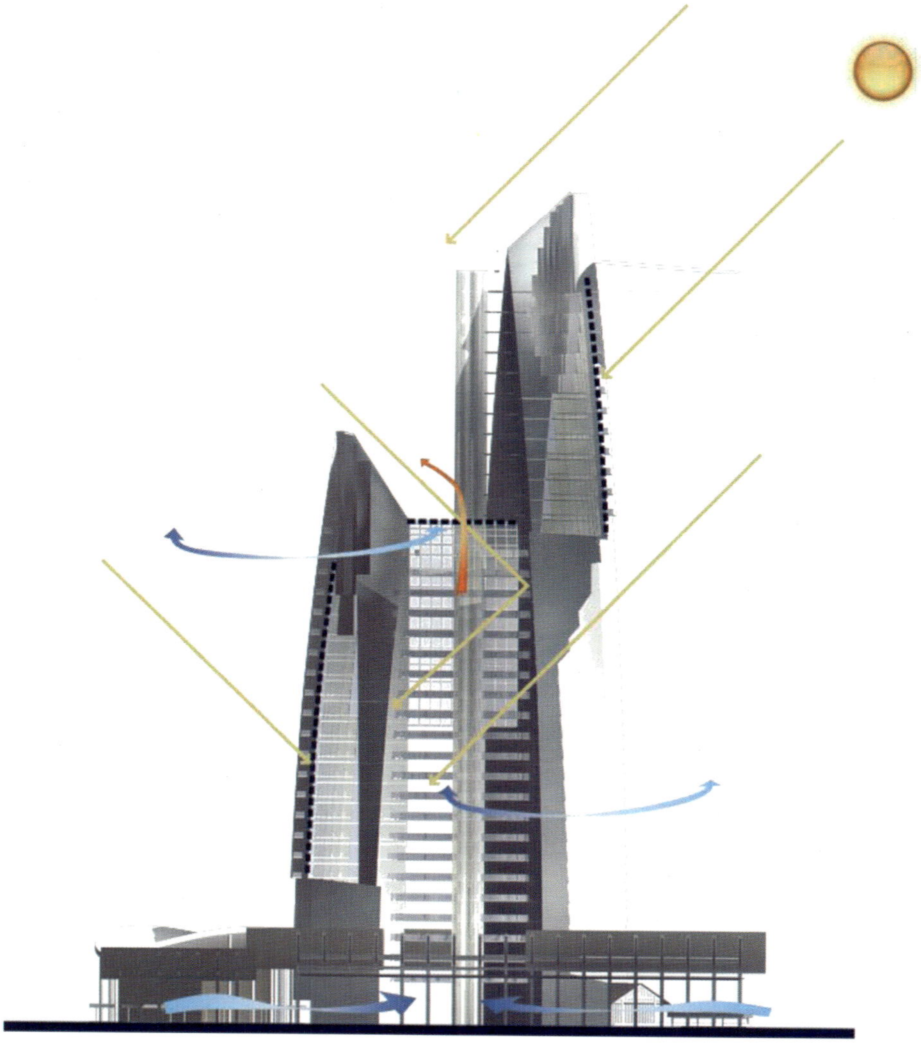

分析图 -3

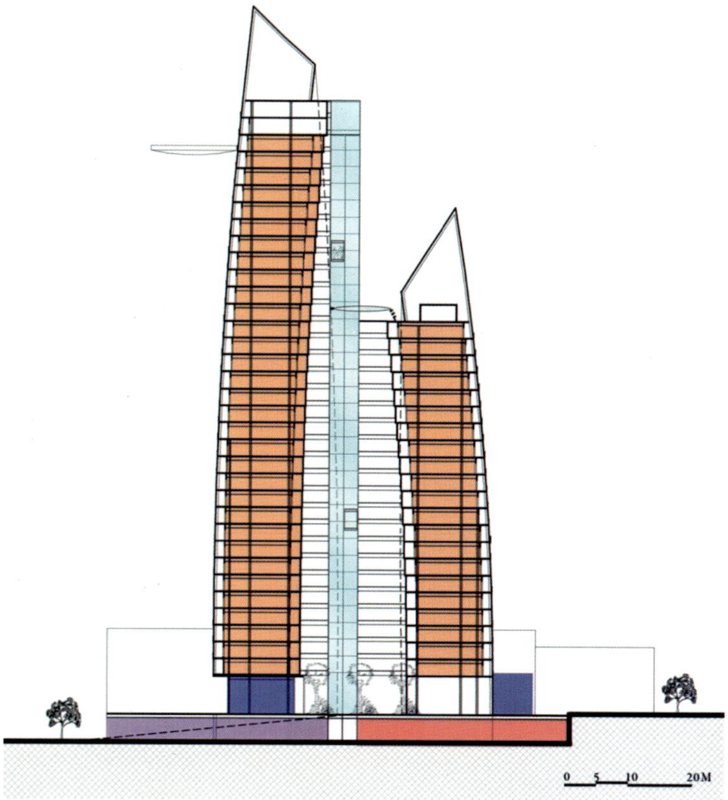
0 5 10 20M

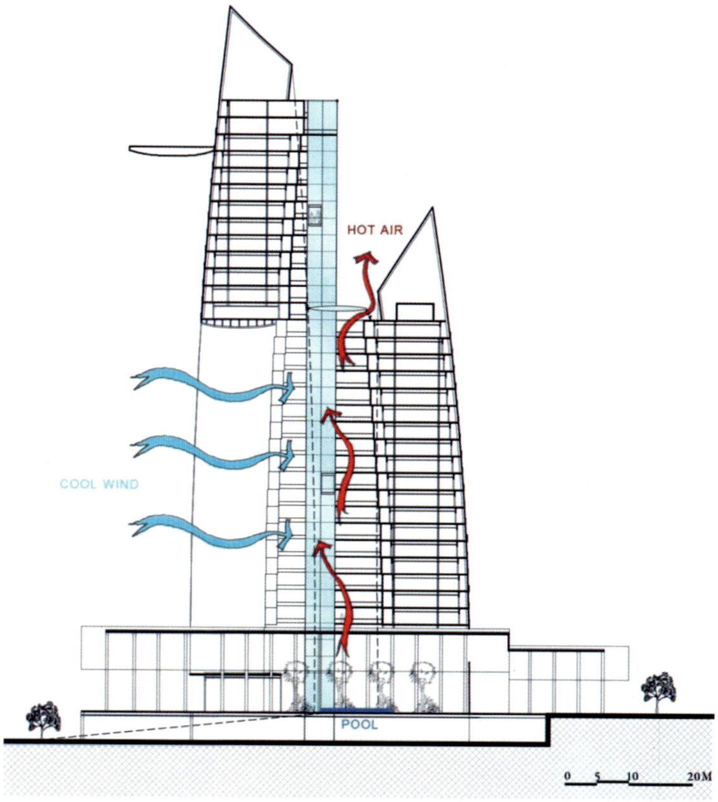
HOT AIR
COOL WIND
POOL
0 5 10 20M

分析图 -4

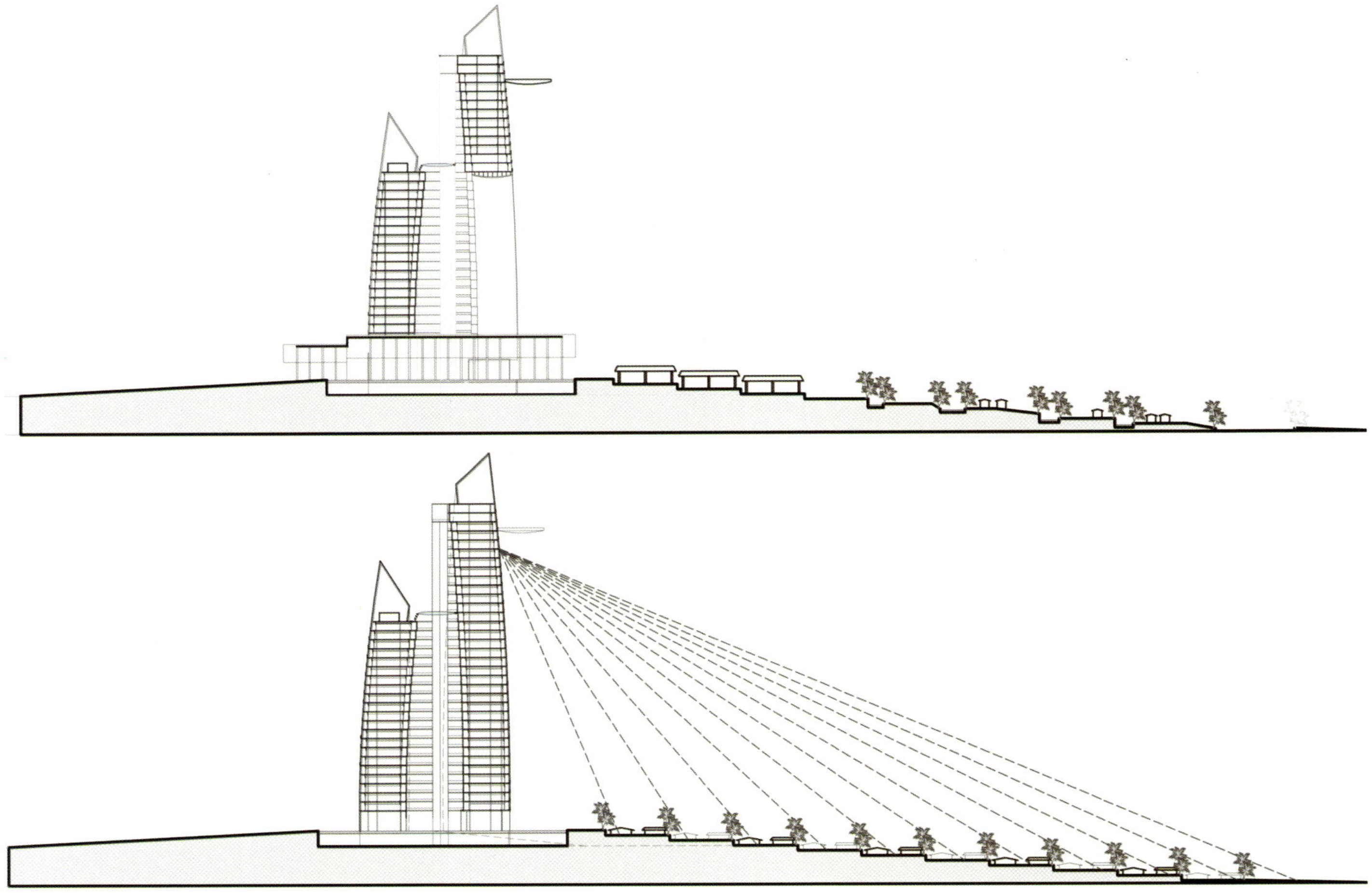

立面图

建成后的会展中心广场可以举办各种文化、艺术、时尚发布活动，室外大型雕塑展览，电影节红毯秀等文化活动。室内运河商业街将分为4个部分，分别是地中海风情运河街、中国海风情运河街、挪威海风情运河街和加勒比海风情运河街。可容纳2，000人同时就餐的3D海底餐厅通过今典集团自主研发、自有品牌的3D电影放映机，以餐厅的立体空间直接作为放映背景，用餐者佩戴特制眼镜，即进入3D电影场景，享受海水和鱼群仿佛就在身边的奇幻体验。儿童体验城则是面向孩子的职业、社会体验娱乐场所，里面有医院、电台、银行超市等与真实社会完全相同的众多机构，孩子可以扮演各种社会职业并获得工资，进行饮食购物消费等。

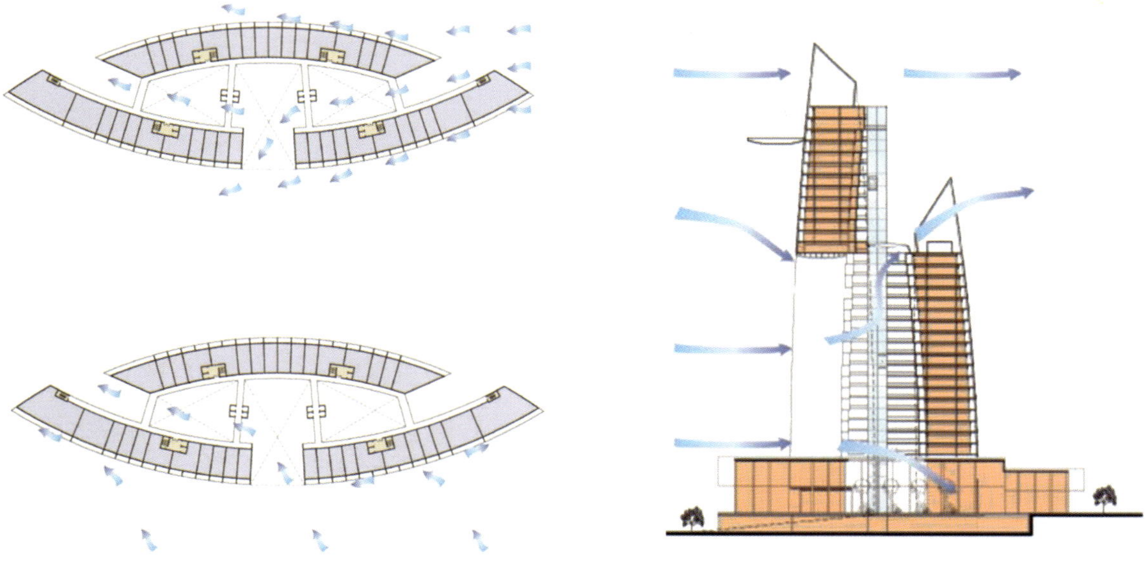

分析图 -5

功能分析图

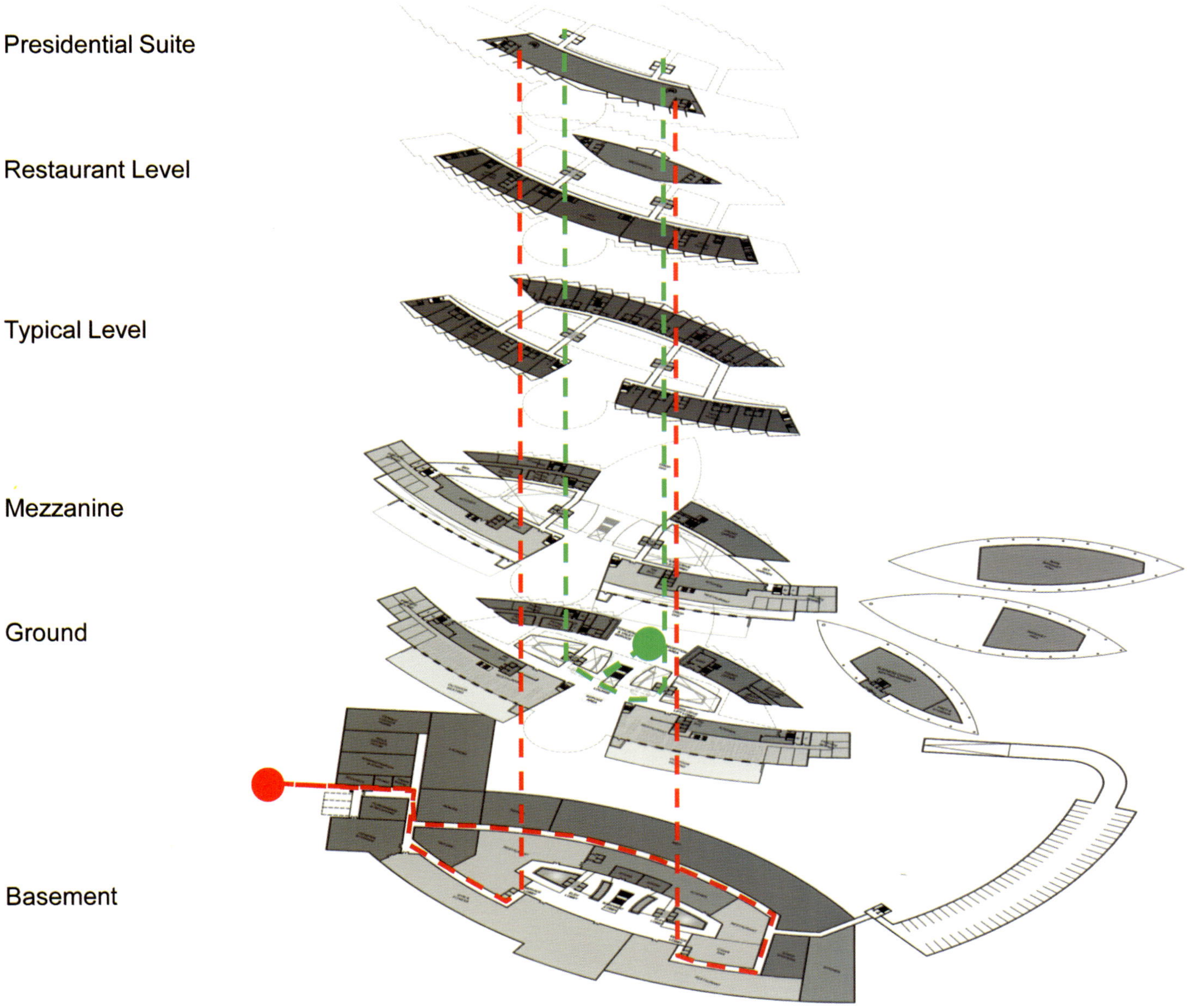

UN

1988年，Benvan Berkel和Caroline Bos在荷兰共同创办UN设计工作室，专营建筑、城市发展和基础设施项目。UN工作室位于阿姆斯特丹，是一个国际建筑实践事务所。自设立之初，工作室就确立了全球业务的远见并完成了一系列项目，包括公共建筑、基础设施、办公楼、住宅楼和城市规划蓝图等。这些领域的主要项目包括位于德国斯图加特的新梅赛德斯奔驰博物馆，位于台湾高雄的大立Star Place精品馆，位于纽约上城的私人住宅Villa NM，位于荷兰莱利斯特德市的市场剧院Agora Theatre以及位于鹿特丹的伊拉斯谟斯大桥Erasmus Bridge。

UN工作室在艺术与设计领域的浓厚兴趣，使他们与服装设计师、平面设计师、摄影师、现代艺术家、表演艺术家等保持着密切的合作，并在建筑创作上对他们有诸多借鉴。

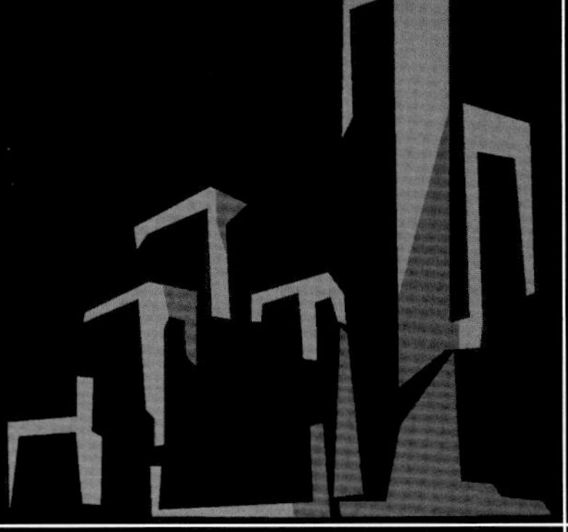

HYATT
PRADA

GRAND HYATT HOTEL, FRANKFURT

项目名称：法兰克福君悦酒店
项目位置：德国，法兰克福
竣工时间：2009年
占地面积：4, 400平方米
建筑面积：54, 500平方米
专案业主：Vivico Real Estate＆Frankfurt am Main
设计规划：UN工作室

项目简介

君悦酒店，作为天际广场的一部分，是欧洲Allee入口的标志，沿着Oslo大街向南北方向延伸。君悦酒店是新式的塔楼酒店，配有405间客房和套房、一个舞厅、spa馆、多家餐厅、一个大堂酒吧和顶层的露天酒吧，附近还可能会有一个会议中心。酒店共30层，约110米高。

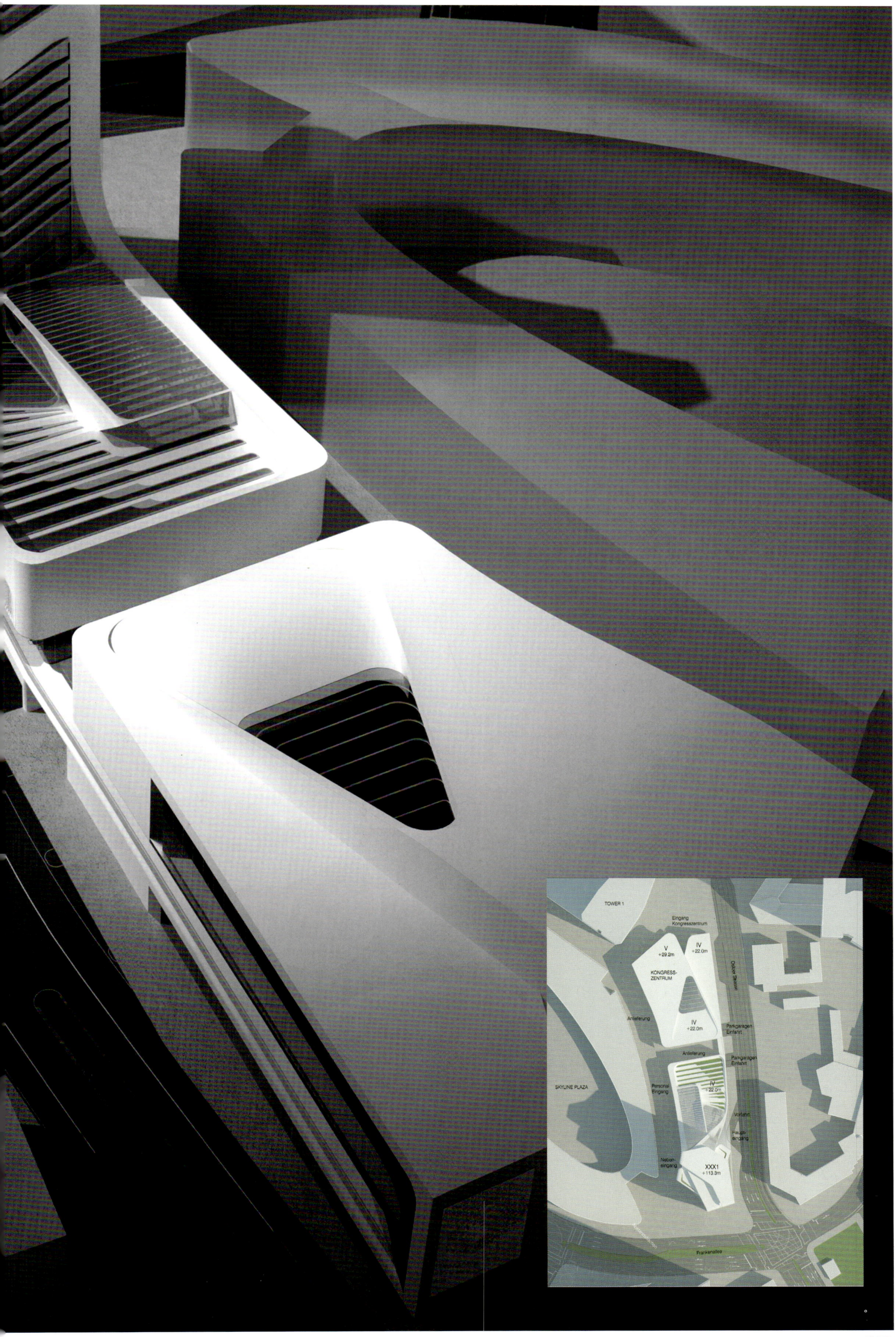
TOWER 1
Eingang Kongresszentrum
V +29.2m
IV +22.0m
KONGRESS-ZENTRUM
Osker Strasse
Anlieferung
IV +22.0m
Parkgaragen Einfahrt
Anlieferung
Parkgaragen Einfahrt
SKYLINE PLAZA
Personal Eingang
IV +22.0m
Vorfahrt
Haupt-eingang
Neben-eingang
XXX1 +113.3m
Frankenallee

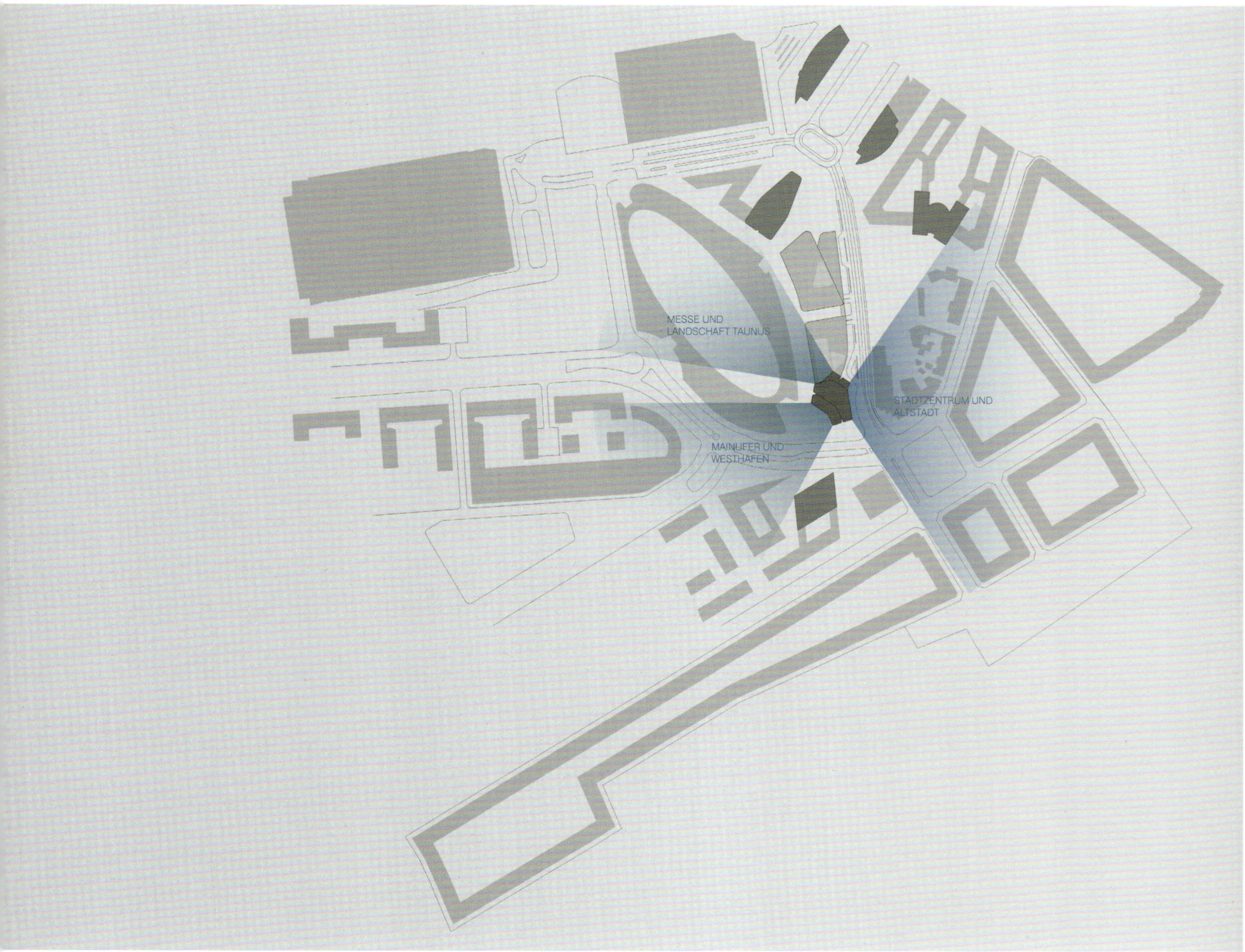

项目特点

君悦酒店的设计突显了法兰克福的都市特质和多元化，它的3个不同高度与城市的不同方面相联系。酒店的设计吸取了法兰克福的多元化特质，也使这座城市的景观更加丰富。这幢建筑可从不同的角度欣赏。

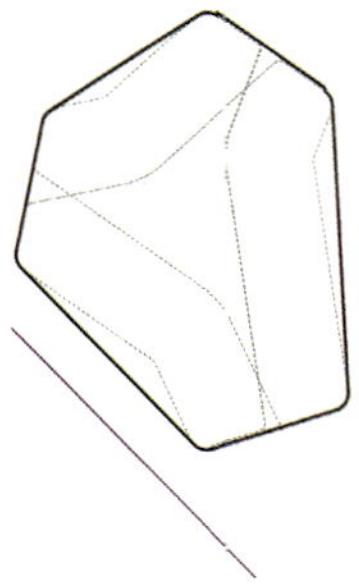

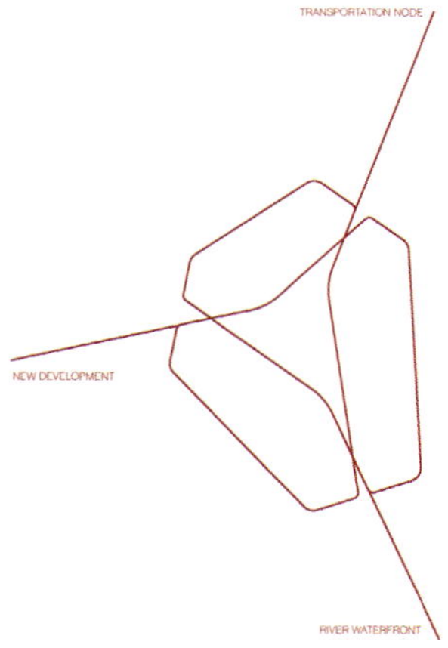

URBAN COMPOSITION

3 AXES INTERWEAVING THE TOWER

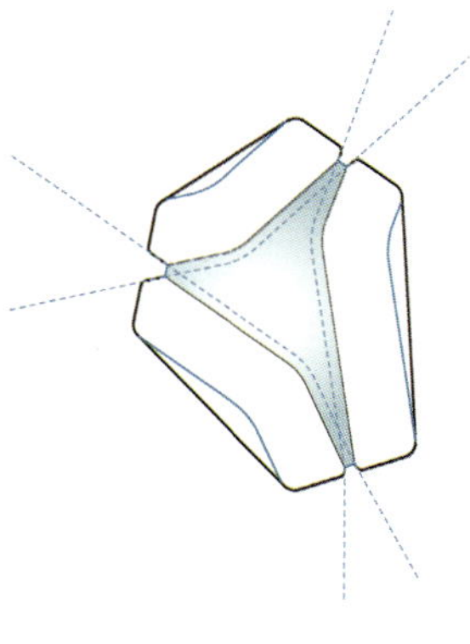

IDENTITY

VERTICAL SLOTS ARE ENHANCING:
-URBAN WAYFINDING: LIGHT AT NIGHT
NATURAL URBAN WAYFINDING
RECOGNIZABILITY
-GUEST ORIENTATION: LIGHT PUBLIC SPACE
ORIENTATION

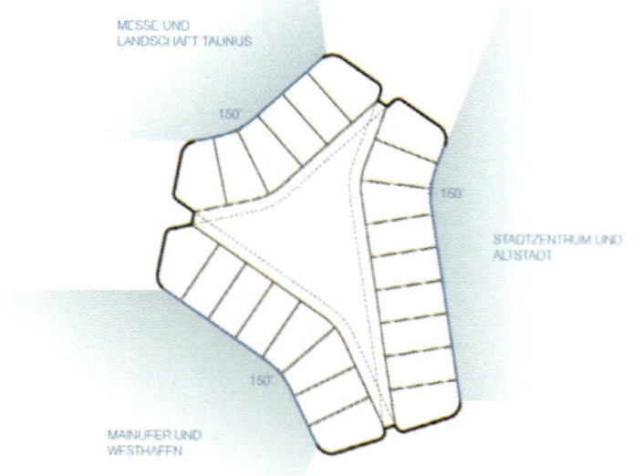

EXPERIENCE

THREE FACADES ARE OFFERING 360 EXPERIENCE
-URBAN EXPERIENCE: BUILDING HAS A DIFFERENT CHARACTERISTIC
AT EACH FACADE REVEALING ITSELF
TO THE OUTSIDE
-GUEST EXPERIENCE: VIEW & ORIENTATION OPTIMIZED
FOR UNIQUE GUEST EXPERIENCE
AT EACH ROOM

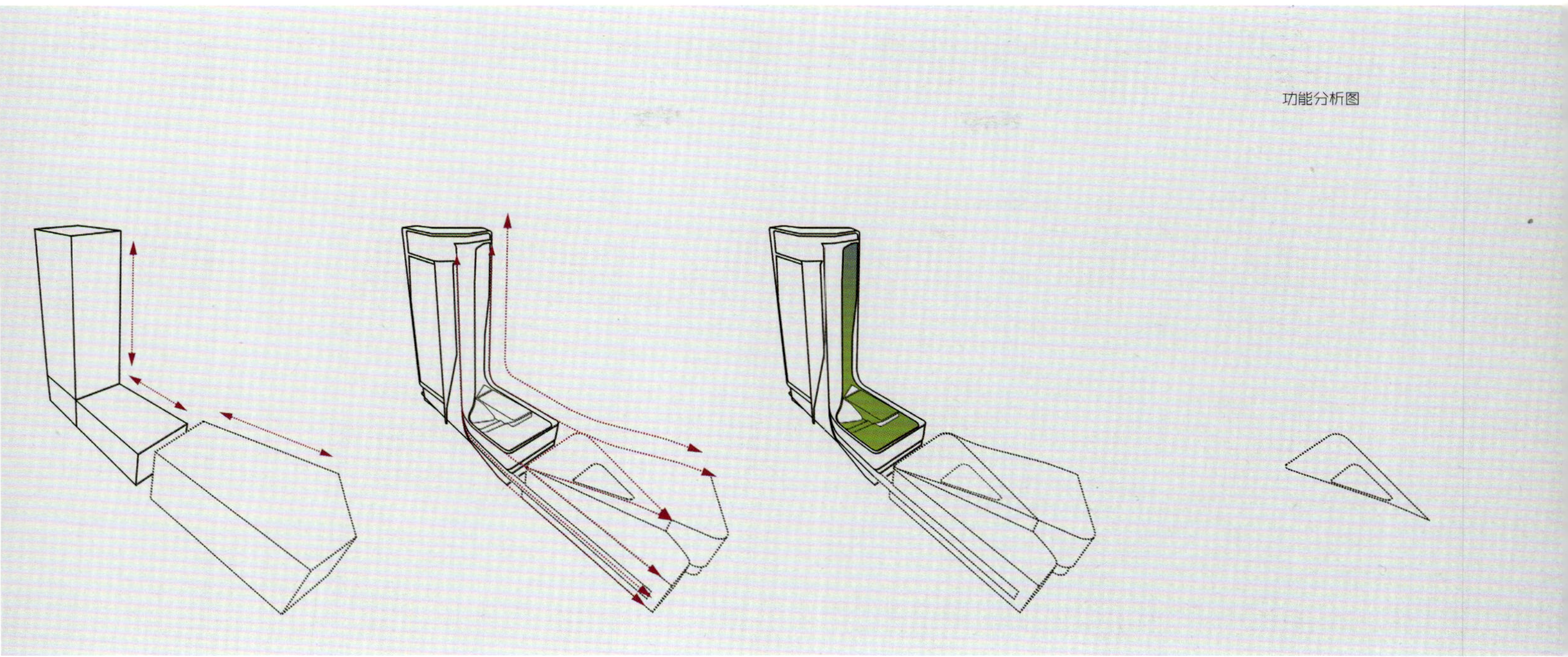
功能分析图

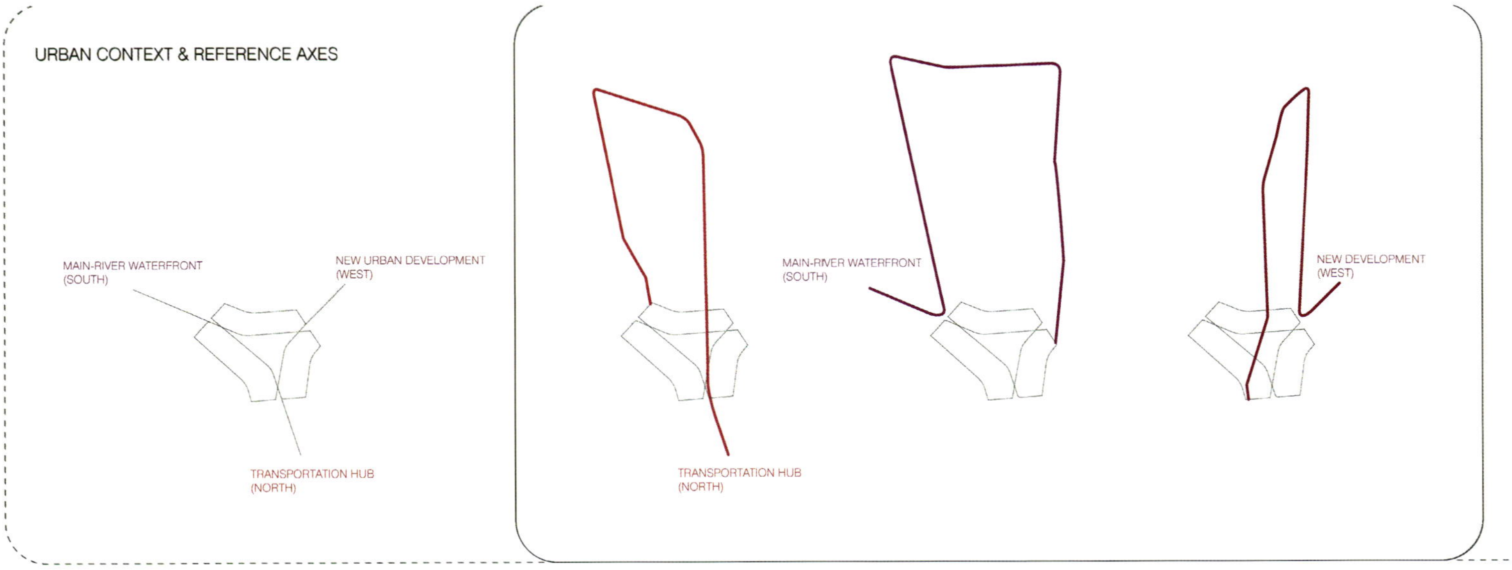
URBAN CONTEXT & REFERENCE AXES
MAIN-RIVER WATERFRONT
(SOUTH)
NEW URBAN DEVELOPMENT
(WEST)
TRANSPORTATION HUB
(NORTH)
MAIN-RIVER WATERFRONT
(SOUTH)
NEW DEVELOPMENT
(WEST)
TRANSPORTATION HUB
(NORTH)

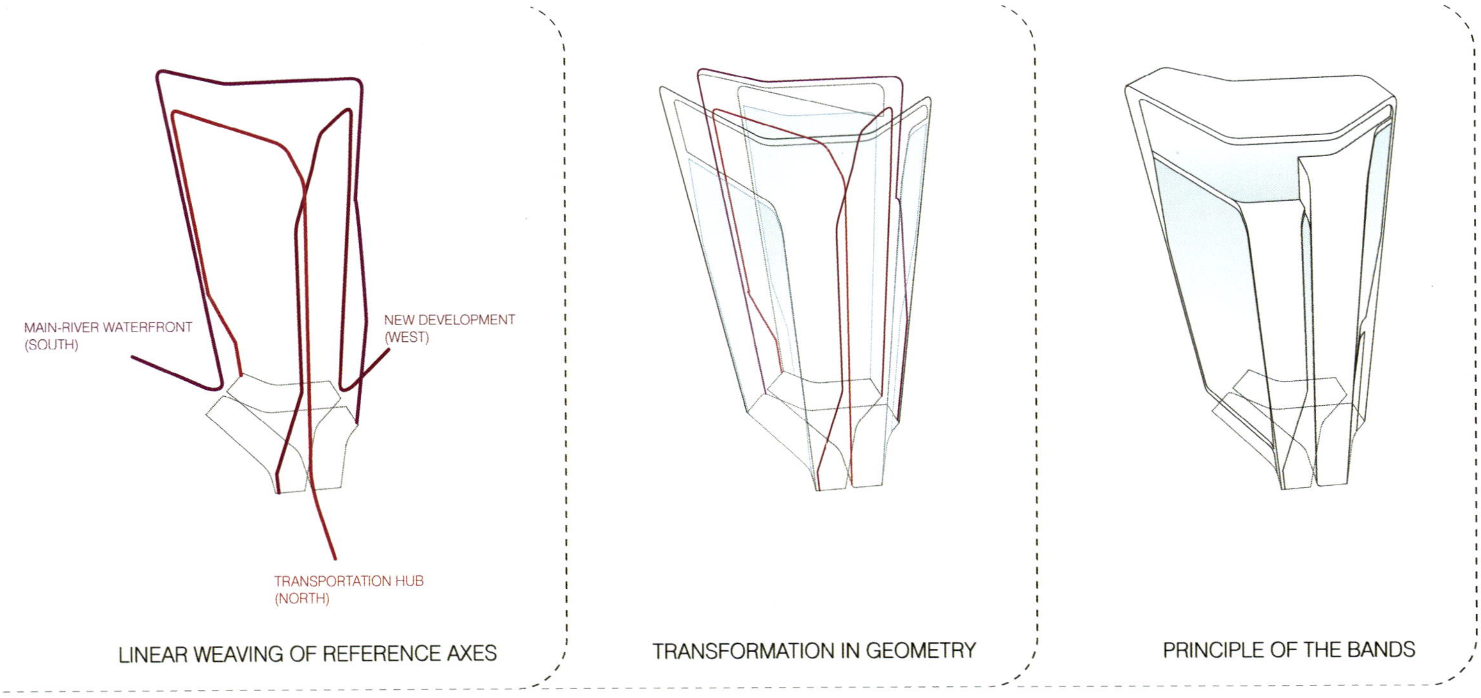
MAIN-RIVER WATERFRONT
(SOUTH)
NEW DEVELOPMENT
(WEST)
TRANSPORTATION HUB
(NORTH)
LINEAR WEAVING OF REFERENCE AXES
TRANSFORMATION IN GEOMETRY
PRINCIPLE OF THE BANDS

功能分析图

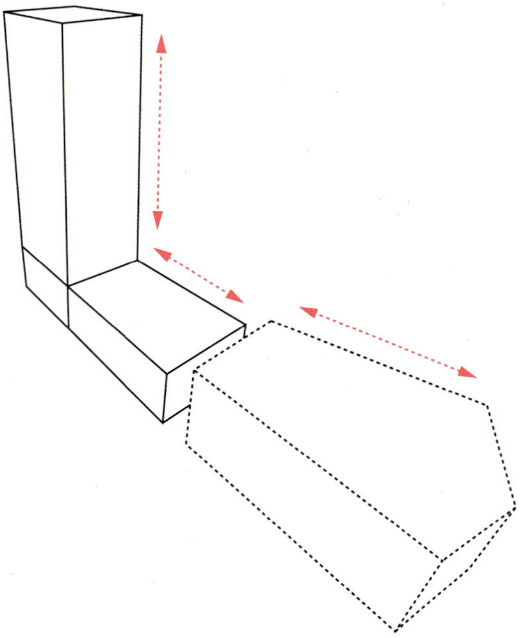

NO CONNECTION BETWEEN DIFFERENT ELEMENTS

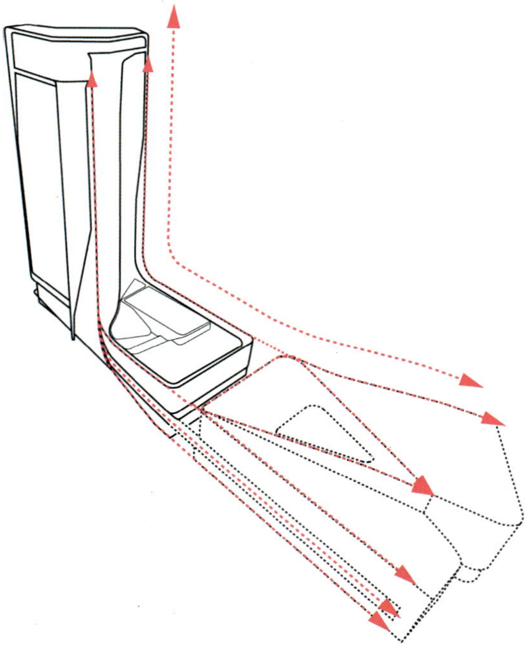

INTEGRATED MASSING - PRINCIPLE OF THE BANDS

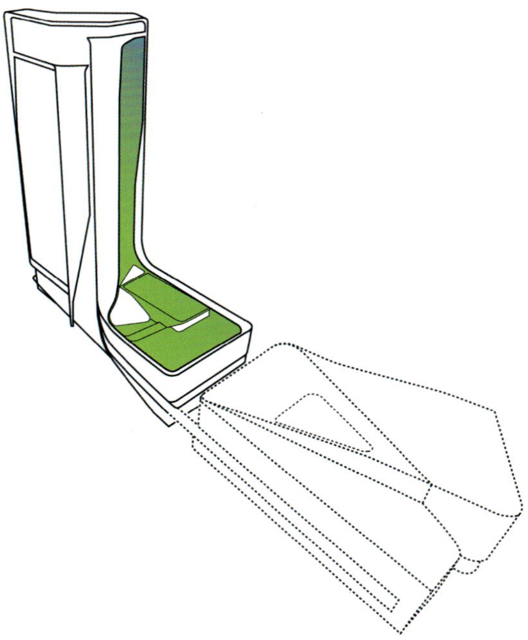

GREEN CONTINUES VERTICALLY TO THE NORTH-WEST FACADE

立面分析图

HYATT

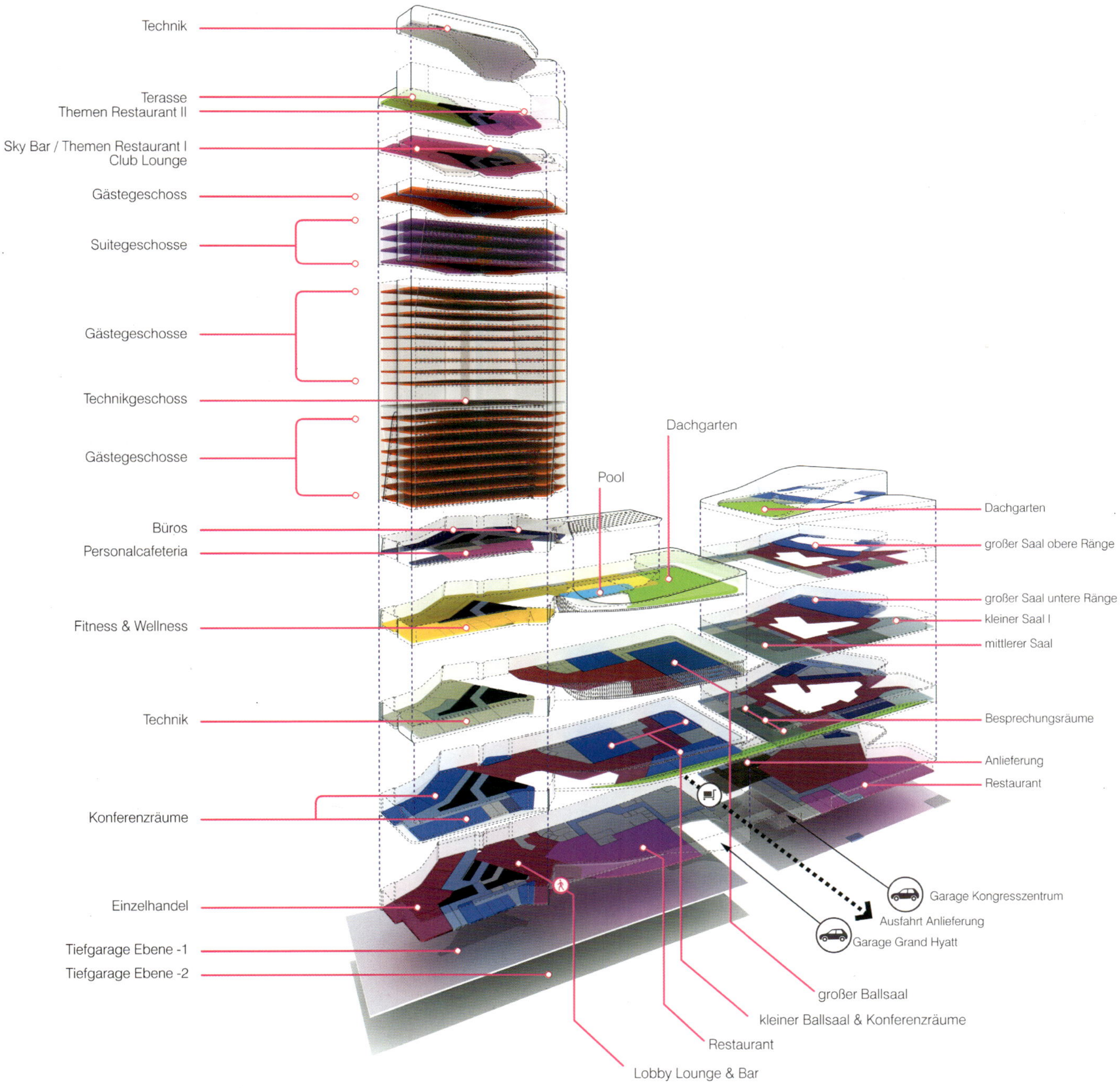
Technik
Terasse
Themen Restaurant II
Sky Bar / Themen Restaurant I
Club Lounge
Gästegeschoss
Suitegeschosse
Gästegeschosse
Technikgeschoss
Gästegeschosse
Büros
Personalcafeteria
Fitness & Wellness
Technik
Konferenzräume
Einzelhandel
Tiefgarage Ebene -1
Tiefgarage Ebene -2
Dachgarten
Pool
Dachgarten
großer Saal obere Ränge
großer Saal untere Ränge
kleiner Saal I
mittlerer Saal
Besprechungsräume
Anlieferung
Restaurant
Garage Kongresszentrum
Ausfahrt Anlieferung
Garage Grand Hyatt
großer Ballsaal
kleiner Ballsaal & Konferenzräume
Restaurant
Lobby Lounge & Bar

功能分析图

WONG TUNG

王董建筑师事务所于1963年在香港成立，集团现在美国、加拿大、菲律宾、澳洲、新加坡、泰国及中国内地均有联系机构，其中在中国内地的业务于1978年开始。

王董国际集团凭其敏锐的市场洞察力、判断力及不断创新和研究的开发能力，以其多年丰富的技术经验，很快占领了市场，业务迅速发展。集团专长于以下几个方面：城市设计及规划、大型住宅、商业综合大楼、医院、商场、酒店及高科技工业邨等，提供范围广泛的规划及建筑设计服务。

王董国际的董事们积极参与各工程计划的研究、创作、实践及管理各项事宜，尤其重视设计小组的工作，确保建筑设计概念贯彻实施到实践中。凭着其一连串的计划和服务，王董积极拓展本地及海外的建筑业务，并以香港为其基地，致力于香港建筑业的发展。

ALTIRA
ALTIRA 新濠鋒

ALTIRA MACAU HOTEL

项目名称：澳门新濠锋酒店
项目位置：中国，澳门，凼仔广东大马路
竣工时间：2007年
建筑面积：106, 000平方米
专案业主：Melco Crown Entertainment
设计规划：王董国际有限公司

项目简介

澳门新濠锋酒店于2007年开业，地处澳门凼仔区孙逸仙博士大马路与广东大马路的交界，是集时尚、典雅于一身的酒店及娱乐会所。酒店设有炫丽的豪华娱乐会所和私人贵宾厅，设计时尚高雅，共有218间宽敞舒适的豪华客房，其中包括24间贵宾套房及8间优雅总统别墅式套房。

GREEK
臘神話
臘神話娛樂場

REGENCY HOTEL
麗景灣酒店

ALTIRA
ALTIRA 新濠鋒

项目特点

澳门新濠锋酒店地理位置优越，所有豪华客房内均可饱览环绕澳门半岛的壮丽景致。占地18,000平方米的娱乐场分为三个部分，层叠而上，形成地标性的锥尖形。娱乐场的立面全部覆以落地玻璃幕墙，设计简洁时尚。连同最高层的贵宾厅，共提供220张赌台及超过500部的老虎机。

澳门新濠锋酒店还选用了弧形立面设计，有别于传统赌场格局，塑造出别树一帜的当代酒店形象。

立面图

MGM GRAND

MGM GRAND MACAU

项目名称：澳门美高梅金殿
项目位置：中国，澳门，半岛外港新填海区B区B2街区A地段
竣工时间：2008年1月
建筑面积：222, 222平方米
专案业主：美高梅金殿超濠股份有限公司
设计规划：王董国际有限公司

项目简介

澳门美高梅金殿坐落于澳门的心脏——南湾海岸区，可以俯瞰优美的海港景色。酒店的设计主旨为"三体合一"，即由下至上，由三种颜色各异且代表不同意义的体块相互交错，组成一个整体：标准客房为玫瑰金色、行政套房为白金色、别墅则为黄金色。

MGM
MGM GRAN

Site Plan
LAGO NAM VAN
MGM
GRAND

项目特点

33层高的酒店塔楼由三片分开的曲面层叠而上。远观之，由三种不同金色组成的立面熠熠生辉，倒映出南中国海波涛汹涌的景色。此外，三片金色的曲面幕墙以不同的步调蜿蜒而至，其韵律宛如从侧面吹动的海风，又恰似海面上翻滚的浪涛。设计中更将这种律动贯穿于建筑内外，让旅客从电梯大堂至每一间客房都能感受到这种变化。

酒店与赌场的另一个特色为首层的玻璃屋。高25米的铰接玻璃屋顶凌空而置，其下的空间设计结合了独特的葡萄牙建筑风格、戏剧化的园林和喷泉等不同元素，展现了酒店兼融并蓄的风格和澳门辉煌主硕的过去。

PROJECT DATA

Location_Lote A do Quarteirao
B2 da zone B, Macau

Site Area_43,167 sq.m

Total GFA_211,545 sq.m

Hotel GFA_145,742 sq.m

Hotel Tower Height_155 m

Hotel Floors_36 story

Podium GFA_28,390 sq.m

Podium Height_20 m

Podium Floors_3 storey

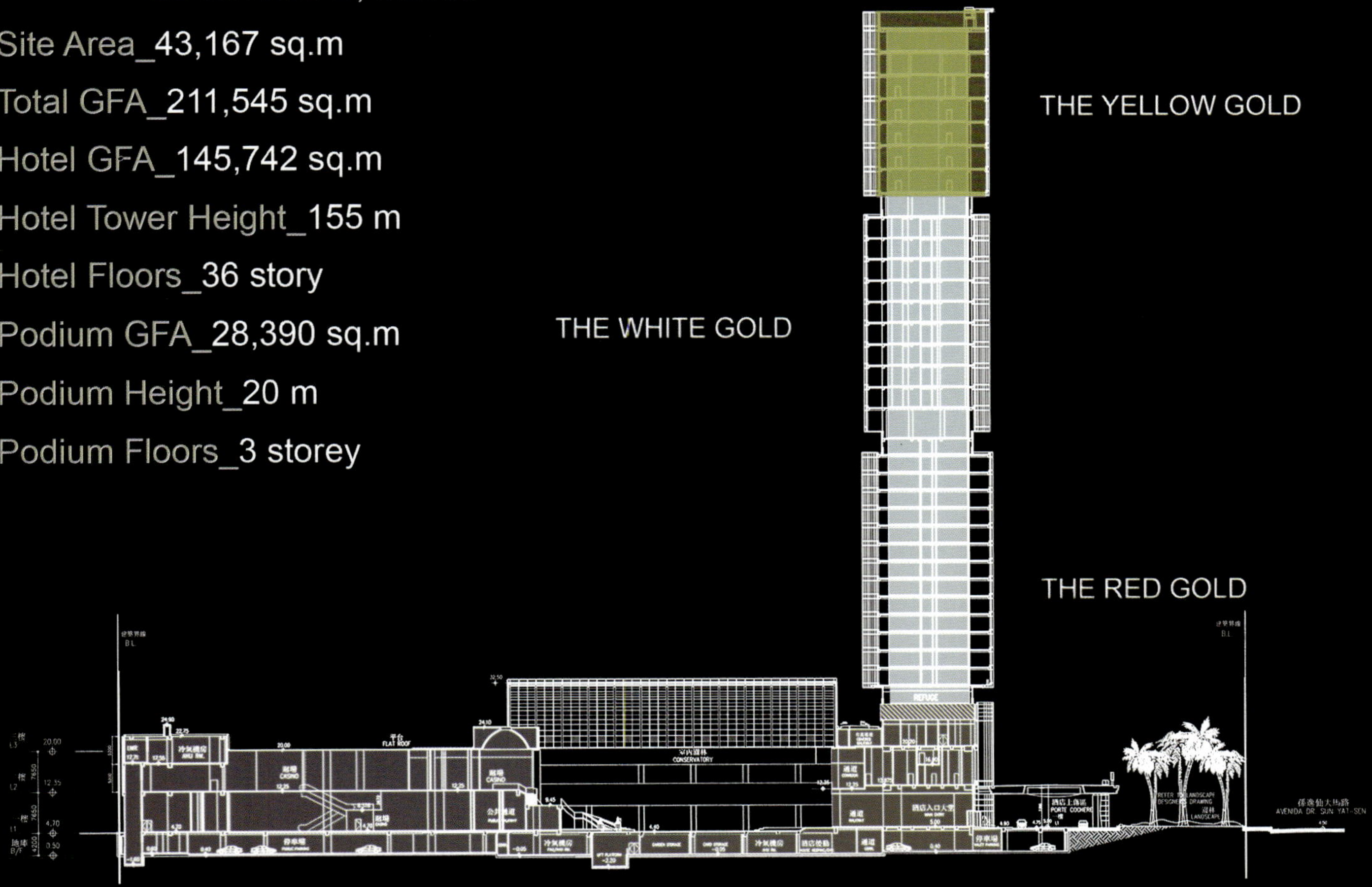

SECTION

SHANGRI-LA HOTEL, XI'AN

项目名称：西安香格里拉酒店
项目位置：中国，陕西省，西安市，科技路38B
竣工时间：2008年10月
占地面积：20, 346平方米
专案业主：香格里拉酒店集团
设计规划：王董国际有限公司

项目简介

西安——历史悠久的文化古都，弥漫着浓郁的地域风情。以中国古典的现代理性打造地标建筑，建立现代主题酒店，即本方案的设计理念。

香格里拉大酒店

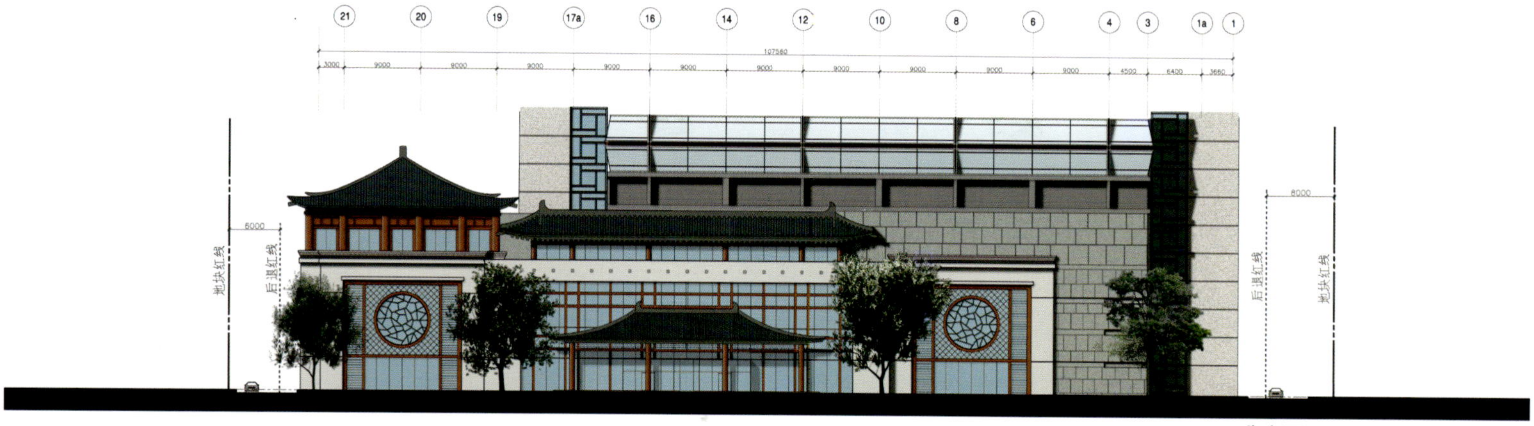

北立面

东立面

南立面

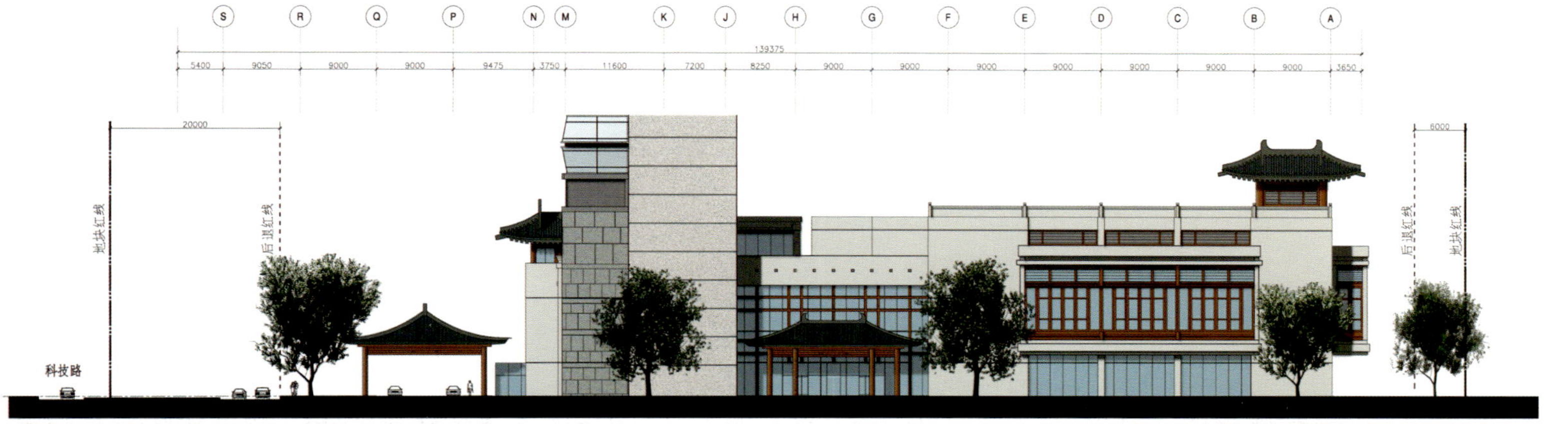

西立面

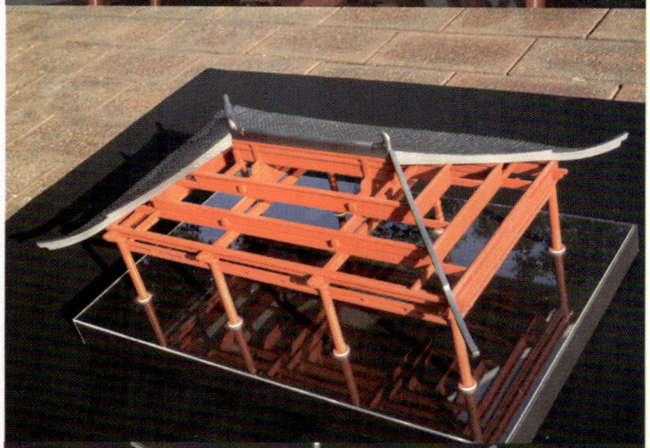

项目特点

酒店的平面及立面采用单纯的几何形体，营造出和谐、庄重的建筑气氛。平面布局简单流畅，裙楼仿古设计，立面则色彩鲜明。主楼的玻璃幕墙如"中式灯笼"，外形简洁亮丽。通过细部处理使建筑肌理富于变化，以大方的精致体现耐久，以古典的现代反映永恒。

L'ARC MACAU HOTEL

项目名称：澳门凯旋门酒店
项目位置：中国，澳门，新口岸外港填海区A2/j地段
竣工时间：2009年9月
专案业主：凯旋门发展有限公司
设计规划：王董国际有限公司

项目简介

五星级的澳门凯旋门新世界酒店坐落于澳门市中心，设计豪华雄伟，既融合了中西文化，亦将澳门这个东方娱乐之都的传统特色和现代风格与动感活力充分结合。它是一个集酒店、 娱乐场、住宅于一身的综合项目，位于新口岸区，楼高56层，为目前澳门最高的建筑。

项目特点

项目的建筑风格上，无论外型或内部装饰，均以法国宫廷式手法为蓝本，在建筑比例、细部设计及选料方面，经过精心考究，整体风格统一，宏伟典雅，气派豪华。

酒店内的客房装潢华丽，采用现代时尚的设计风格，缀以柔和色系的装饰，映衬房间的白色基调，舒适写意溢满一室。所有房间均为宽幅落地窗设计，让旅客可以饱览澳门城市美景。

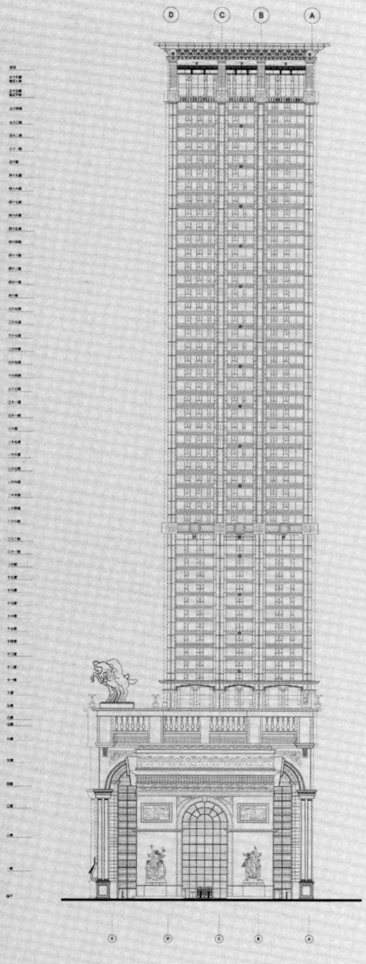

立面图 -1

立面图 -2

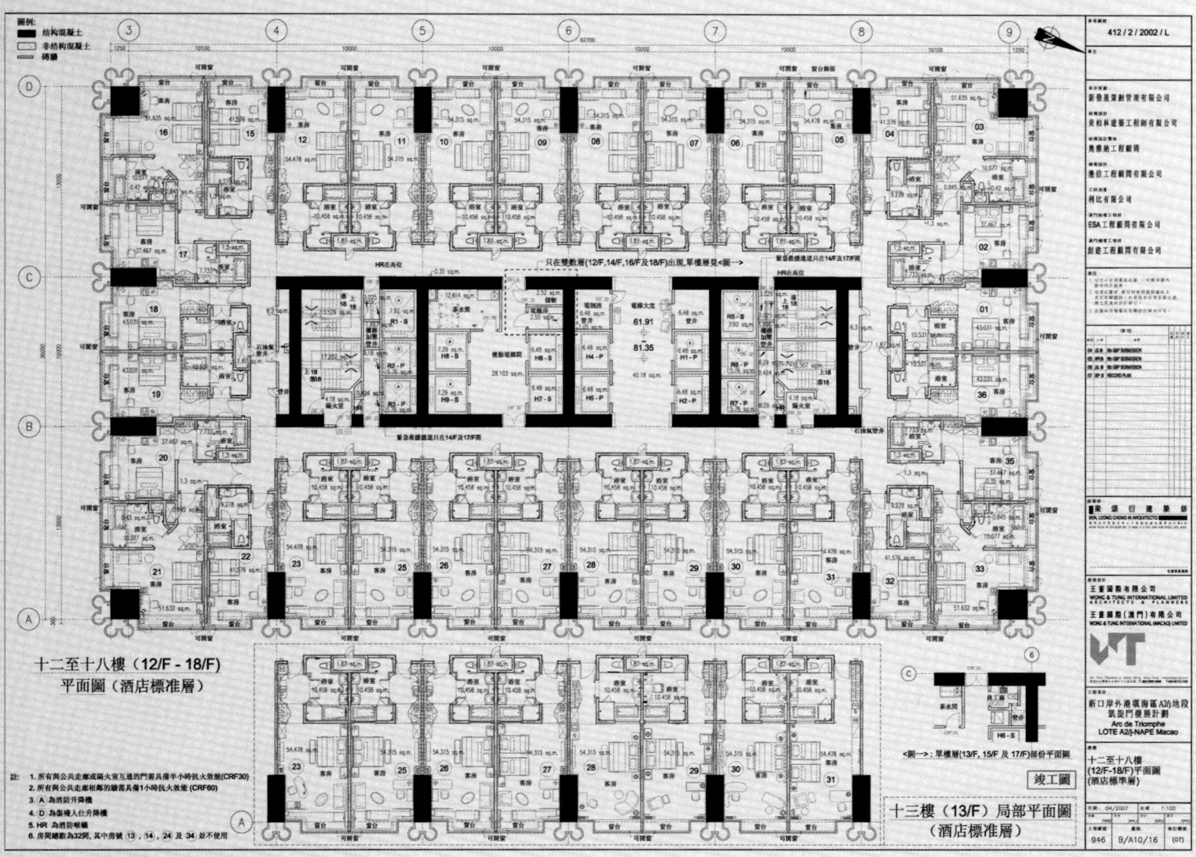

圖例:
結构混凝土
非結构混凝土
磚牆
十二至十八樓（12/F - 18/F）
平面圖（酒店標准層）
註: 1. 所有與公共走廊或隔火室互通的門需具備半小時抗火效能(CRF30)
2. 所有與公共走廊相鄰的牆需具備1小時抗火效能 (CRF60)
3. A 為消防升降機
4. D 為傷殘人仕升降機
5. HR 為消防喉轆
6. 房間總數為32間, 其中房號 13 , 14 , 24 及 34 並不使用
只在雙數層(12/F,14/F,16/F及18/F)出現,單樓層見<圖一>
<圖一>: 單樓層(13/F, 15/F 及 17/F)部份平面圖
竣工圖
十三樓（13/F）局部平面圖
（酒店標准層）
412 / 2 / 2002 / L
新發展策劃管理有限公司
黄柏林建築工程師有限公司
奧雅納工程顧問
港信工程顧問有限公司
利比有限公司
ESA工程顧問有限公司
創建工程顧問有限公司
梁頌衍建築師
BEN, LEONG CHONG IN ARQUITECTO
王董國際有限公司
WONG & TUNG INTERNATIONAL LIMITED
ARCHITECTS & PLANNERS
王董國際(澳門)有限公司
WONG & TUNG INTERNATIONAL (MACAO) LIMITED
新口岸外港填海區A2/j地段
凱旋門發展計劃
Arc de Triomphe
LOTE A2/j-NAPE Macao
十二至十八樓
(12/F-18/F)平面圖
(酒店標準層)
04/2007
1:100
946
B/A10/16
(07)

Le ROYAL ARC 凯旋門

酒店部分包含301套五星级客房，设计新派时尚，并同时提供高档的娱乐、餐饮及休闲设施；其余部分则提供309套高级宽敞的私人海景住宅，配合有高级康乐会所。

FOSTER + PARTNERS

福斯特设计公司成立于1967年，是一家国际性建筑、规划和设计机构。它坐落于英国伦敦，主要成员有董事会主席诺曼•福斯特先生及4位合作者。由于其在建筑设计等领域的卓越表现，福斯特设计公司目前已荣获了280多项奖励。

福斯特设计公司40多年来一直在建筑文化、生态、科技等领域不断探索和追求。在这样一个变化无常的世界中，建筑如何可持续发展，如何给建筑提供可以适应社会变化的空间，一直是福斯特设计公司的研究课题和创造态度。福斯特设计公司的设计产品十分广泛，包括城市规划、建筑物设计、产品设计、展览等。产品大到世界上最大的建筑设计——香港国际机场，小到一套家具、一张办公桌。

福斯特设计公司在国际上有着良好的口碑，它的代表性作品包括：改建后的德国柏林国会大厦、伦敦大不列颠博物馆、中国香港汇丰银行总部、法兰克福德意志商业银行总部、尼姆加里艺术中心、诺里奇斯坦福大学塞恩斯伯里视觉艺术中心等。此外，该设计公司在城市规划设计等方面也有良好的造诣。

CAPELLA SINGAPORE HOTEL

项目名称：新加坡卡佩拉酒店
项目位置：新加坡，圣淘沙岛
竣工时间：2009年
建筑面积：95, 246平方米
专案业主：新加坡卡佩拉度假酒店集团
设计规划：福斯特设计公司

项目简介

卡佩拉酒店坐落于Sentosa岛，这是一个郁郁葱葱的热带度假胜地。酒店提供了优美的自然景观，新加坡的金融区和购物区近在咫尺。酒店完美地重建了殖民地建筑，运用现代建筑元素，独特的园林雕塑与当代艺术丰富了酒店的内部装饰。

项目特点

现代化时尚设计的客房与套房，营造出一种令人难以忘怀的气氛。一流的艺术与照明环境相结合，创造出一个独特的氛围。另外，Sentosa岛有三个沙滩，是体验太平洋水域完美的场所。

卡佩拉酒店拥有111个套房和客房，包括别墅，其中别墅内设有私人户外淋浴和浴缸。此外，酒店还有一系列公共设施——一个优秀的中餐厅、御天座温泉和健身中心、3个会议室、商务中心、俱乐部酒廊和3层室外泳池。在这里，宾客或沐浴在阳光下，或环绕于神奇的Sentosa岛，都可感受到极大的乐趣。客房内还配有大理石梳妆台、天然木制橱柜、地毯和毛绒装饰等。

DOLDER GRAND HOTEL

项目名称：瑞士苏黎世大酒店
项目位置：瑞士，苏黎世
竣工时间：2008年
设计规划：福斯特设计公司

项目简介

塔楼耸立于苏黎世湖畔，靠近格罗斯和苏黎世美术馆。曾经的苏黎世大酒店已被彻底改造，形成现在豪华的城市度假酒店。酒店最初由Jacques Gros于1899年设计。

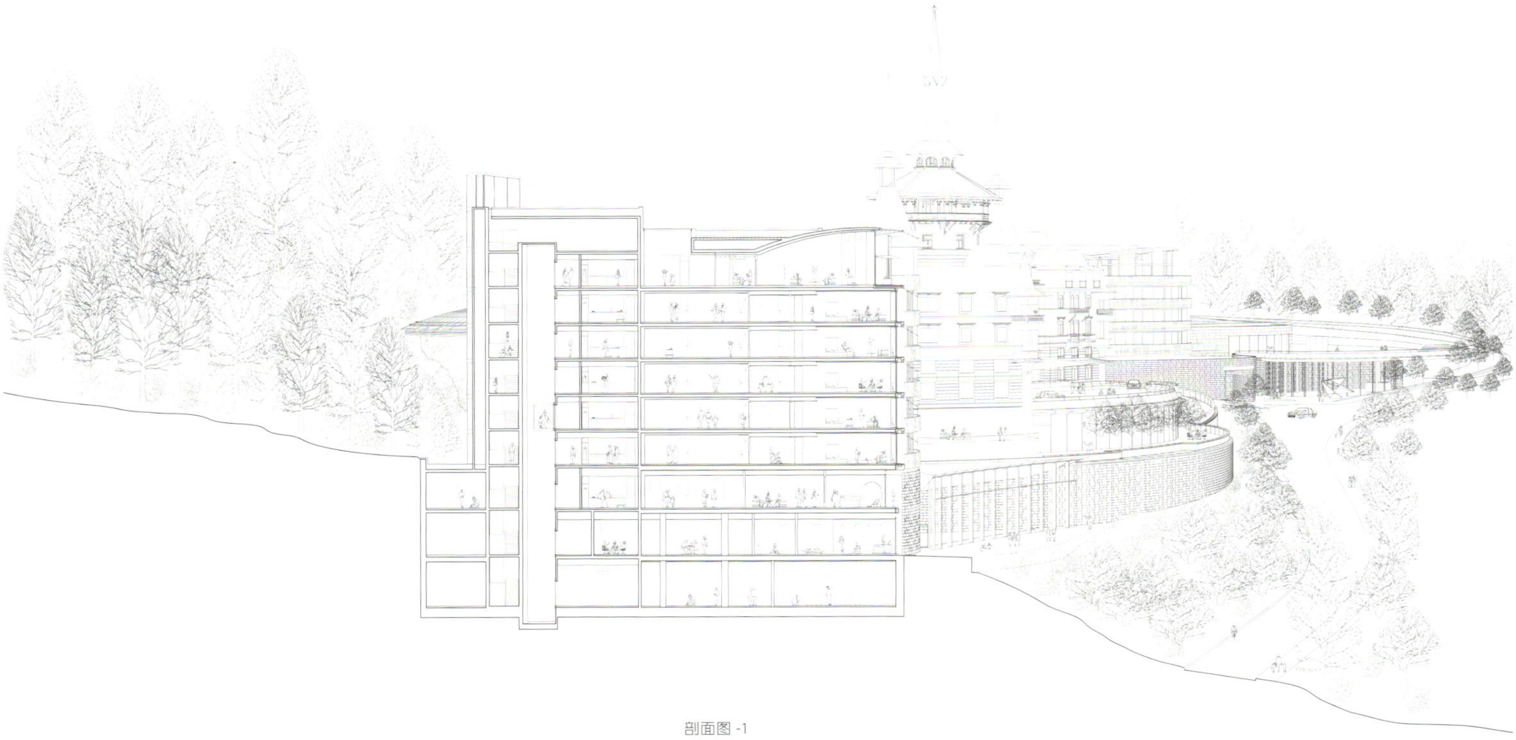

剖面图 -1

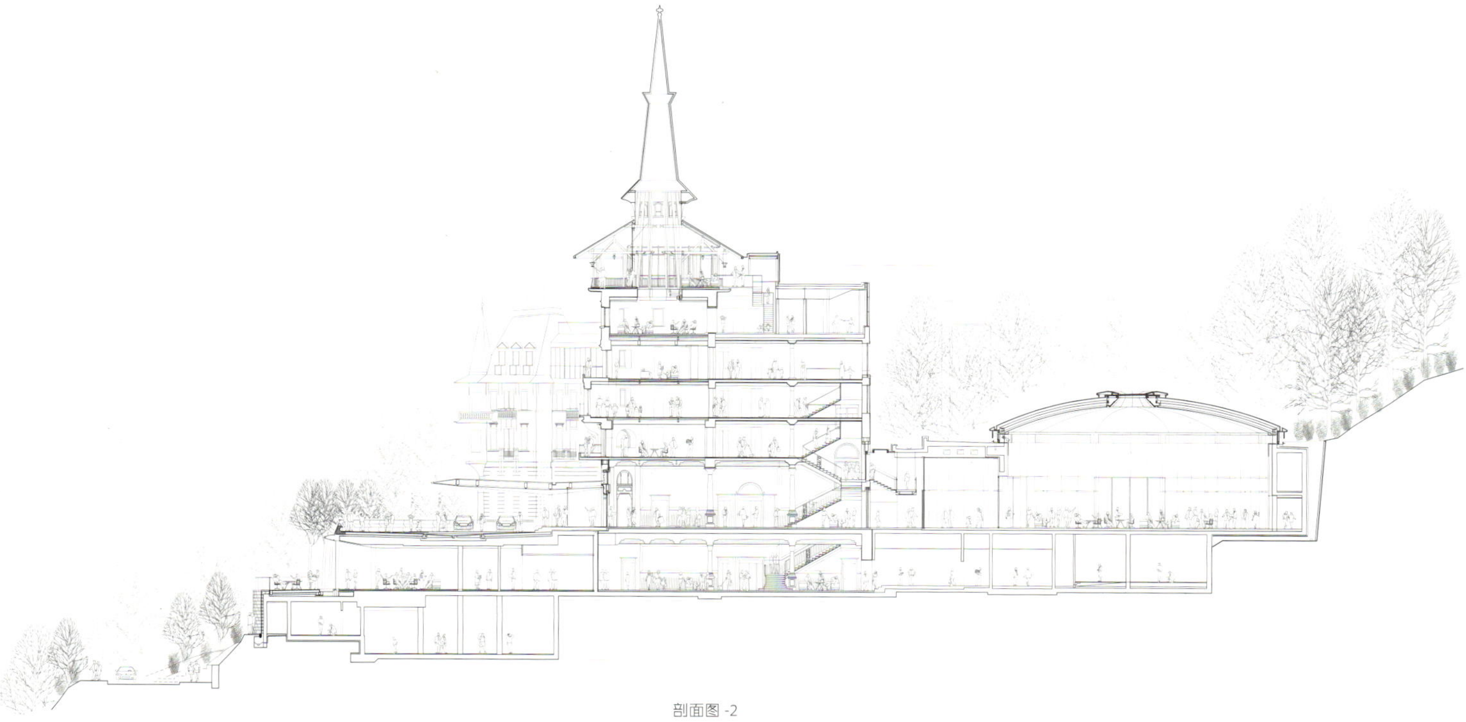

剖面图 -2

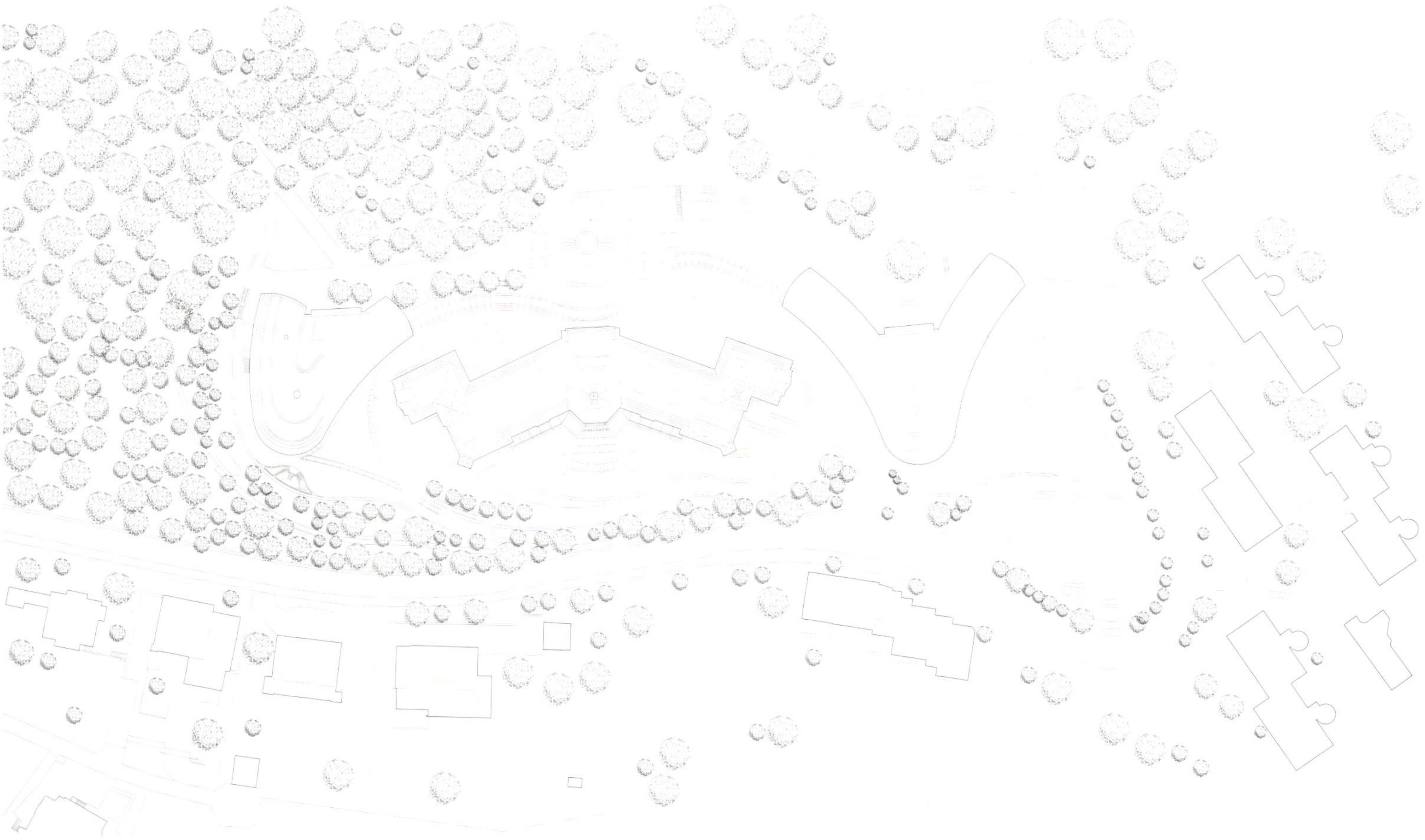

全景图

项目特点

该项目在原项目的基础上做了改造，酒店的客房增多了一倍，并且和周边的森林度假区相连。建筑外部已经按原本的设计方案做了恢复，并在原有的红色和赭石色上加以调色，内部的结构也做了新的调整。新酒店还增添了一些公共空间，包括一个宴会厅和新改造的南入口，宾客从那里进来可以欣赏到令人窒息的苏黎世和阿尔卑斯山美景。

建筑两侧的表面全部由玻璃和铝板制成，形成围栏的样子，有遮阴效果。上面隐约有树的图案，与周围的树林相互辉映。此外，新酒店的亮点是一个4,000平方米的温泉浴场。蜿蜒的石墙始于景观框架，逐渐进入峡谷般的空间。阳光会从墙上的某些区域直射进来，仿佛是一个动态的光影游戏。

MT

香港美腾（MT）设计工程有限公司成立于1989年，并在中国大陆设立全资子公司——深圳深港建筑装饰工程有限公司，是一家集设计和施工为一体的企业，目前在北京、上海、西安等地都设有办事机构。

公司提供建筑设计、室内设计、景观园林设计、总体规划设计和平面设计一站式服务，已在香港、澳门、北京、上海、沈阳、大连、西安等地完成数个工程设计项目。目前拥有超过100多名出色的专业设计人员和工程师，设计师的工作经历普遍具有国际化特征。

MT长期专注于五星级酒店、写字楼、样板房及高档别墅设计，在设计领域获得了客户的高度认可。迄今为止，MT已经有6项作品获建筑工程鲁班奖，如：郑州期货大厦、云南烟草大厦、京盛广场、深圳发展银行大厦、新疆海德酒店、沈阳皇朝万豪大酒店。MT把西方较为成熟的设计体系和理论运用到设计中，加入中国的本地特色，使之具有一个独特的特征，理所当然的，所有的设计理念必须是原创的。如今，MT每年都参与超过20个以上的五星级或超五星级酒店项目设计。设计的内容涵盖从早期的MLP设计、建筑设计、各种微观设计、园林景观设计到室内装修设计。

项目名称：沈阳皇冠假日酒店
项目位置：沈阳市，皇姑区黄河南大街88号
竣工时间：2009年12月
占地面积：9, 640平方米
建筑面积：49, 087平方米
专案业主：中国石油下属企业东北石油管道公司和香港明达国际有限公司合资
设计规划：香港美腾设计工程有限公司

项目简介

水晶，呈晶簇，在绚丽多彩中散发着神秘与奢华的气质。沈阳国际皇冠假日酒店的外观造型由水晶几何立方体旋转45°的主楼与裙楼组成，迭落的玻璃幕墙增加了建筑外观的线条节奏感。

酒店的建筑高度有18层，地下2层。拥有总统套房，各类豪华客房295间，是沈阳地区现阶段规模较大的一家国际五星级酒店。

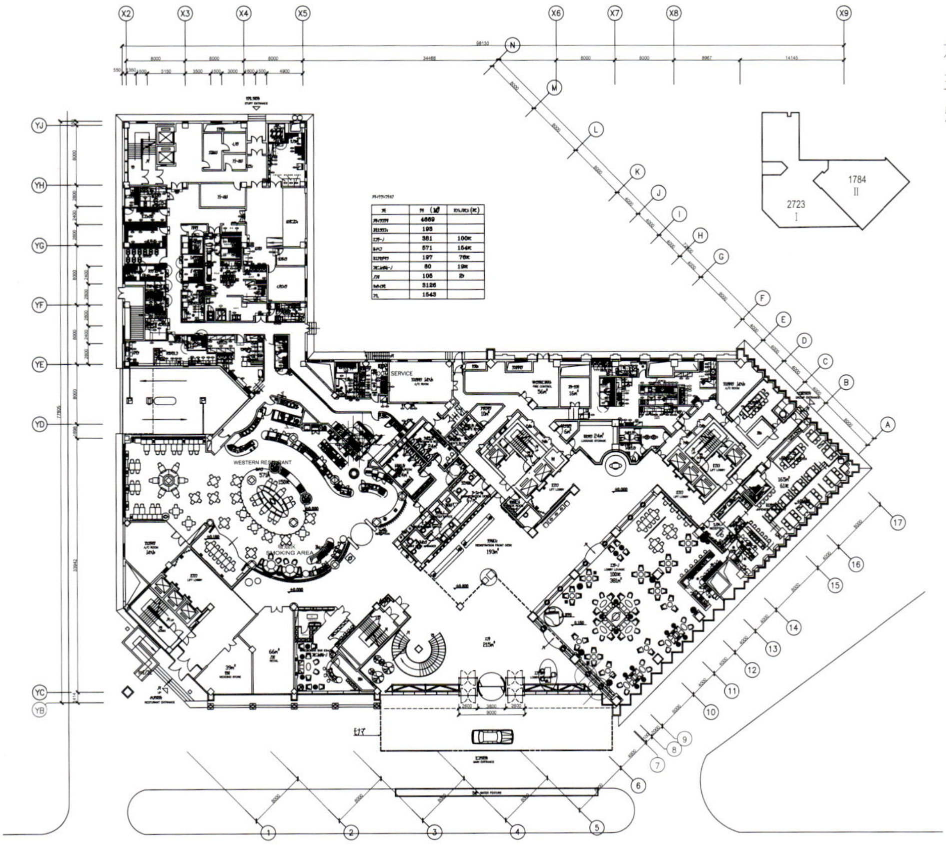

平面图

项目特点

大堂的中空位置大面积采用七彩的水晶切面造型，美轮美奂，与主题相呼应；七彩水晶球环绕的天花吊灯则奏出如风铃般清脆的乐章，令空间呈现一片和谐气象，突显一派高贵典雅的气度。

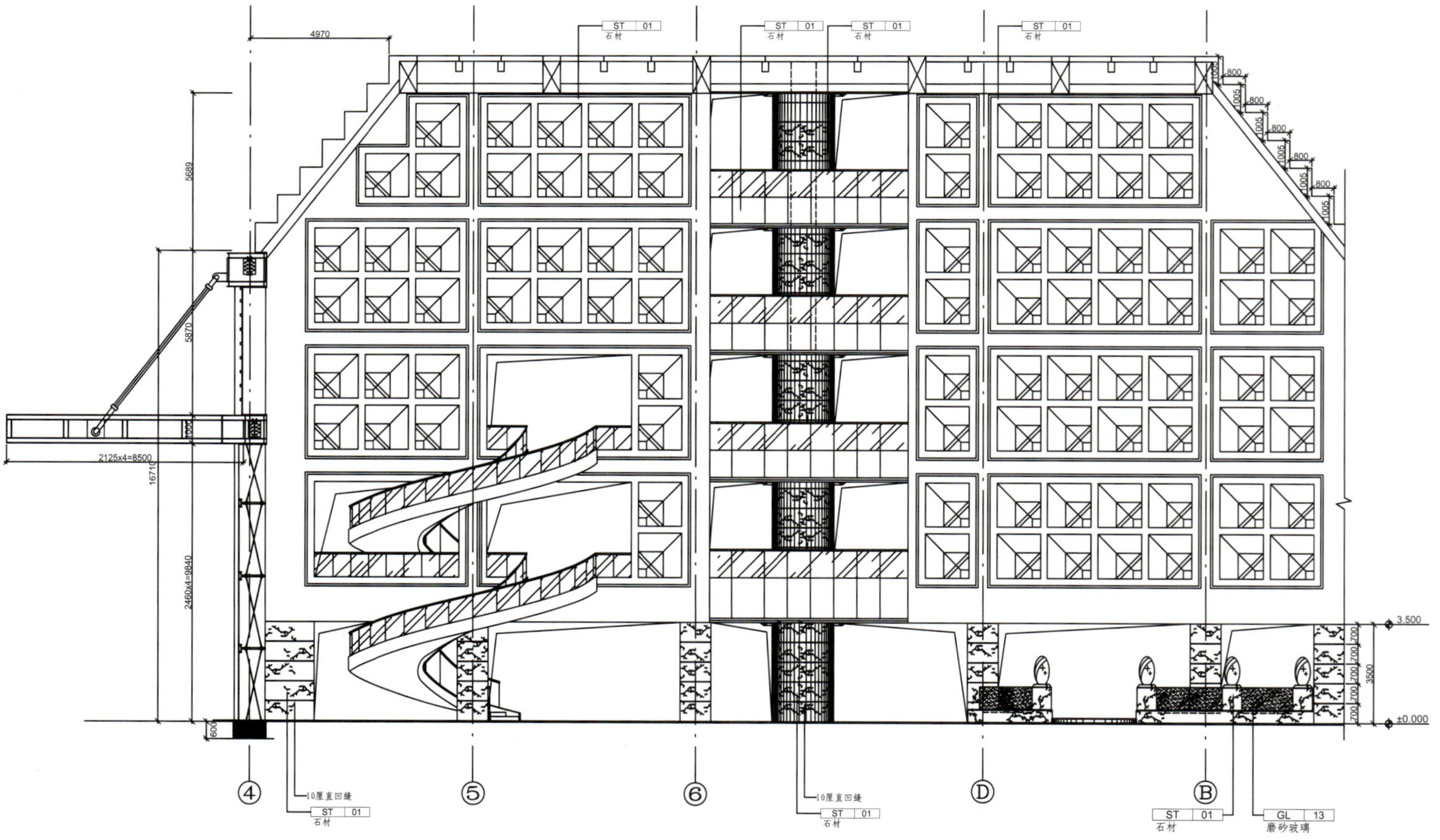

ST 01
石材
ST 01
石材
ST 01
石材
ST 01
石材
4970
5689
5870
2125x4=8500
16710
2460x4=9840
600
800
1005
3.500
±0.000
3500
700
④
⑤
⑥
Ⓓ
Ⓑ
10厘直凹缝
ST 01
石材
10厘直凹缝
ST 01
石材
ST 01
石材
GL 13
磨砂玻璃

立面图

客房的整体设计简洁而时尚，明快的背景色彩与柔和的灯光效果使宾客倍感舒心。长长的客房通道，在地毯的陪衬下流淌着华丽与舒适，加上悠扬的背景音乐，营造出"家"的感觉。

AEDAS

凯达环球有限公司是一家从事建筑设计、城市规划、景观设计以及室内设计的综合设计机构。随着业务的迅速发展，现已跃升为全球第二大建筑事务所，在全球拥有超过2,000名员工。

凯达在世界各地共设立41个办事处，一直致力于造就超凡的建筑设计，每个设计方案既汇集了具有国际水平的专业技术和知识，也充分体现出对各地文化特色的了解。公司的建筑设计精英群策群力，为建构社会做出贡献，并凭着设计实力在业内发挥领导角色。此外，公司以完整的通盘策略实现可持续发展的设计，可见建筑设计师们对建筑环境、合作伙伴，以至所居住和工作的社会环境都非常关注，还有一份承担的精神。凯达的全球化业务网络遍及亚洲、中东、欧洲及美洲地区，为各行各业提供多元化的建筑设计服务，包括建筑、室内设计、总体规划、园林设计、都市设计和建造等。至今，公司已为各式各样的建筑类型担纲设计，其中不乏市政设施、学校、医疗保健和交通运输设施、商厦、住宅及工业大楼等，足见其对美化自然建筑环境的热忱和坚持。

自1993年至今，凯达共拥有18条铁路的31个车站及8个车厂，遍布香港、深圳、广州、新加坡、吉隆坡及新德里。公司也获聘在杜拜兴建43个车站及2个车厂。

HONG KONG SKYCITY MARRIOTT HOTEL

项目名称：香港天际万豪酒店
项目位置：大屿山香港国际机场航天城东路 1 号
竣工时间：2008年
占地面积：27,000平方米
设计规划：凯达环球有限公司

项目简介

香港天际万豪酒店是香港国际机场航天城内主要的大型建设之一，毗邻亚洲国际博览馆和即将落成的海天客运码头，地理位置优越。在设计上则配合会议酒店的定位，并附设休闲服务设施。

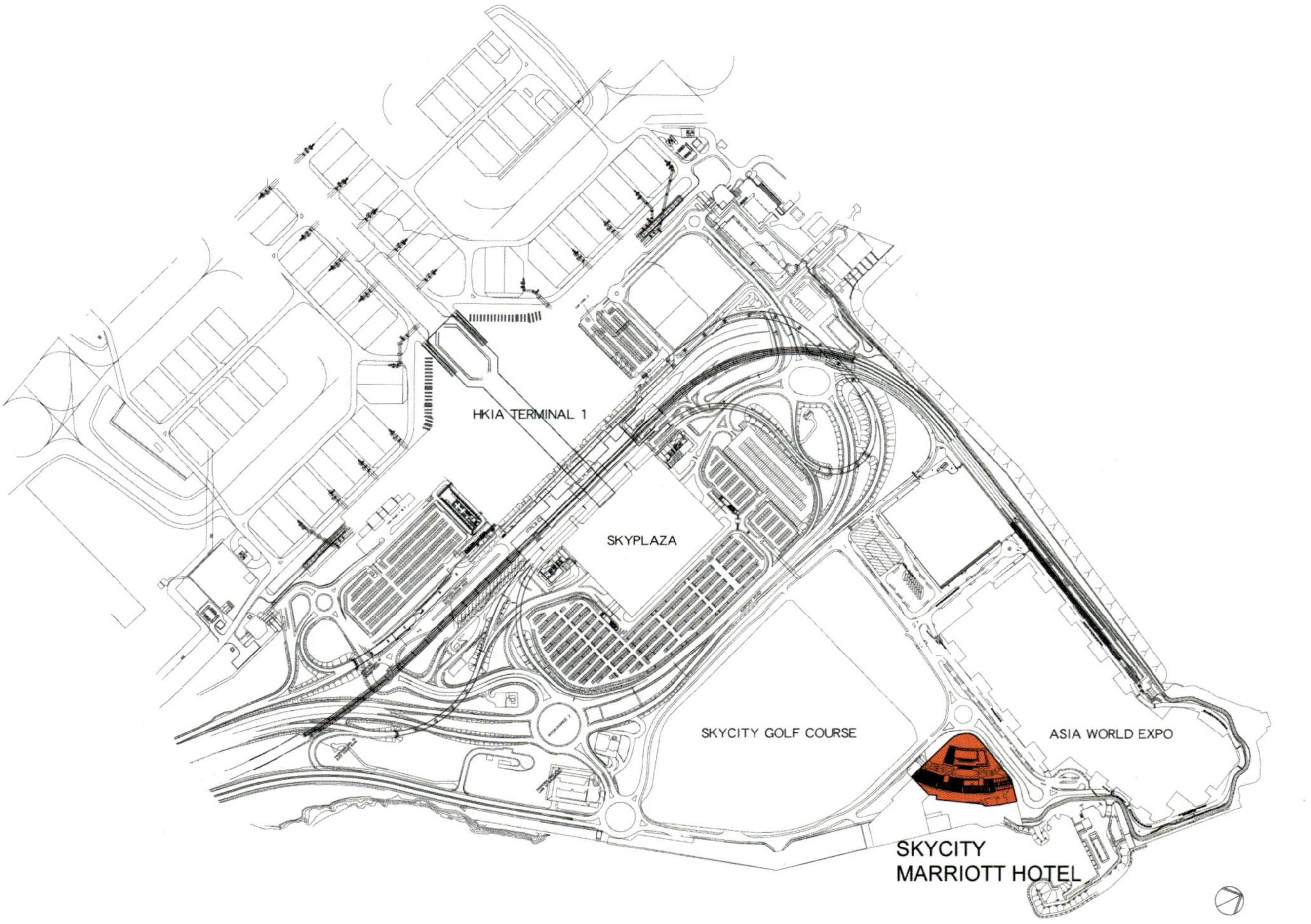

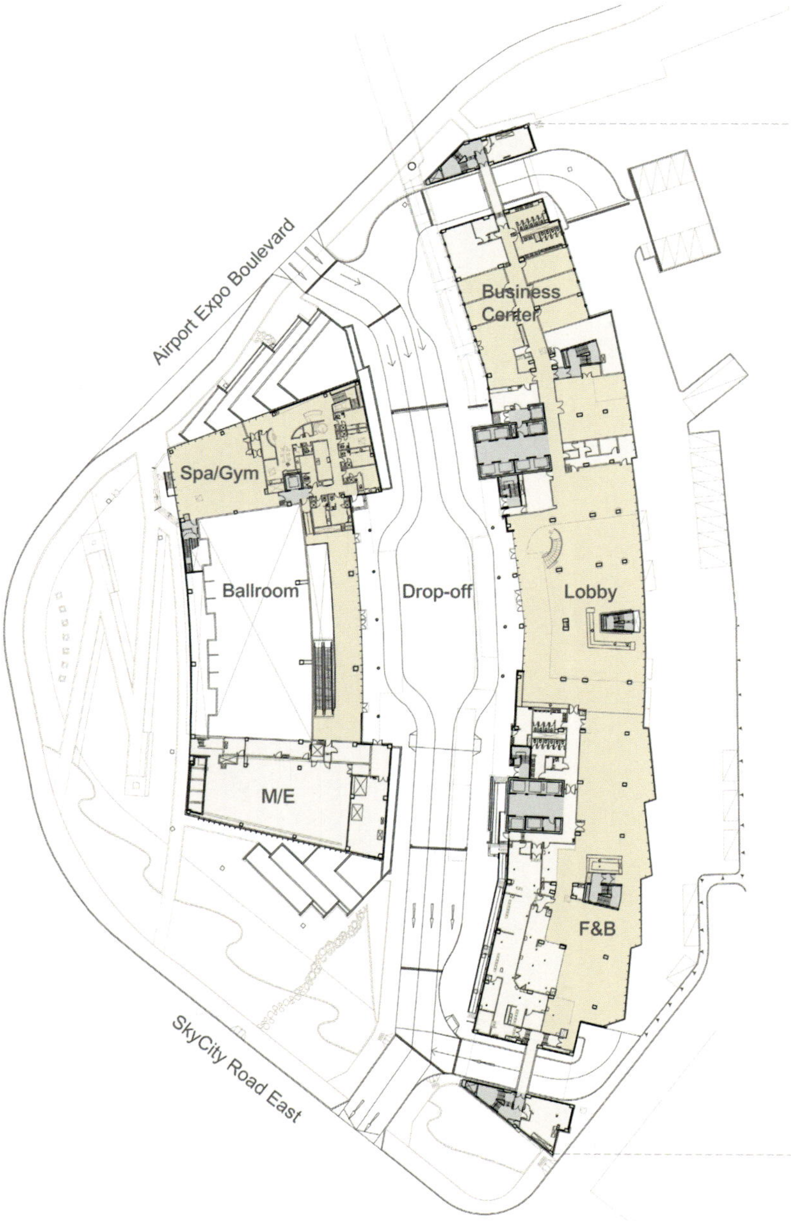

First Floor Plan

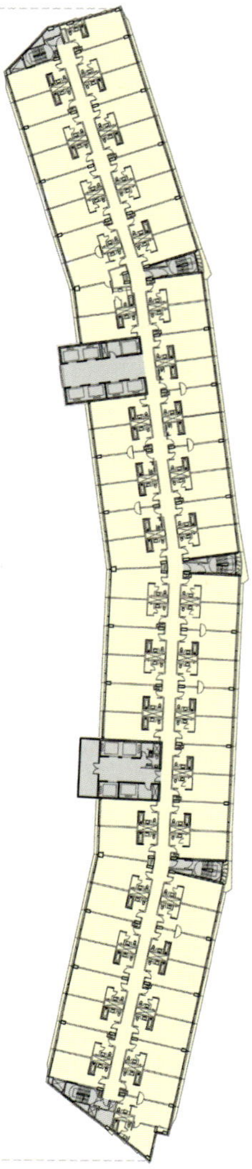

Guestroom Floor Plan

项目特点

酒店的整体设计效果简约优雅。在规划方面，弯月形的设计可拓宽远眺屯门和青马大桥一带的壮丽海景。此外，为降低因建筑吸收热能而造成的额外能源消耗，设计中还设计了雕塑般的大型"翅膀状"遮阳板，作为增添设计特色和节能功效的重要建筑元素。这些雕塑般的造型特征捕捉了建筑物的光影，使外墙增加动感，也因此令整个外立面显得更为连贯。

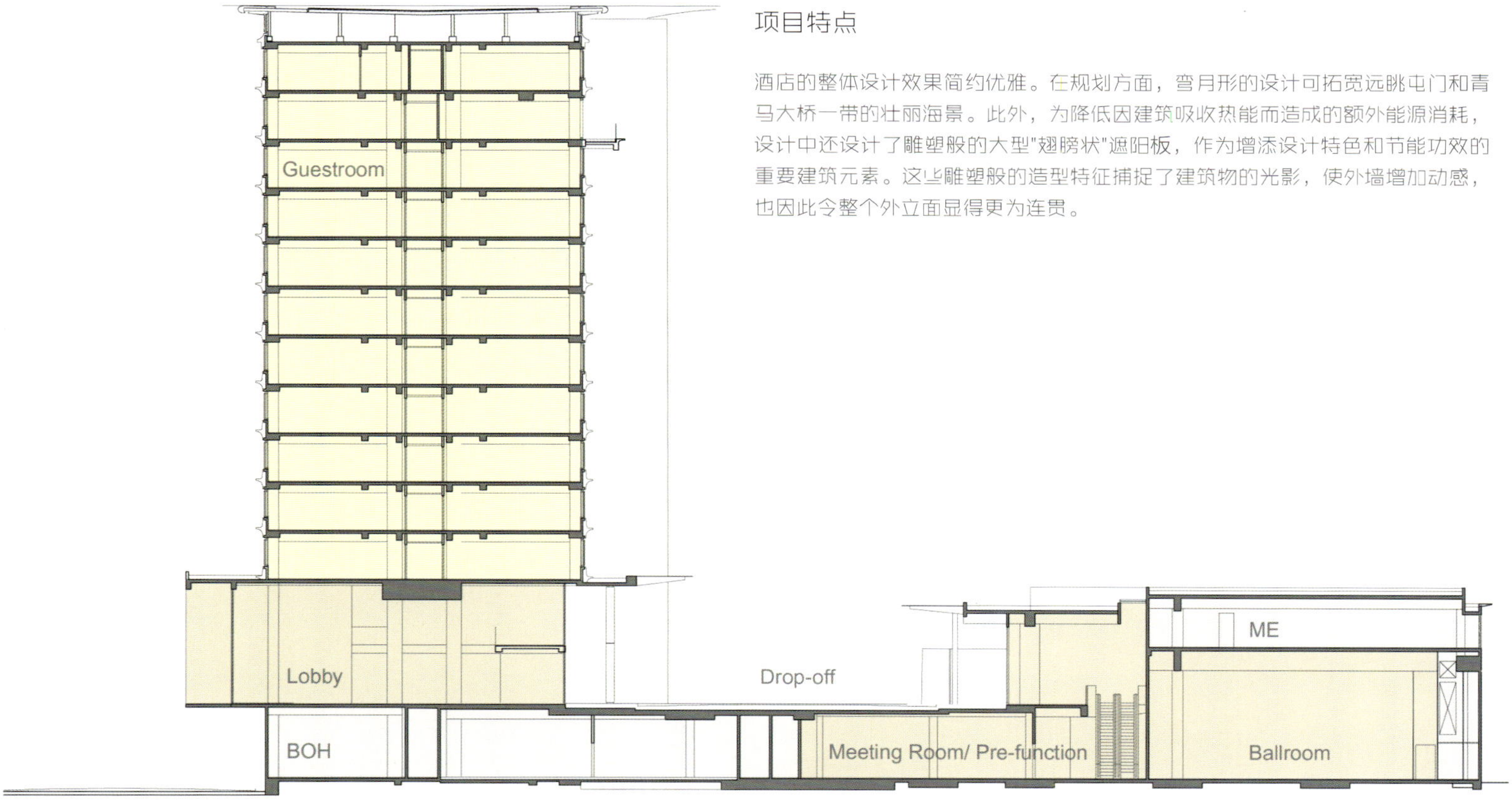

立面图

酒店的入口架高于地面层，使宾客一踏进酒店大堂，便可立刻欣赏到辽阔的海景。宴会厅和所有休闲娱乐设施，如水疗中心、健身室和室内泳池等均设于另一低座建筑，与酒店大楼共享同一个下车区。至于所有后勤服务区则设于地面层和低于公众视野的位置，巧妙地将接待住客的公众设施与后勤服务的活动分隔开来。

THE LOUNGE

MAD建筑事务所于2002年由建筑师马岩松创立于美国，2004年转移至北京。MAD是当今中国最有潜力的年轻事务所，也是近两年迅速崛起并引起国际建筑界关注的中国建筑实践。MAD的实践立足于中国，又具有极强的国际性，着眼于现实社会和城市问题，拥有塑造未来的理想。在中国疯狂建设的背景下，MAD进行了活跃的理论实践，同时MAD的空间艺术也正在世界范围内转变为现实。

马岩松说，20世纪70年代人的创造力开始爆发了，包括建筑、音乐、绘画等等，中国的年轻一代都已经在国际舞台上开始闪光。MAD已经成为中国建筑界70后青年建筑师崛起的象征，起因可以归纳为：向建筑权威的挑战，对未来的憧憬，参与城市生态的回归。MAD目前在世界范围内有各种规模和类型的建筑项目，其中包括正在施工中的多伦多梦露大厦，位于天津滨海新区的385米超高层——中钢国际广场，鄂尔多斯博物馆，台中会展中心，重庆森林等大型公共建筑和住宅项目。

MAD的设计是为时代而作。它们反映了MAD对现代艺术、当代都市生活方式多媒体的兴趣，以及在建筑领域的探索。对数字化分析工具和设计方法的运用，使MAD作品成为当代设计在建筑领域的代表。在过去的设计中，MAD善于从简单而传统的功能中发现更多的可能性，赋予建筑崭新的组织逻辑，创造新的建筑语言，赋予新的力量和活力。

项目名称：三亚凤凰岛
项目位置：中国，海南省，三亚市
竣工时间：2008年
占地面积：365, 333.3平方米
建筑面积：480, 000平方米
设计规划：MAD事务所

项目简介

凤凰岛是一座人工海岛，规划建设七大项目：海南省第一高楼——南中国新地标，200米高的中国第一幢海上七星级酒店；国际养生度假中心，5幢100米高的五星级全海景豪华酒店式寓所；6万吨、10万吨、25万吨级大型国际邮轮母港；豪华海岛别墅商务会所；海上风情商业街；东南亚最大的国际游艇会；大型奥运主题广场。它是中国首个海上超星级酒店，集国际会议中心于一身。同时提供海、陆、空三方位交通组合路线，享受得天独厚的条件。

项目特点

该建筑注重建筑的节能设计和与环境的对话交流，主体建筑造型揉合了海洋和生态元素，塑造出一组另类而具个性的标志性建筑群。凤凰岛以最终成为可以屹立于历史长河的艺术经典之作为目标，建筑时尚前卫，灵动梦幻，思考和结合了凤凰岛的各种环境特征、海洋元素、和谐共生、流线与曲面、建筑的生命、灵动的建筑等多种元素，所有建筑均由流畅的曲线与曲面构成，颇具生命活力，富有热带海洋气息。

酒店顶层是公共空间，可以四面看海，底层则像海星伸出来的触角，覆盖生态公园。6栋高层超曲面建筑群以海上生长的岩石群为意象，利用建筑立面的光反射、灯光效果赋予建筑生命力。从天空看，6栋建筑像是一群承载着生命的岩石，是中国的新天涯海角，预示生命起源于海洋。而别墅式商务会所的设计则以天空的云朵、高尔夫沙坑、球洞为意象。建筑布局看似随意，其实从天空俯视可形成蓝天白云和高尔夫运动的抽象组合，最终以生命中最优雅的运动来表现建筑的内在之美。

CONRAD HOTEL, BEIJING

项目名称：北京康拉德酒店
项目位置：中国，北京
竣工时间：2011年
占地面积：7, 779平方米
建筑面积：56, 994平方米
设计规划：MAD事务所

项目简介

北京的CBD是依照上世纪初现代主义工业革命前后的西方标准建造的。这里的建筑成为资本和地位的表达，但本质不同的是，它完全没有一百年前西方人建造摩天楼时挑战技术和未来的野心，而成为一片在大规模的复制中生产出的钢筋混凝土机器，它们追求效益，缺乏灵魂。

项目特点

在建筑风格的演化中，不同历史时期的人们都曾以手工艺打造出富于生命力的建筑物，他们表达出人的意念冲动以及对自然力量的虔诚，突破了建筑的沉重，以上升的精神成为那个时代的城市文化标志。北京康拉德酒店所要表达的是中国当代城市发展中的"慢速度"——建筑的产生与人的生存过程一样，是一种聚集能量、形成特征的演变过程。它们不再是大规模的工业复制品，新的城市效率是在现代工业的精确控制下所产生的差异性，以及人们在城市生活中不断有新发现的可能性。

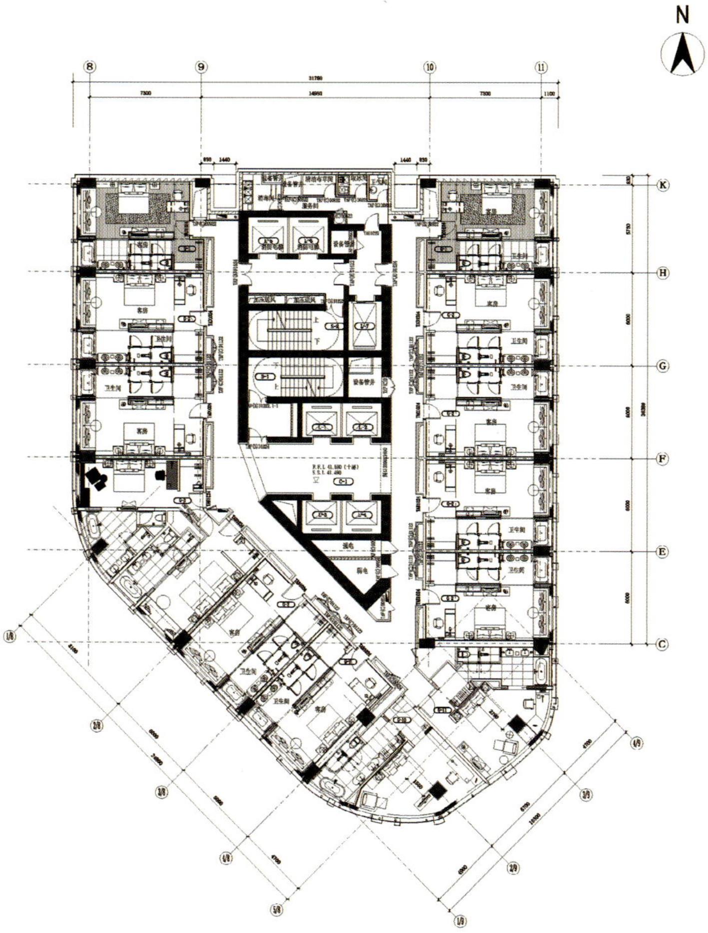

平面图

南立面图

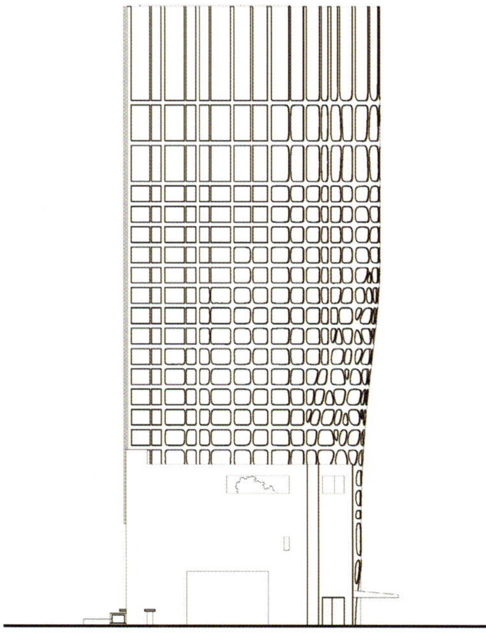

西立面图

东立面图

功能分析图 -1

在这样的建筑群落中，北京康拉德酒店是一次"慢速度"的设计。类似神经组织的立面单元被植入到一个方形的建筑体中，引起了形体的轻微变化，并生长成为一张有机的建筑表皮。整个建筑如同一个融化中的方盒子，成为城市网格体系中一个转变的开始——液态的意念入侵到固态的效率之中，工业流水线生产的标准构件被具有差异性的工艺制造所取代。

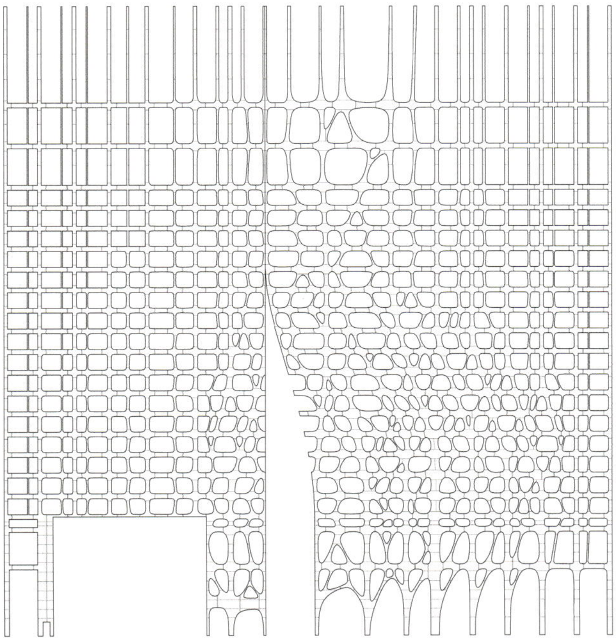

功能分析图 -2

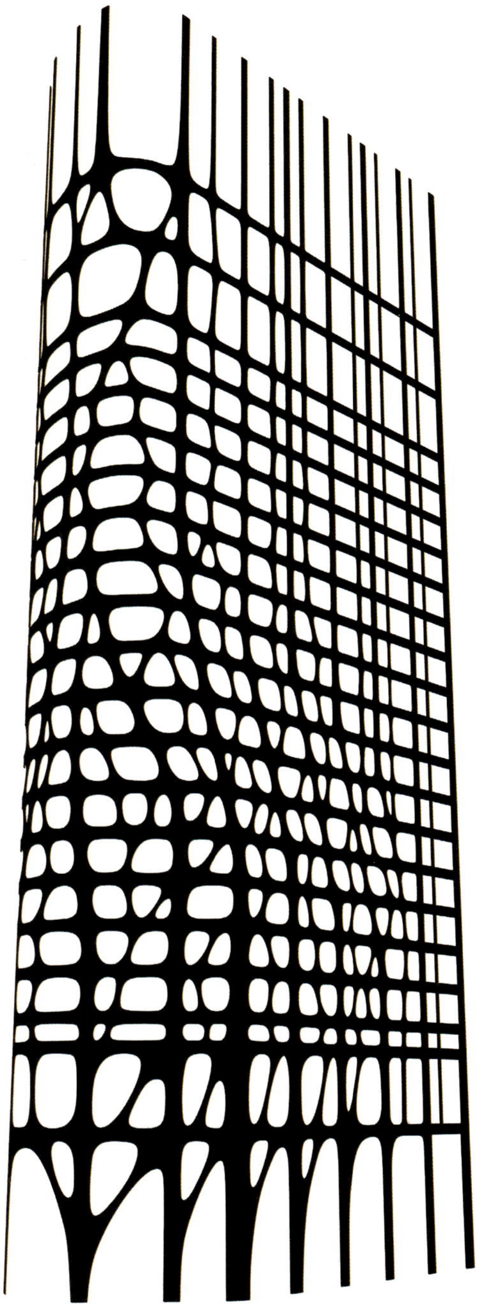

功能分析图 -3

P&T

P&T建筑事务所成立于1868年，拥有100多年历史。在香港的中文名称又称为巴马丹拿集团，是一个在远东地区历史悠久的英资建筑与工程事务所，服务范围包括规划设计、建筑结构以及机电工程。自成立以来，该机构已经在亚洲许多城市，特别是上海和香港，留下了大批风格多样的优秀作品，对这两个城市的中心区（外滩和中环）风貌的形成起到重要作用。P&T现时是东南亚历史最悠久、规模最大的建筑师及工程师公司之一，分别在中国大陆香港、澳门、新加坡、曼谷等多处地方设立分公司及办事处，服务范围遍及整个东南亚地区。

改革开放后，金陵饭店是P&T建筑事务所在内地的第一个设计项目，为了体现事务所的形象，P&T的设计师们动足了脑筋，如建筑比例、外立面设计等等。终于，金陵饭店成为南京现代高楼中的经典作品。其后，P&T建筑事务所又在长江路设计了苏美达大厦，虽然无法超越金陵饭店，但基本沿袭了其简洁、大方的设计风格，而且在细节方面也是精心雕琢，外幕墙、大理石材质均从意大利进口，也是南京高层建筑中的优秀作品之一。

SHERATON HOTEL, BEIJING

项目名称：北京东城喜来登酒店
项目位置：中国，北京
竣工时间：2010年
占地面积：12, 000平方米
建筑面积：81, 300平方米
专案业主：北京金隅世纪城房地产开发有限公司
设计规划：P&T工程建筑有限公司

项目简介

本专案坐落在北京东城区的北三环路上，安贞桥的东南角，为环球贸易中心总体规划的最后一期发展项目；环贸中心的其余部分包括六幢甲级写字楼，总用地面积达8公顷。总体规划的大型公共绿化中心花园位于地块南侧，本项目与其无任何阻隔，视野广阔。酒店综合体由两座22层高的塔楼及一座5层高的裙楼组成，西塔楼为五星级酒店客房，共470间；东塔楼为服务式公寓，拥有130间出租住房。

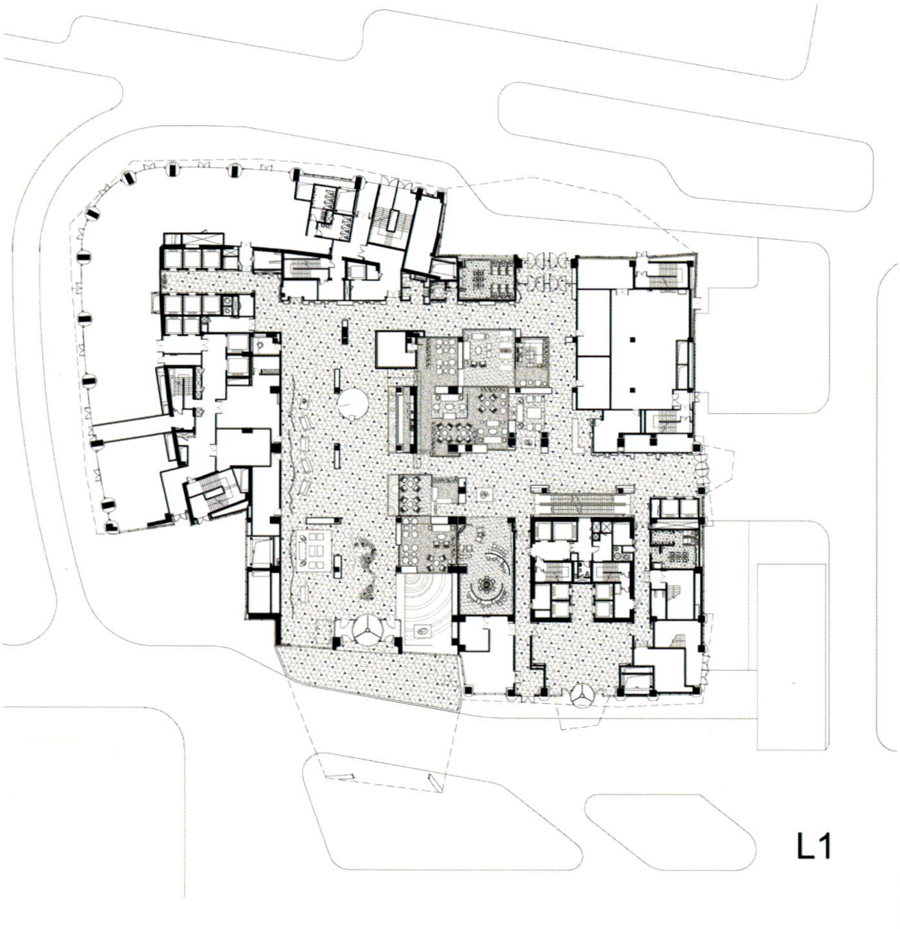

全景平面图

项目特点

酒店塔楼平面上呈"L"字型，连同裙楼的四个中西餐厅、大小宴会厅及水疗中心等公共空间，建筑面积达58,000平方米。

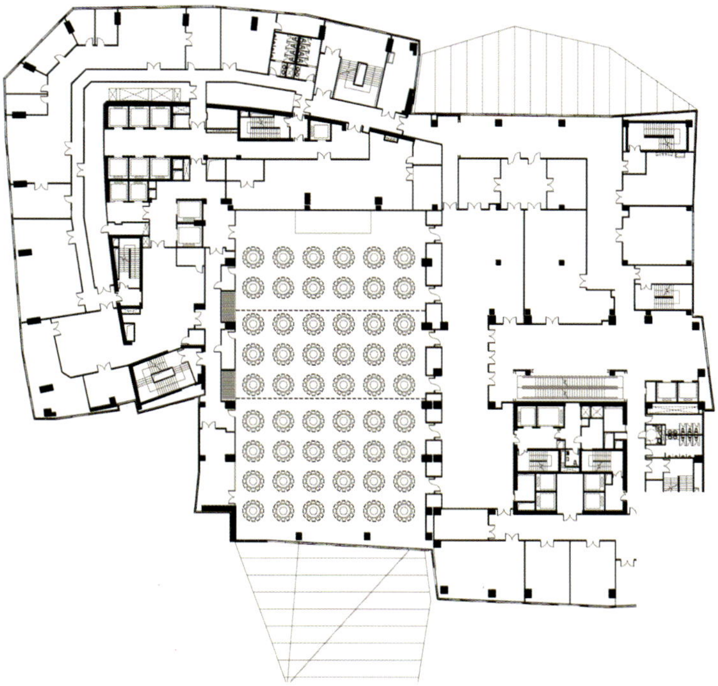

平面图

整体建筑的主立面面向繁忙的安贞桥交汇处，建筑立面以多折面的全玻璃幕墙作为主要组成部分，透过各个玻璃面之间的不同反射角度及有层次的布局，刻画出北京东城喜来登酒店的精致造型及独特个性。

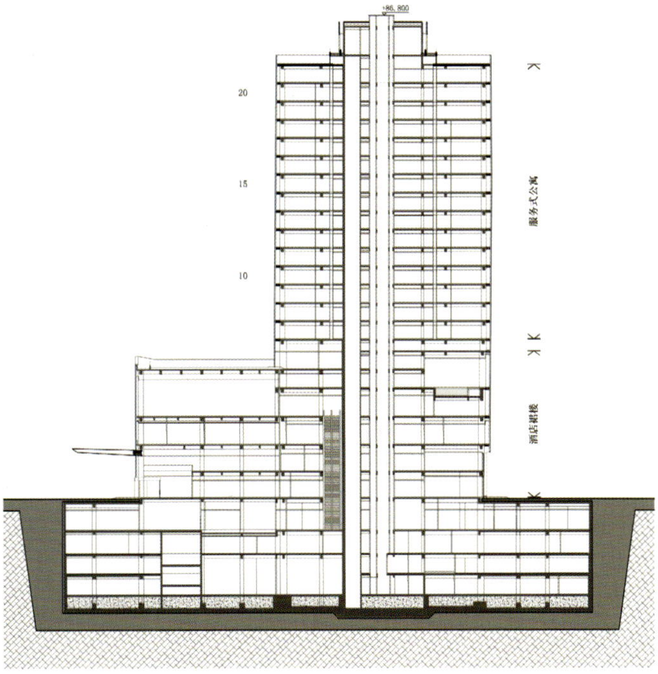

立面图 A

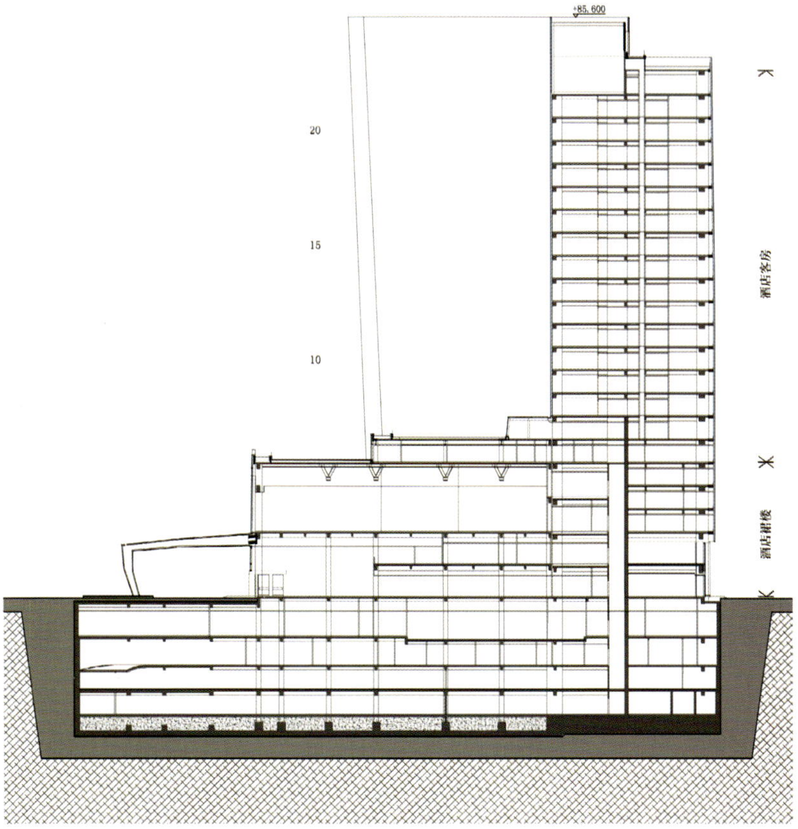

立面图 B

JINLING HOTEL
JINLING HOTEL

项目名称：南京金陵饭店
项目位置：中国，江苏省，南京
竣工时间：2010年
占地面积：16, 039平方米
建筑面积：120, 000平方米
专案业主：南京新金陵饭店有限公司
设计规划：P&T工程建筑有限公司

项目简介

金陵饭店为南京市中心地区的标志性建筑，在1982年建造完成时成为当时中国大陆最高的建筑物，曾获得南京市各界人士的盛誉。

为满足最新的住房需求，金陵饭店举行了一个以确立土地使用和发展策略为目的的设计比赛。最后，P&T公司胜出的设计方案以一座57层，240米高的塔楼为扩建工程主题，从而让出更多空间给园林绿化及公共交通。

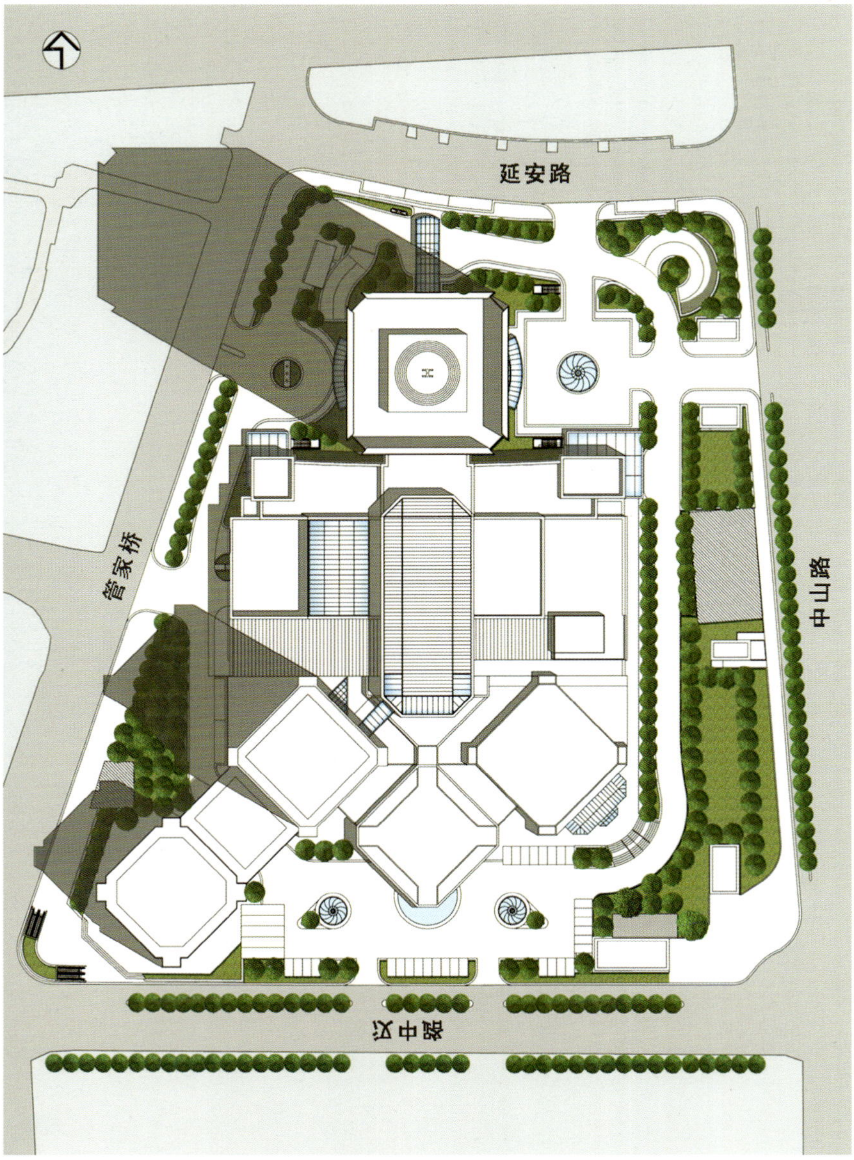

全景效果图

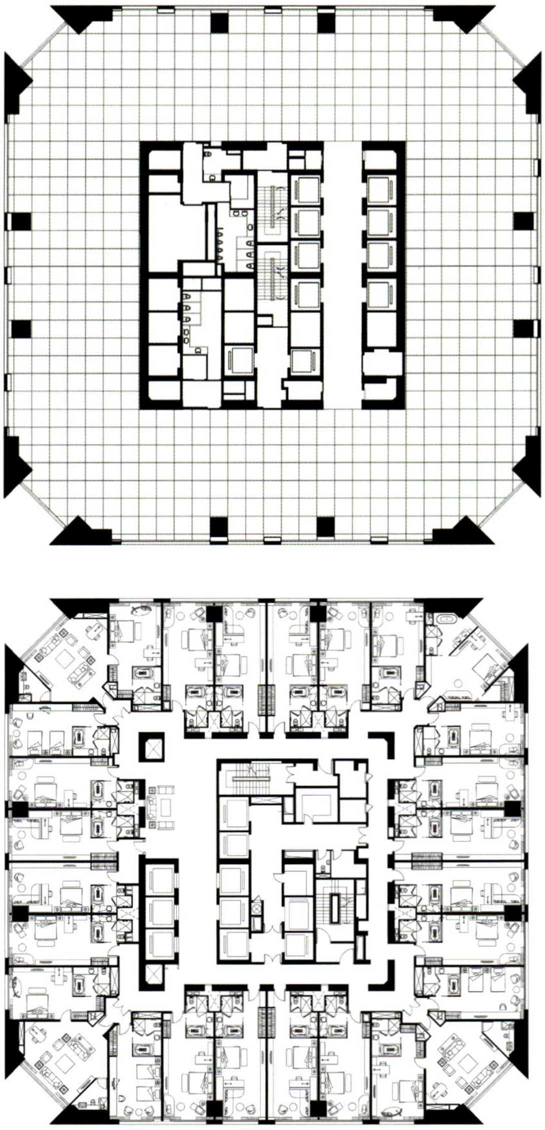

平面图

项目特点

新塔楼中，在30层智能化的甲级办公室之上将会是370间五星级酒店客房。其余酒店公共空间包括酒店大堂、餐厅及健体中心等，均位于裙楼。新设计沿用现有基地之主轴线，而新塔楼也参考金陵饭店的正方形平面布局，以虚的手法处理四个边角，使之与现有的金陵饭店塔楼形成阴阳对比。

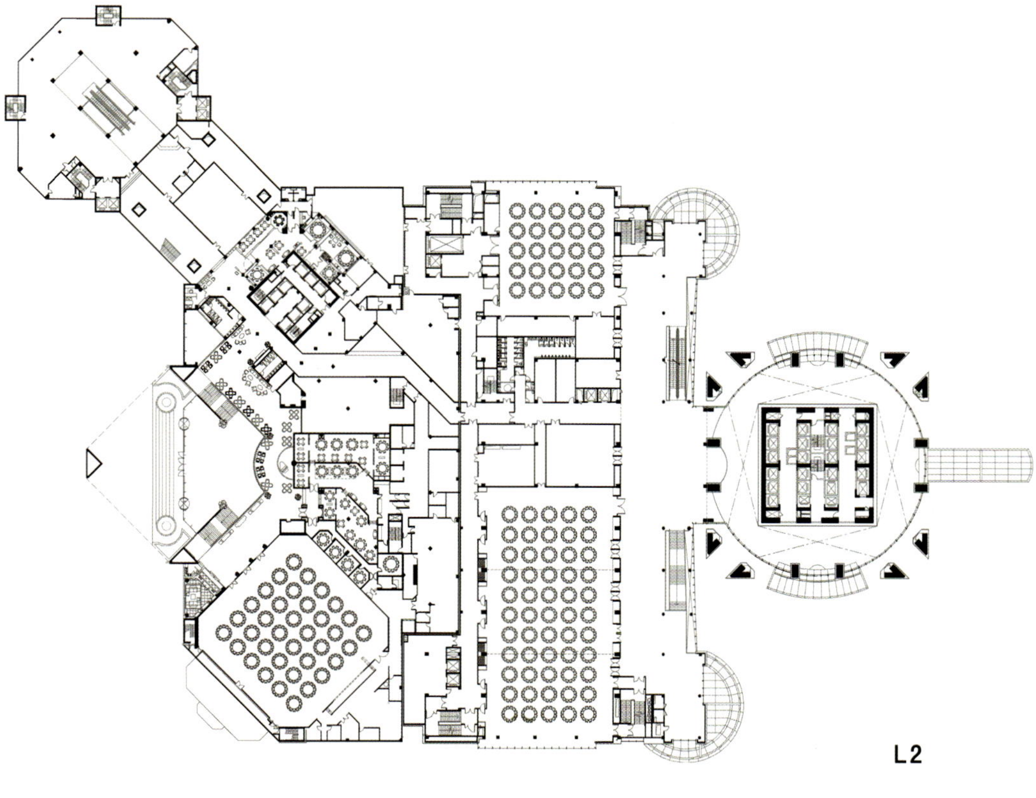

全景平面图

JINLING HOTEL
JINLING HOTEL

JINLING HOTEL

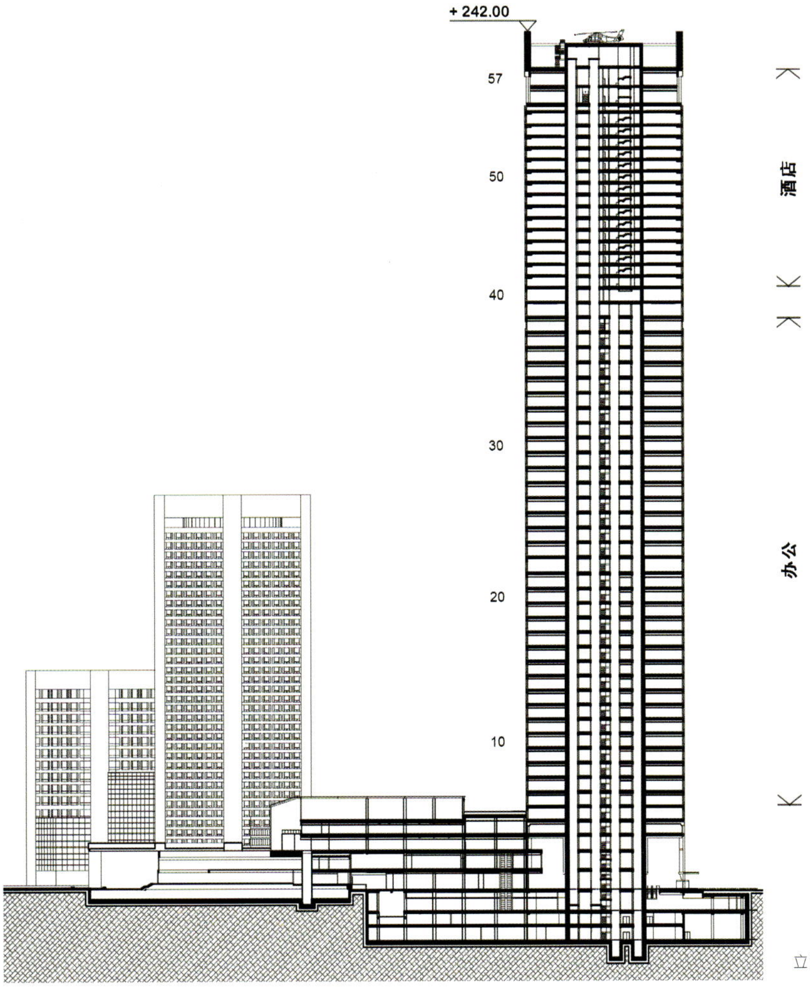
+ 242.00
57
50
40
30
20
10
酒店
办公

立面图

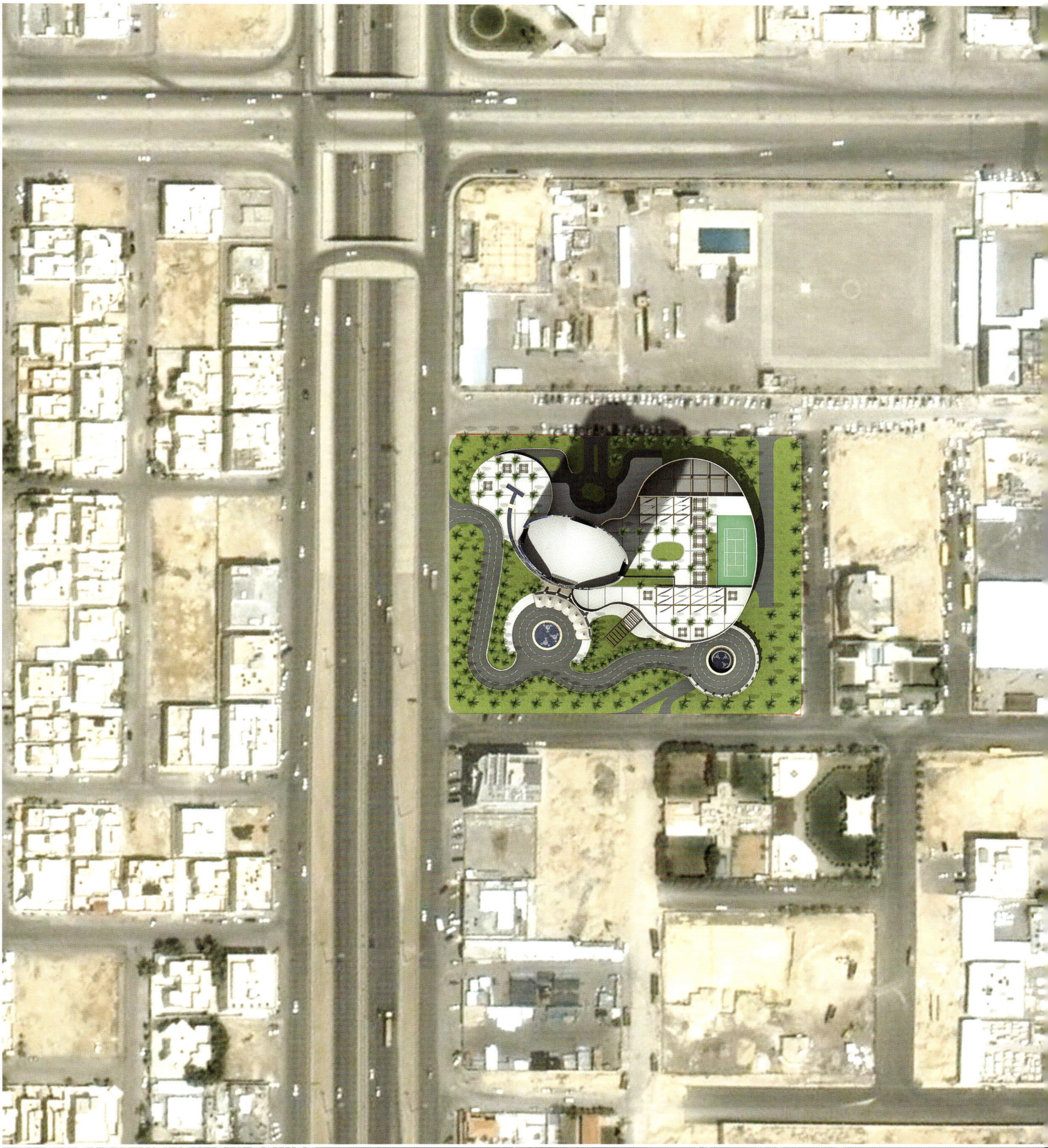

BURJ RAFAL KEMPINSKI TOWER

项目名称：凯宾斯基大酒店
项目位置：沙特阿拉伯，利雅得，Riyadh Qaseem路
竣工时间：2013年
建筑面积：96, 575平方米
专案业主：RAFAL Real estate 发展有限公司
设计规划：P&T工作室

项目简介

凯宾斯基大酒店屹立于利雅得众多低矮的建筑之中，赫然成为了地标性建筑。反光的玻璃与露台彩色的利雅得石头形成鲜明的对比。同时，它也是对当地Najd风格建筑的现代诠释。

露台上设有餐厅，可进行各种娱乐休闲活动，风景优美。酒店建筑共62层，包括有酒店房间、服务式公寓、办公室及露台上附带零售店的公寓等等。

Kempinski

Kempinski

Kempinski

VP

法国VP建筑设计事务所总部设在法国巴黎，是欧洲十大著名设计公司之一，成立于1980年，至今拥有250多名来自十几个国籍的建筑师、规划师和室内设计师。在波兰的华沙、西班牙的马德里、俄罗斯的莫斯科、中国的北京都有VP的分公司。公司内部设有四个分公司：建筑设计公司、城市规划公司、建筑结构技术公司和室内设计公司。公司主要设计作品分布在全球16个国家和地区，主要项目以大型公共建筑为主，如办公楼、旅馆、国际展览会议中心、科研中心、博物馆、大学、医院、综合商业中心和高档住宅等等。

公司是从以下一系列工程逐渐享有声誉的：波尔多的现代艺术博物馆、位于巴黎近郊的欧莱雅工厂、雷诺技术中心、壳牌石油总部、法国航空公司总部和航空城、位于拉德方斯的达芬奇大学、巴黎市内的贝西村商业街以及近期在拉德方斯的T1大厦。

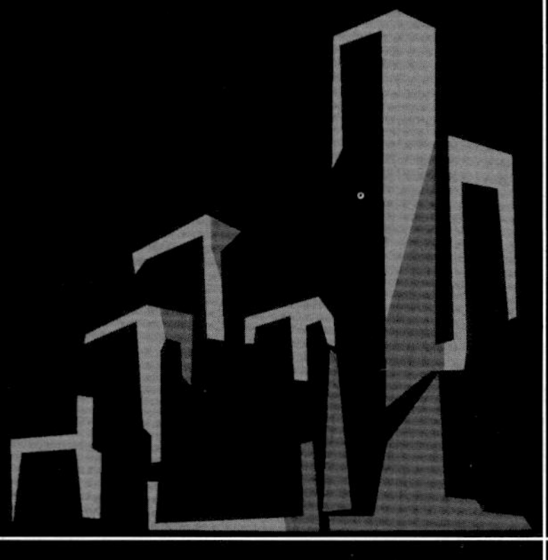

HYATT REGENCY EKATERINBURG

项目名称：叶卡捷琳堡凯悦酒店
项目位置：俄罗斯
竣工时间：2009年
专案业主：UGMK/BBI
设计规划：VP建筑设计事务所

项目简介

位于叶卡捷琳堡的凯悦酒店由UGMK开发，旨在使之成为乌拉尔河畔经济复苏的象征。凯悦酒店坐落于伊塞特河河畔，正对大教堂。整个建筑高耸，表面光亮，像一个大冰块，让人联想起叶卡捷琳堡一年一度的冰雕大赛，是城市文化的综合体现。

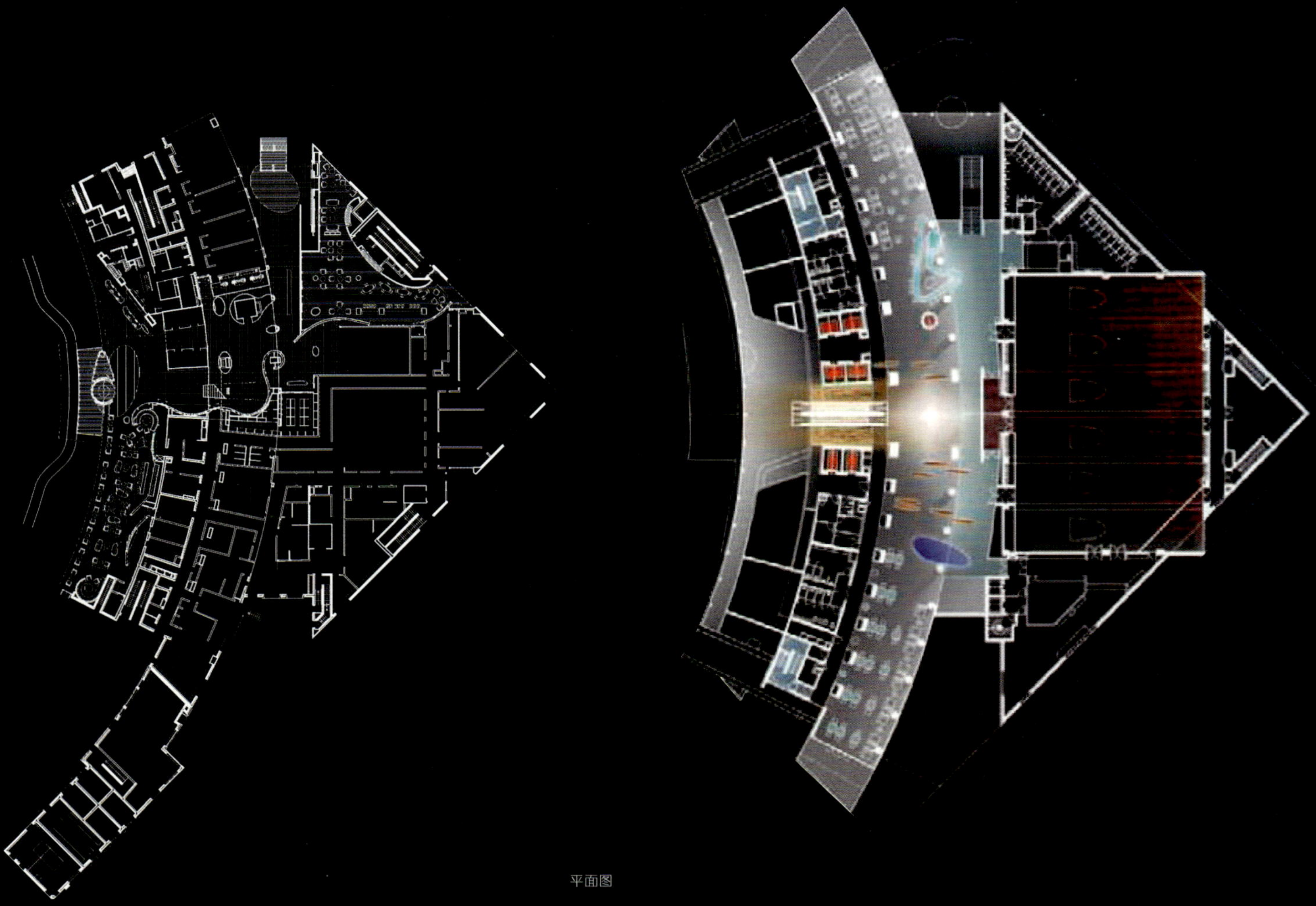

平面图

项目特点

VP设计公司除了想让人们在进入酒店时感受到它独特的接待方式之外，还想让人们联想到俄国的灵魂，即强大，富有感情，热爱交际。这些主题能使人们联想到很多美丽的画面——神秘的森林、狩猎场景、温馨的小木屋、乌拉河的清澈河水、冰冷湖畔旁的雾气、熠熠生辉的金色图像、俄国特有的节日华丽庆祝、18世纪建筑的精华等等。

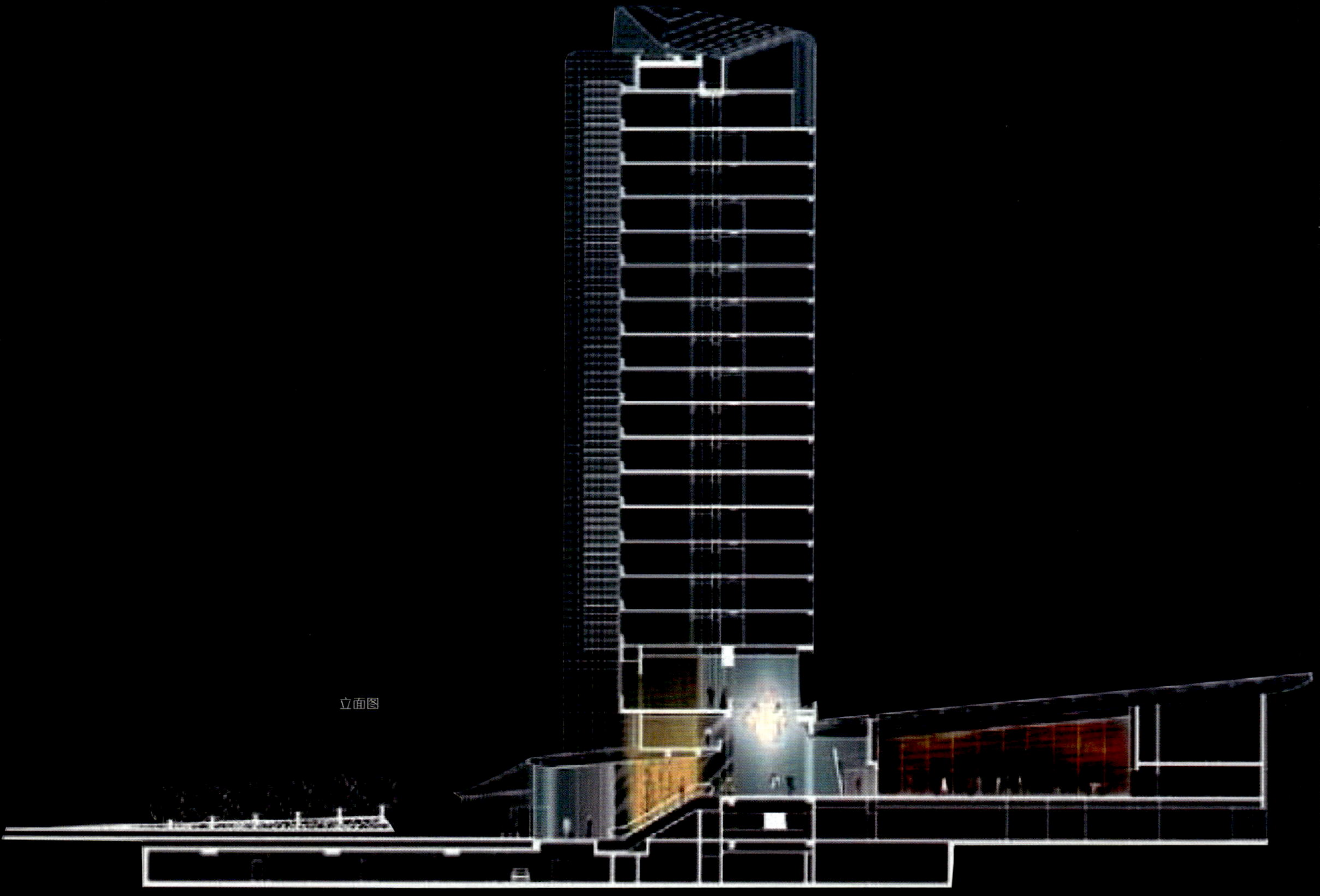

立面图

HYATT

BARONDEGENNIN
БАРОНДЕГЕННИН

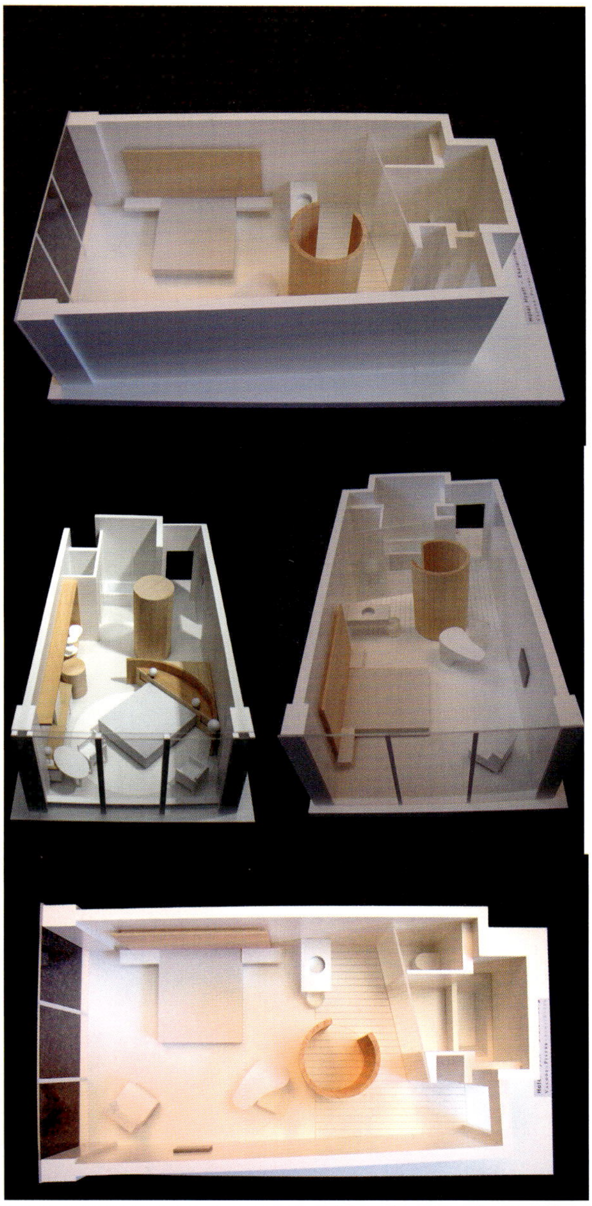

刘荣广伍振民建筑师事务所(香港)有限公司创建于1972年，经过多年的发展，该公司已经成为香港建筑设计行业中主要的一员，并且在多个设计领域如建筑单体设计、城市规划、项目管理、室内设计及与建筑配合的景观园林设计上享有盛名，尤其是对于各种类型的商业建筑、住宅、办公楼、学术与小区建筑及工业建筑项目等拥有丰富的设计经验。

经本公司设计的香港标志性建筑有最高的办公楼、最高的住宅楼、最大的私人住宅小区、最大的工业建筑等，此等优质设计成为蜕变中的香港风貌的独特元素。在继续积极参与本地建筑发展项目的同时，刘伍所已将业务稳定地扩展到了亚洲多个国家与地区，包括北京、上海、福州、大连、中山、广州、桂林、深圳、包头、合肥、杭州、珠海、重庆、天津、青岛、江苏、澳门、呼和浩特、台北，蒙古人民共和国、吉隆坡、首尔、新加坡、菲律宾等地区，更成为拥有国际设计水平的国际级建筑设计事务所。

GRAND LISBOA
新葡京
GRAND LISBOA

MACAU GRAND LISBOA CASINO HOTEL

项目名称：澳门新葡京赌场酒店
项目位置：中国，澳门
占地面积：11, 626平方米
建筑面积：169, 654平方米
设计规划：刘荣广伍振民建筑师事务所(香港)有限公司

项目简介

澳门新葡京赌场酒店是一座金碧辉煌、充满欢乐动感的建筑。酒店建筑的灵感源自跳舞女郎头冠上雀跃的羽毛，形状似一朵灿烂盛开的莲花，与澳门区花不谋而合，喻意一片繁华热闹的景象。

新葡京赌场酒店是澳门最高的建筑物之一，其独一无二、出类拔萃的建筑设计，势将成为澳门的知名地标。本酒店包含433间豪华客房、偌大的顶层宴会厅、近30,000平方米的豪华赌场及国际水平的餐厅。

新葡京
GRAND LISBOA

CASINO
LISBOA

GRAND LISBOA

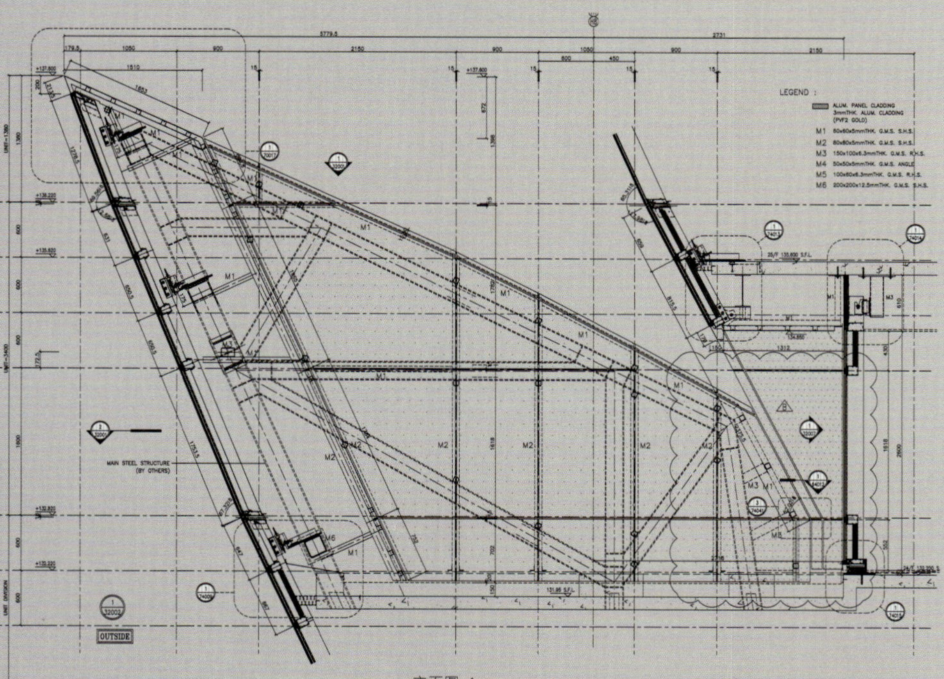

立面图 -1

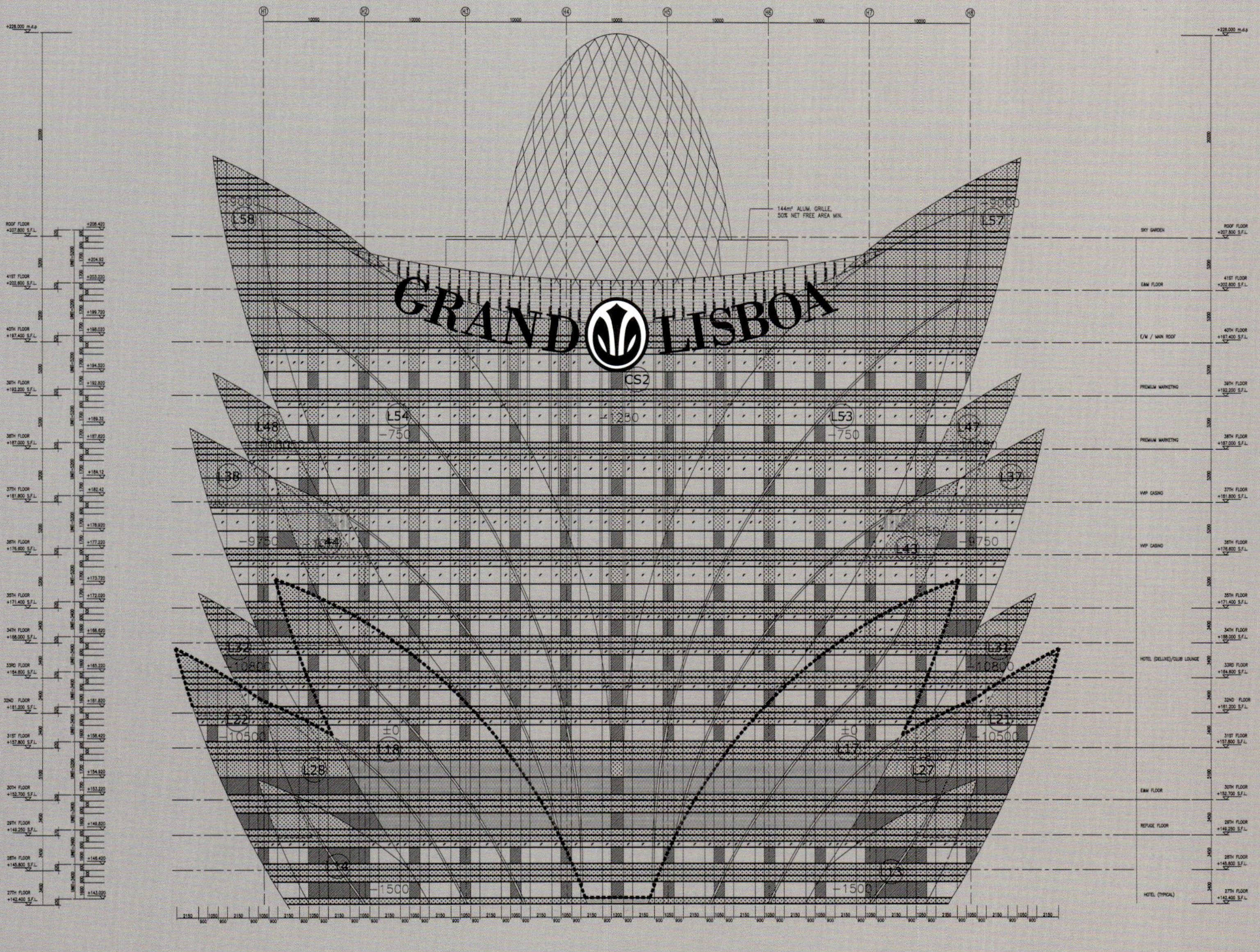

立面图 -2

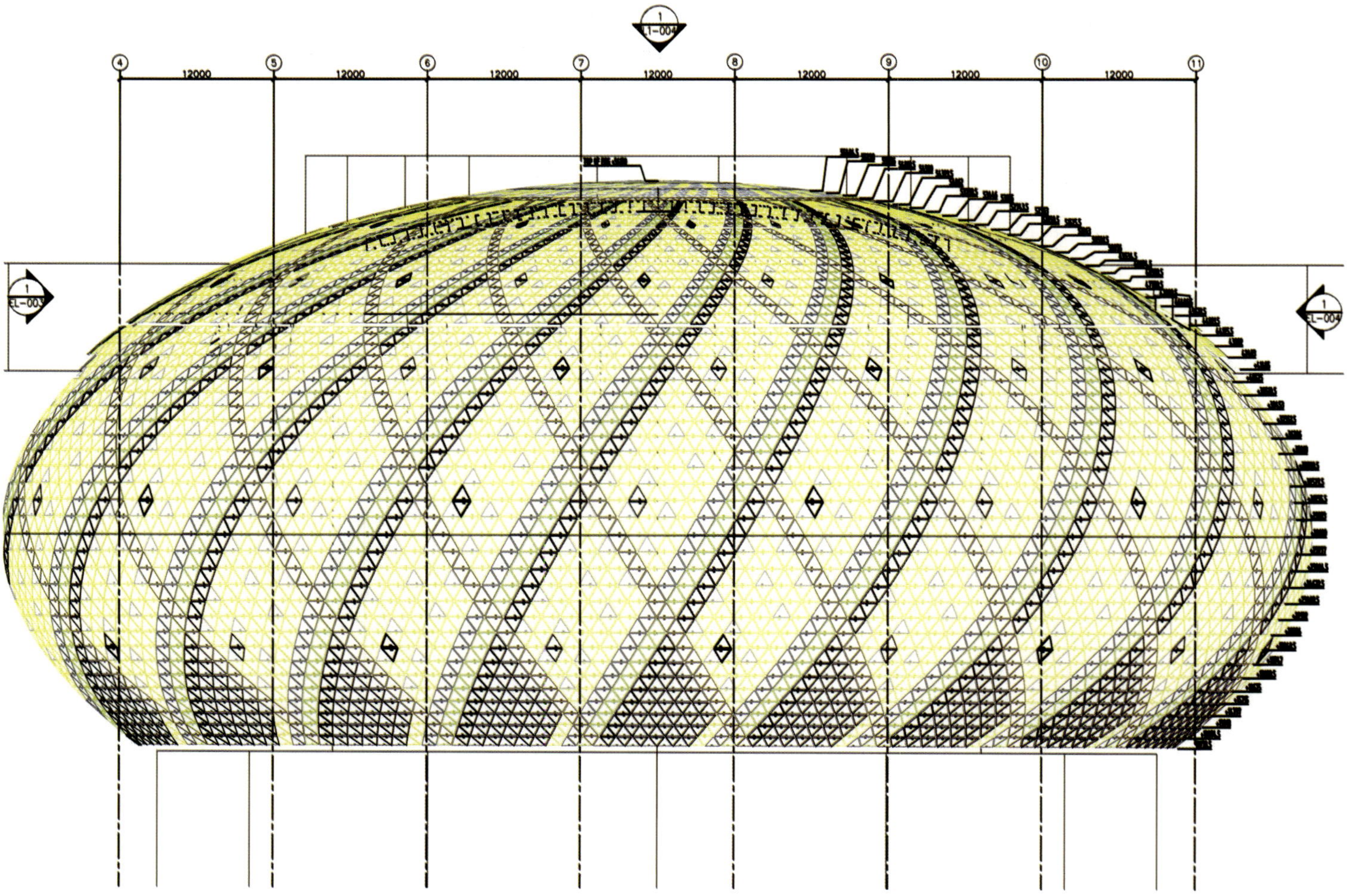

1
EL-004
4
5
6
7
8
9
10
11
12000
12000
12000
12000
12000
12000
12000

立面图 -3

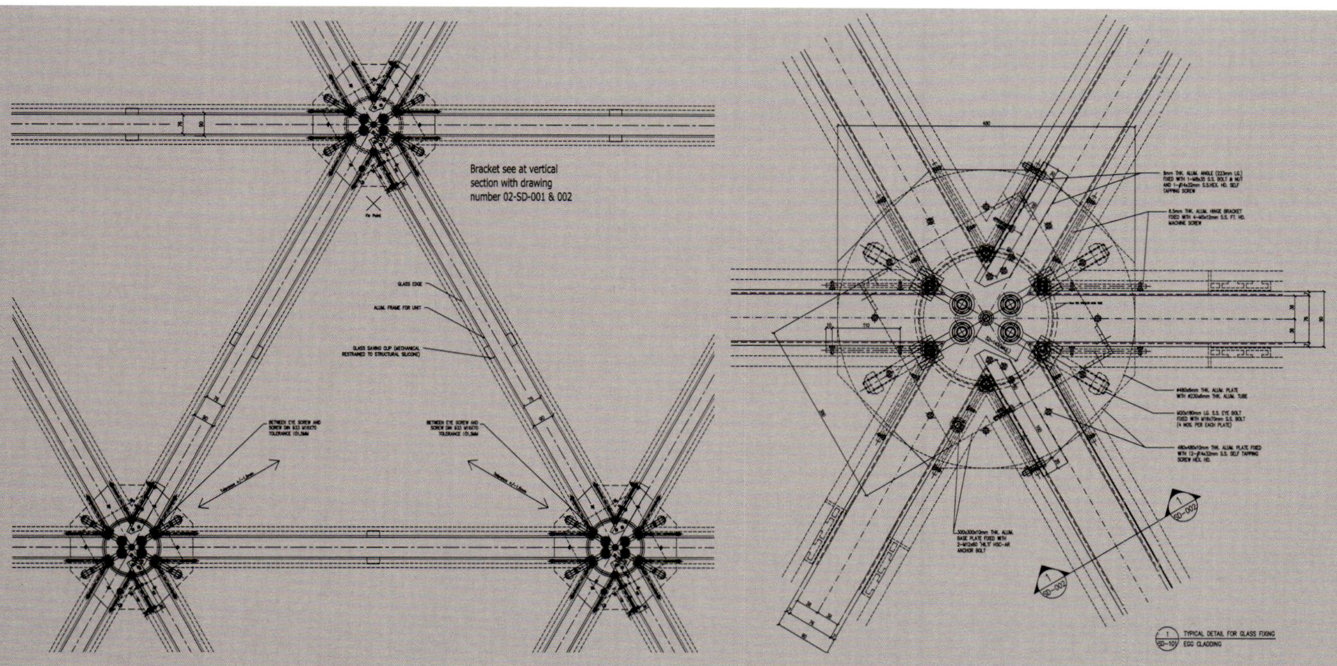

功能分析图

项目特点

赌场部分以钻石蛋的概念设计，外墙缀以七彩缤纷的灯泡，给人富裕丰足的感觉。在快速落实这一前卫建筑物之际，设计师追求将设计与建筑的速度及理念强化。原则上，本地建筑业所能掌握的技术都被指定采用，建筑的设计也特别考虑了在市中心挤迫工地上施工方便的问题。

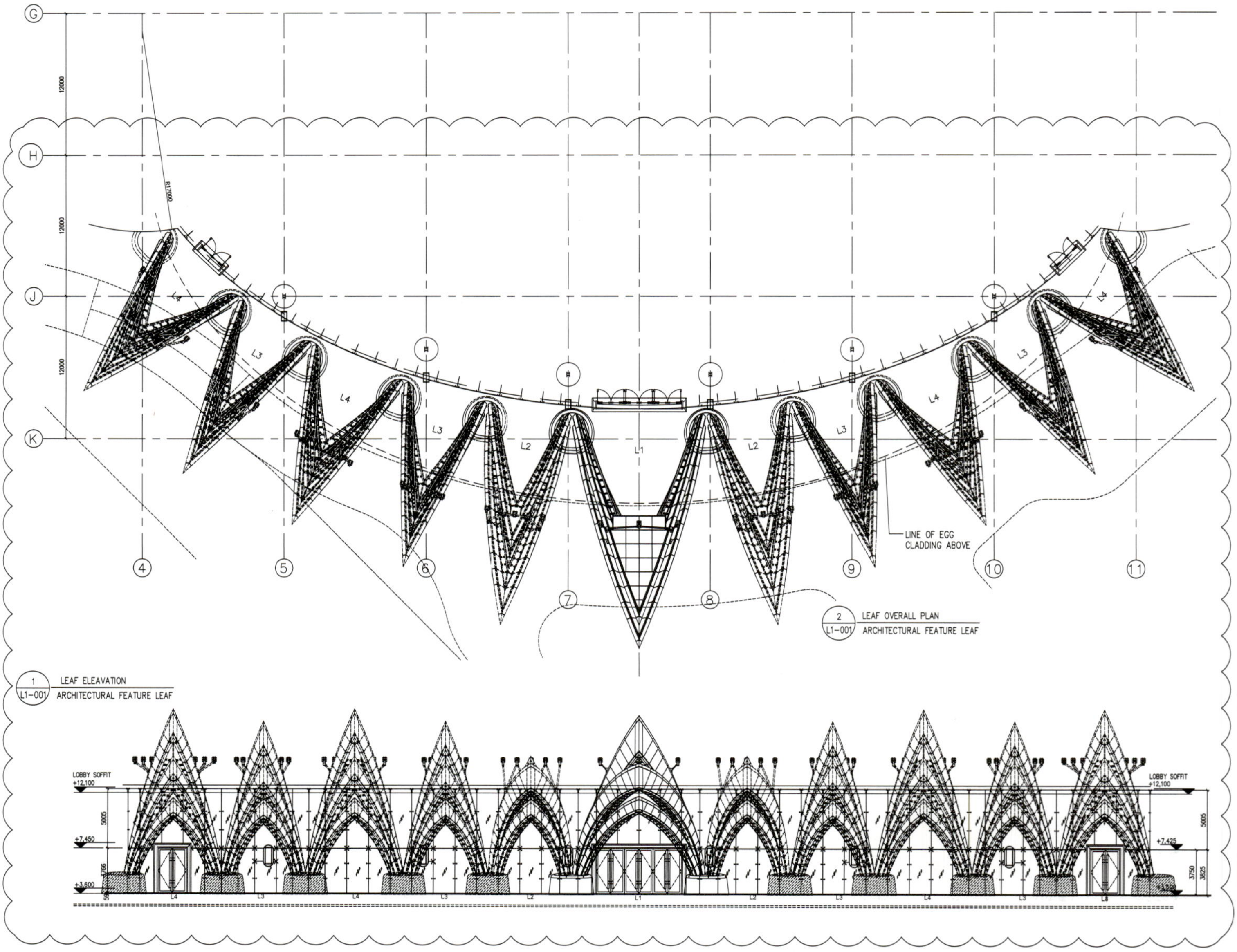

LINE OF EGG CLADDING ABOVE
2 L1-001 LEAF OVERALL PLAN
ARCHITECTURAL FEATURE LEAF
1 L1-001 LEAF ELEAVATION
ARCHITECTURAL FEATURE LEAF
LOBBY SOFFIT +12,100
+7,450
+3,600
+7,425

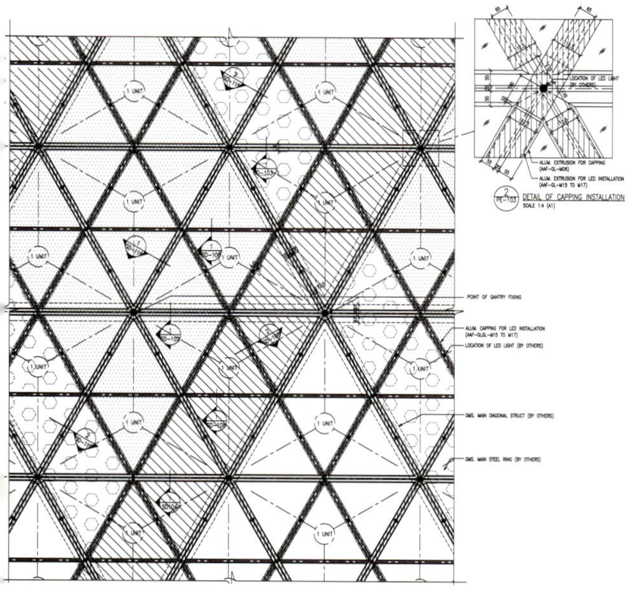

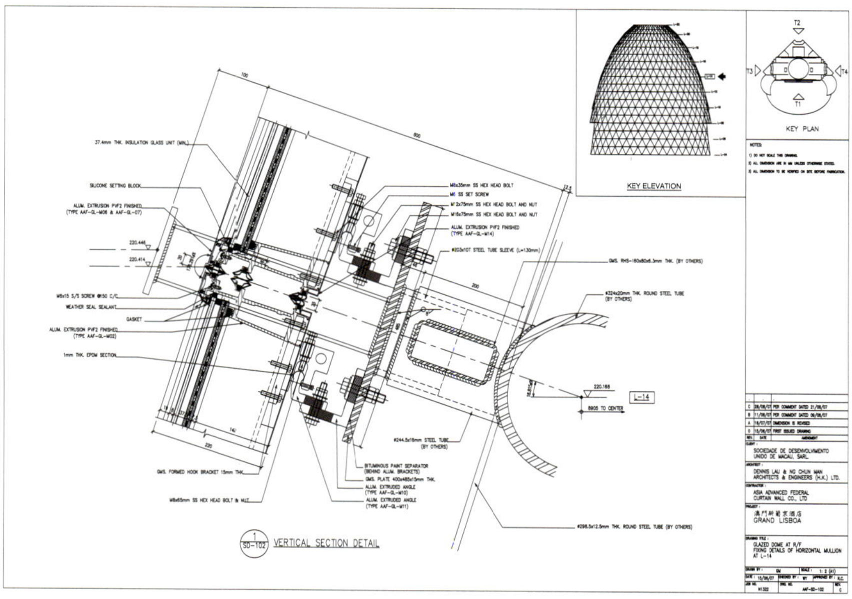

建筑物的结构上综合采用了传统的混凝土、合成板及钢结构的技术。其中玻璃幕墙及挂板全部在国内南部生产。

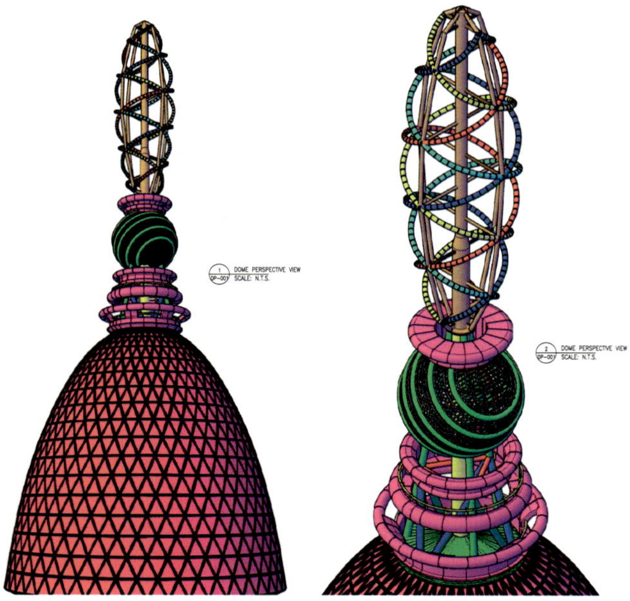

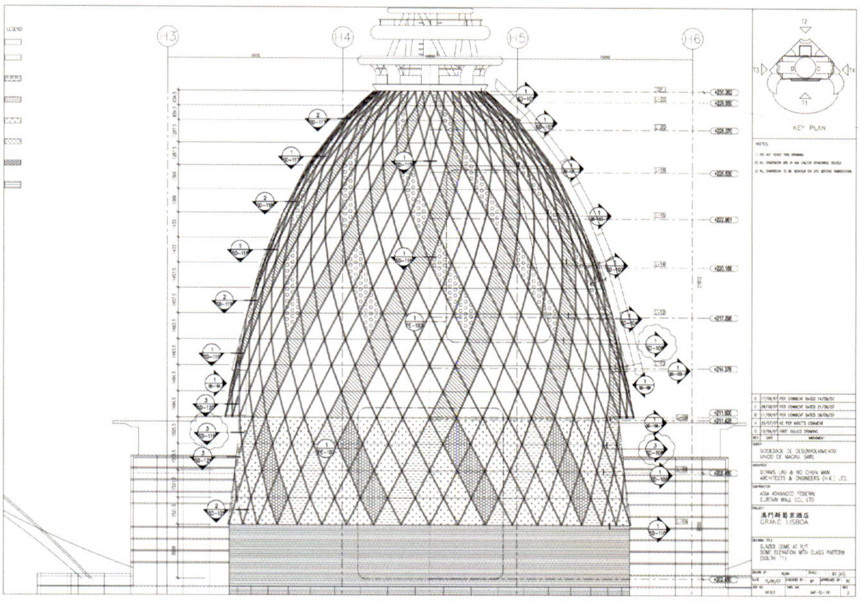

AAI

AAI国际建筑师事务所是一家立志于在中国长期发展的国际性设计机构，提供建筑设计、城市设计和区域规划等全方位的服务。作为加拿大安大略省执业建筑师事务所，AAI逐步将其业务重心转移至中国上海。目前已开设中国内地成都办事处。同时，事务所总裁及多位项目总监均有在中国近二十年的工作和合作经验，参与完成的项目超过500个。
事务所集中了来自于北美、欧洲和亚洲其他国家的执牌建筑师、建筑设计人员以及本地优秀建筑师。这样的综合性团队能通过与当地的顾问和政府部门的有效合作提供富于创造性和创新精神的设计作品，并保证实施力度。AAI不断扩展的设计发展综合服务和项目管理能力是帮助其取得建筑成就的重要因素。
在中国大陆，事务所从事的规划类项目面积累计已达3,500公顷，单体建筑类面积超过10,000,000平方米，建成面积已逾5,000,000平方米。工程项目遍布上海、北京、天津、苏州、重庆、武汉、三亚、青岛、杭州、宁波、成都、呼和浩特、张家港等城市。AAI出色的业绩和杰出的信誉为其在变化无穷的中国建筑设计领域赢得了领先地位。

CROWNE PLAZA HOTEL, SUZHOU

项目名称：苏州中茵皇冠假日酒店
项目位置：中国，江苏省，苏州市，苏州工业园区
竣工时间：2008年
占地面积：30, 000平方米
建筑面积：60, 000平方米
专案业主：苏州中茵集团
设计规划：AAI国际建筑师事务所

项目简介

新苏州中茵皇冠假日酒店地理位置优越，临靠金鸡湖，开阔的湖面为基地提供了良好的自然景观。无论在建筑单体还是景观布置上，设计都力求做到将建筑造型与自然景观相互融合，室外环境与自然环境相互借景，和谐共生。由于场地东西有6米左右的落差，利用这一自然地形，设计师在室外景观的处理上因地制宜地设计了一些起伏变化，使整体看起来生动有趣，富于变化。

BICYCLE PARKING
500 SQ. M.
自行车库
SECURITY GUARD
保安

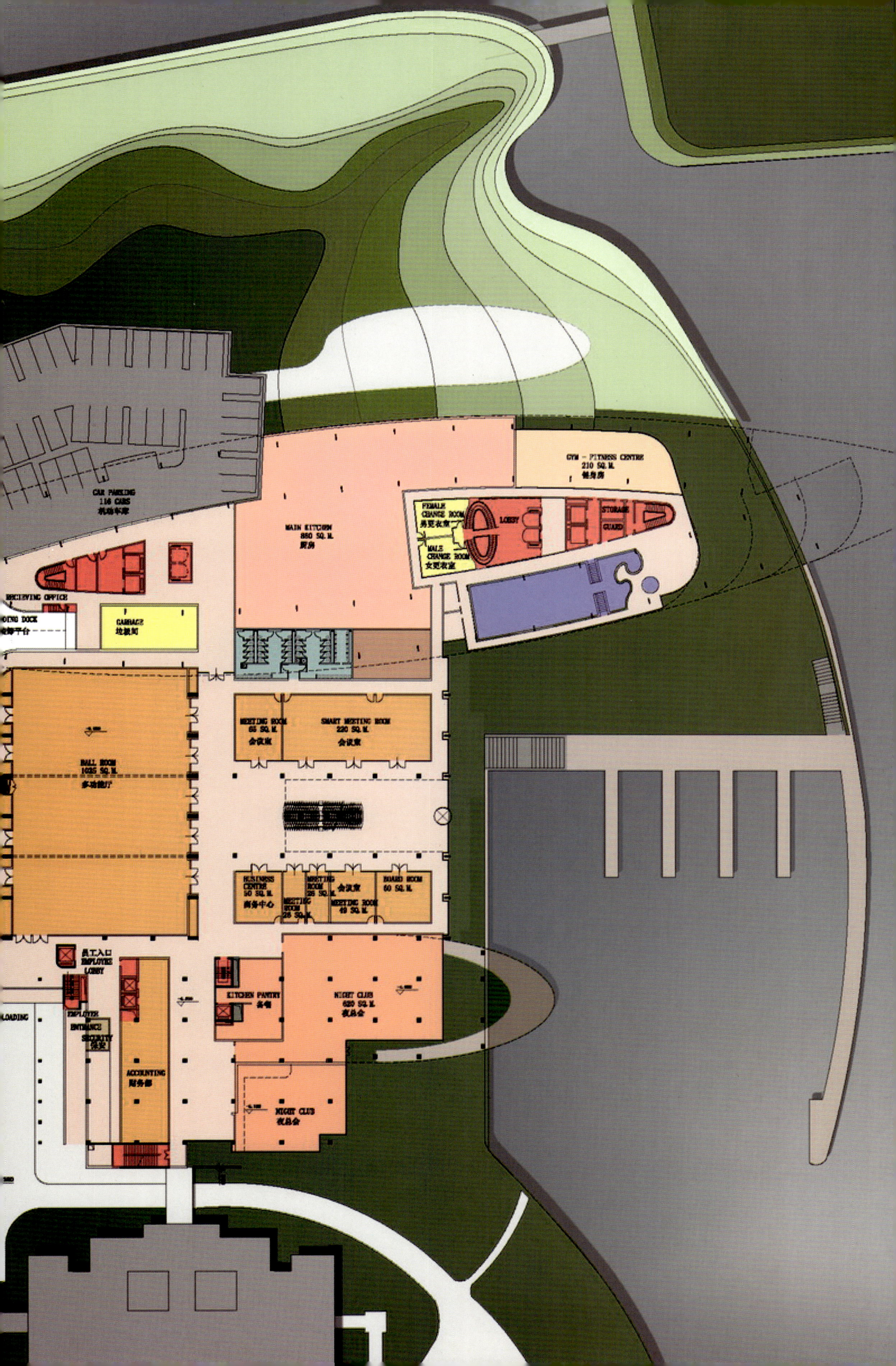

CAR PARKING
116 CARS
机动车库
MAIN KITCHEN
850 SQ.M.
厨房
GYM - FITNESS CENTRE
210 SQ.M.
健身房
FEMALE
CHANGE ROOM
男更衣室
MALE
CHANGE ROOM
女更衣室
LOBBY
STORAGE
GUARD
RECEIVING OFFICE
GARBAGE
垃圾间
MEETING ROOM
65 SQ.M.
会议室
SMART MEETING ROOM
220 SQ.M.
会议室
BALL ROOM
1025 SQ.M.
多功能厅
BUSINESS
CENTRE
50 SQ.M.
商务中心
MEETING
ROOM
25 SQ.M.
会议室
MEETING
ROOM
25 SQ.M.
MEETING ROOM
49 SQ.M.
BOARD ROOM
60 SQ.M.
员工入口
EMPLOYEE
LOBBY
EMPLOYEE
ENTRANCE
SECURITY
保安
KITCHEN PANTRY
备餐
NIGHT CLUB
620 SQ.M.
夜总会
ACCOUNTING
财务部
NIGHT CLUB
夜总会
LOADING

项目特点

新苏州中茵皇冠假日酒店的设计灵感正是由游艇而来，新建筑主体犹如一艘游轮停靠在金鸡湖边，舒展的曲线配合错落有致的退台，有效地组织了建筑的整体形态。

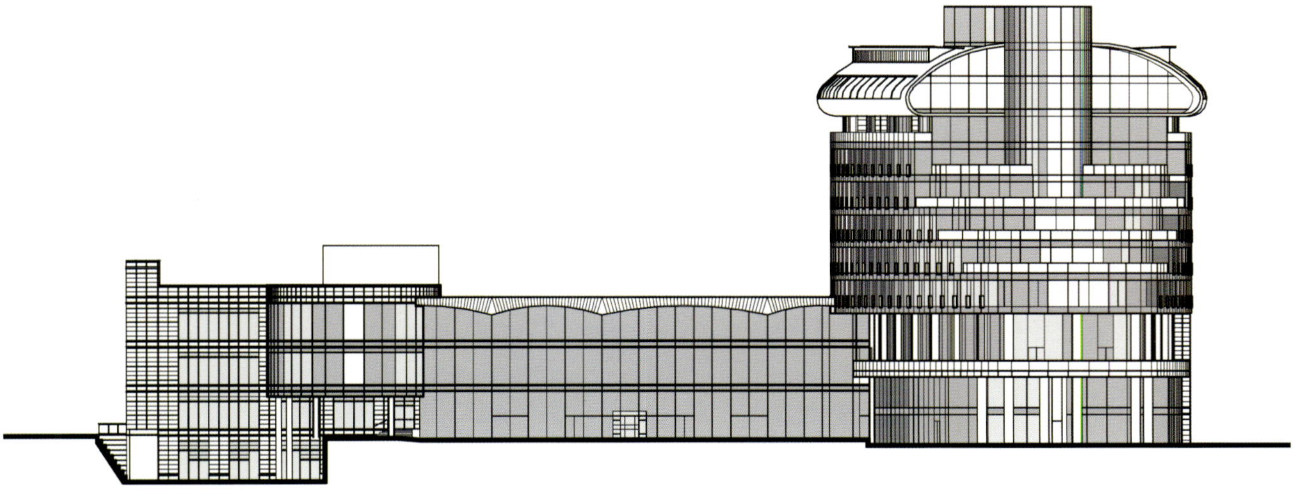

立面图

Fragrance

北侧主楼呈梭形，由展开的两半圆弧围成一个8层高的中庭，东、西两个交通核心筒共布置了4台观光客梯及4台服务电梯。除底层为管理用房及部分酒店餐饮外，其他各层均为客房层。主楼沿湖面方向最大限度地延展，使更多的客房能拥有美好的景观。大堂为无柱空间，上设玻璃顶棚。由大堂经观光电梯可到达下一层的多功能厅及会议中心。南侧两层的裙房主要布置了各式餐厅、酒吧，并设置了单独的出入口，可独立对外营业，同时也舒缓了团体宾客及会议宾客等大量人流对酒店大堂的压力。

船形建筑在水面的倒影增添了湖面的诗意。亮丽的大堂将湖面的美景引入室内，并将新、旧两幢功能实体相连接。不设立柱的多功能宴会厅面向湖面，设备先进的会议室紧邻其侧。新苏州中茵皇冠假日酒店超越了建筑形体和功能，为宾客打造了一种独特的体验式生活。

A+E

深圳奥意建筑工程设计有限公司是中国电子工程设计院的控股公司。1979年进入深圳特区，是特区建设的先行者和开拓者。1983年公司正式成立，2008年7月更名为深圳奥意建筑工程设计有限公司。公司拥有建筑工程、电子工程设计甲级资质和城市规划、风景园林乙级资质，是深圳市大型综合性设计机构之一。

如今，奥意建筑成长为极具综合实力和专业特色的工程设计公司。公司业务范围涵盖了建筑工程、电子工程、城市规划、建筑智慧化、风景园林、设计咨询、施工图审查和工程项目管理，尤其擅长高新科技园区、超高层公共建筑、大型商业建筑、居住建筑设计，具有为高新科技产业提供从园区规划、项目咨询、工程设计到工程管理的全过程综合解决方案服务能力。公司服务区域遍布以深圳为中心的珠三角地区、以南京为中心的长三角地区和环渤海经济圈等全国经济发达区域。

奥意建筑与国际优秀的设计公司和建筑师始终保持良好的合作关系，学习借鉴世界范围内最新的设计理念和设计方法，坚持建筑创作的自主性，在完美展现地域人文特色的同时又契合国际化潮流趋势，设计中既饱含东方文化又赋予西方气质，凝聚品牌优势，彰显奥意风格。

Sheraton
南昌喜来登酒店

SHERATON HOTEL, WALL STREET SQUARE

项目名称：华尔街广场喜来登酒店
项目位置：江西，南昌，红谷滩
竣工时间：在建
占地面积：13, 443.76平方米
建筑面积：140, 000平方米
专案业主：华尔登实业（南昌）有限公司
设计规划：奥意建筑工程设计有限公司

项目简介

华尔街喜来登酒店的设计以现代风格为宗旨，利用不同的功能形式，最终通过造型、材料和方向性等因素的组合手法形成有机的统一整体。

Sheraton
南昌喜来登酒店

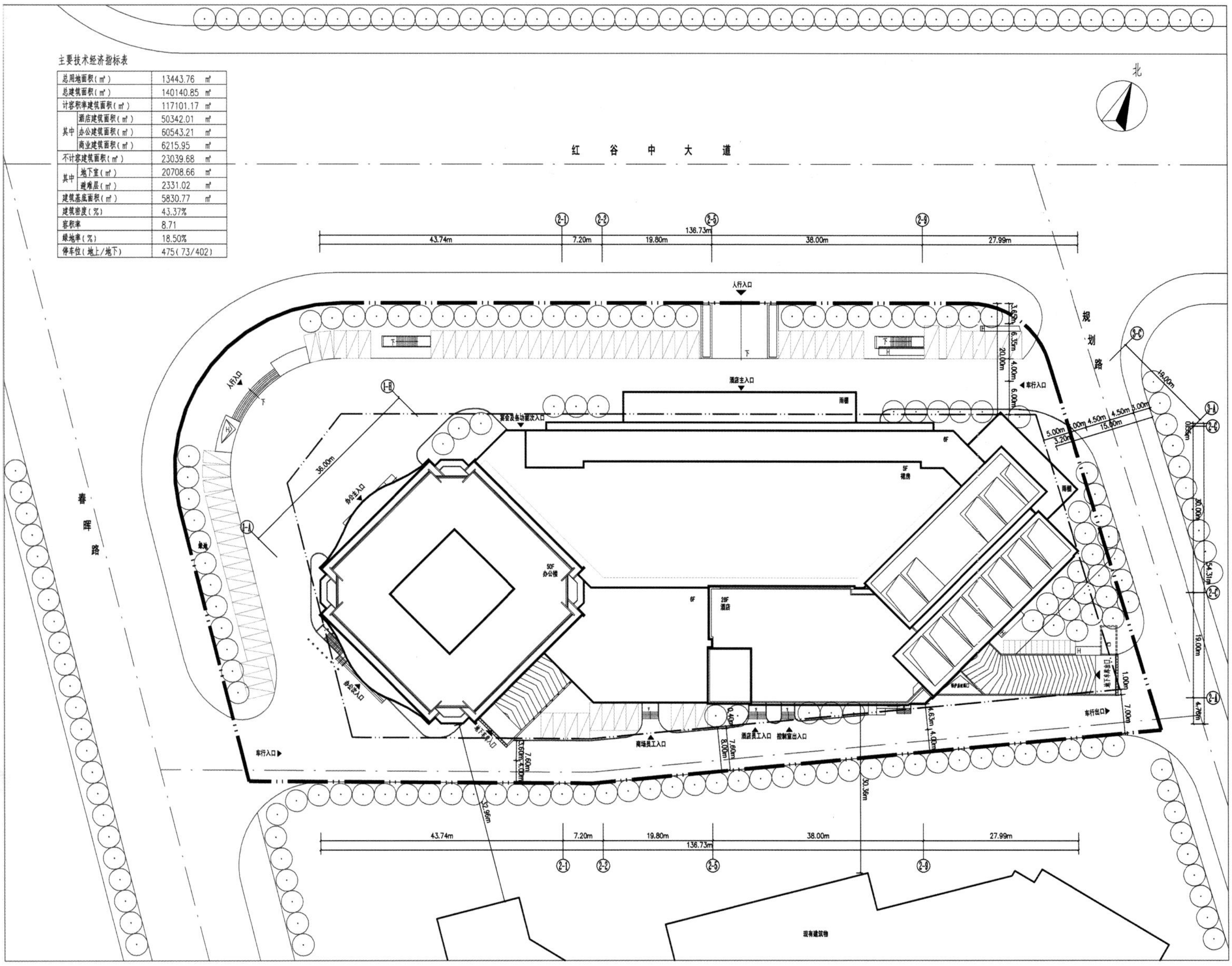

主要技术经济指标表

总用地面积(㎡)		13443.76 ㎡
总建筑面积(㎡)		140140.85 ㎡
计容积率建筑面积(㎡)		117101.17 ㎡
其中	酒店建筑面积(㎡)	50342.01 ㎡
	办公建筑面积(㎡)	60543.21 ㎡
	商业建筑面积(㎡)	6215.95 ㎡
不计容建筑面积(㎡)		23039.68 ㎡
其中	地下室(㎡)	20708.66 ㎡
	避难层(㎡)	2331.02 ㎡
建筑基底面积(㎡)		5830.77 ㎡
建筑密度(%)		43.37%
容积率		8.71
绿地率(%)		18.50%
停车位(地上/地下)		475(73/402)

平面图 -1

平面图 -2

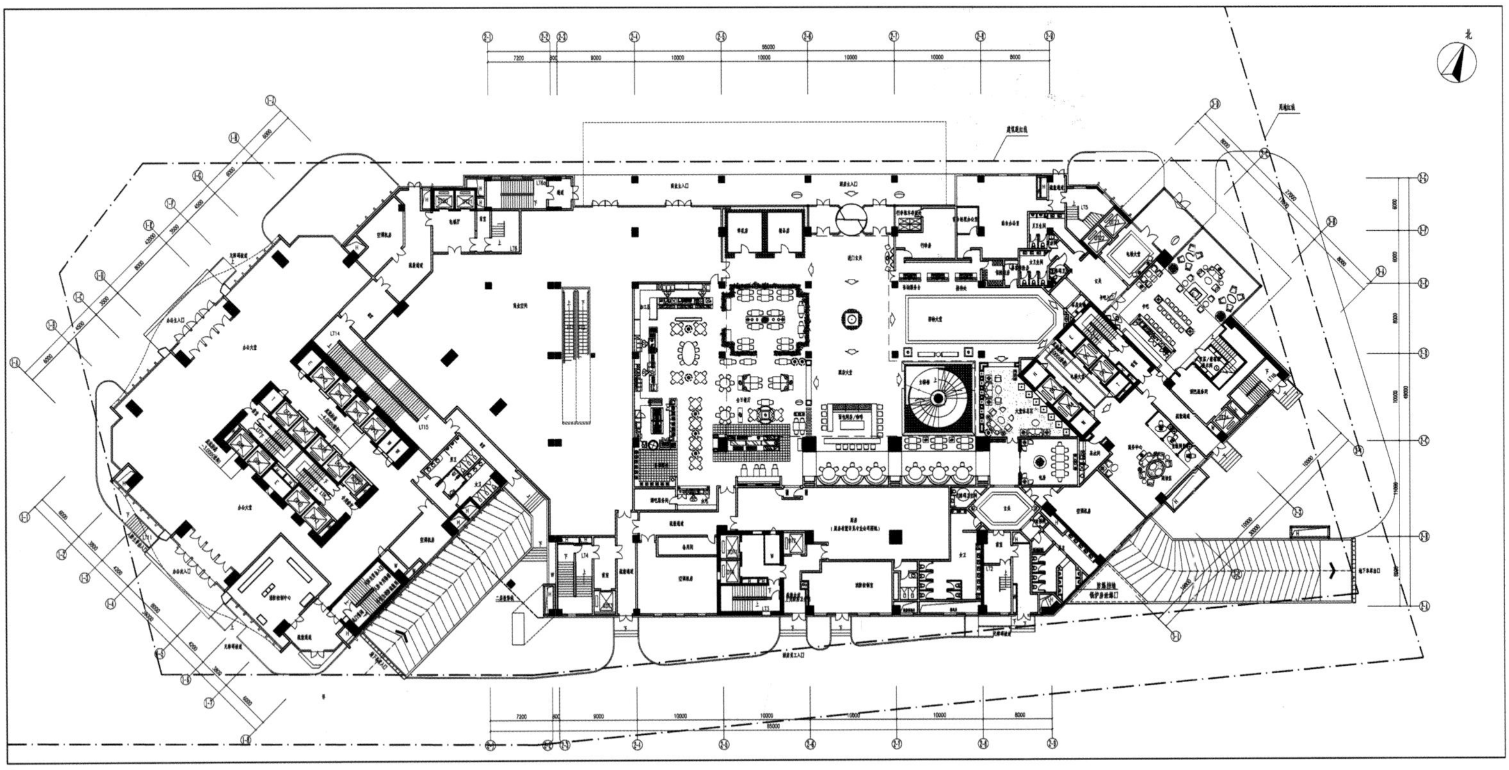

项目特点

立面设计注重功能和艺术的结合，以精致的细部、错落的体量、合理的比例创造了一个简洁大气、优雅挺拔、富有时代感的现代建筑。和所有地标性建筑一样，喜来登酒店也将是南昌城市发展对外形象的"视窗"。

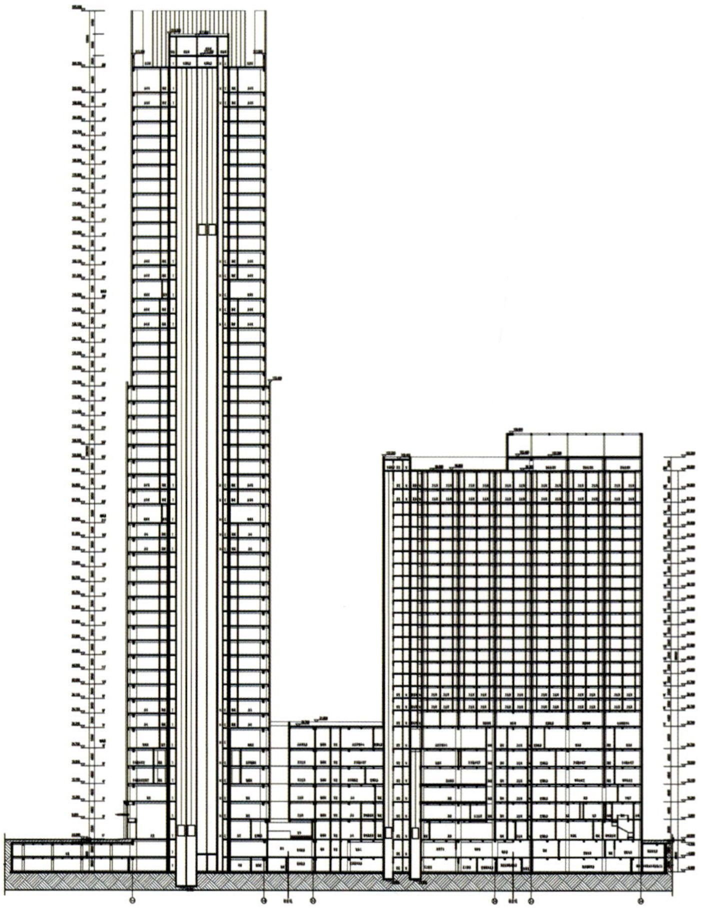

立面图

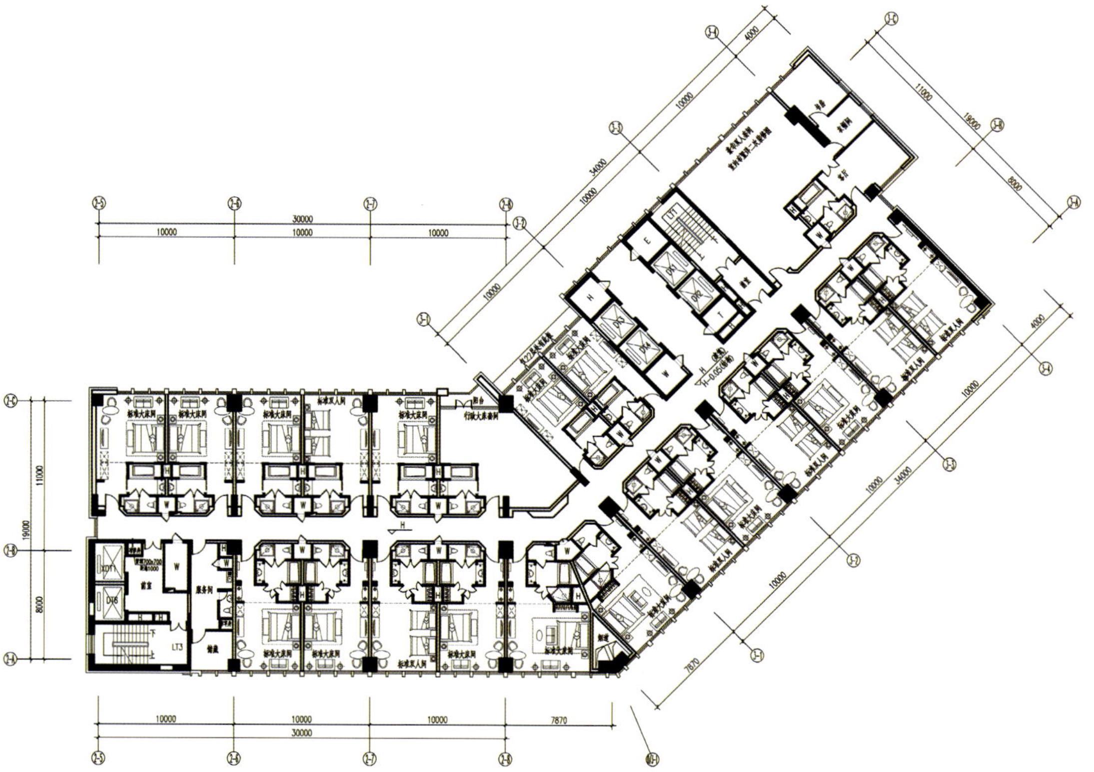

平面图 -3

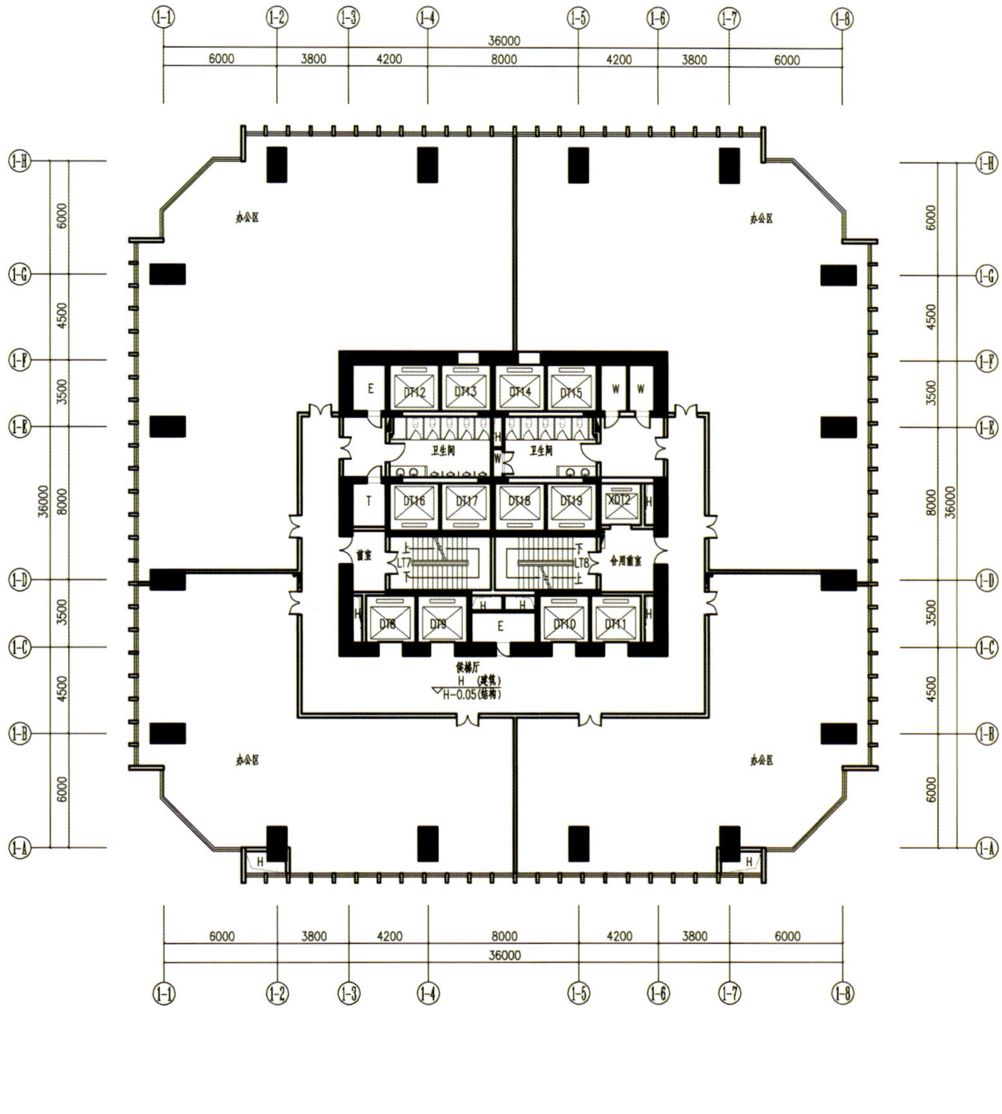

平面图 -4

ECADI

华东建筑设计研究院有限公司隶属于上海现代建筑设计（集团）有限公司，是中国大型综合性甲级建筑设计院之一，以设计大型综合民用建筑为主，主要设计成果有东方明珠电视塔、环球金融中心、CCTV新大楼等。它属于国有独资企业单位，是一家以设计大型综合民用建筑为主，并享有对外设计经营权、涉外工程总承包权的单位，并被列为国家20个工程设计CAD应用示范单位之一。

公司服务领域涉及建筑设计、结构及机电设计、城市规划、室内及景观设计等，并为不同行业和地区的客户提供优质满意的增值服务。自1952年成立以来，华东建筑设计研究院有限公司的设计元素遍及20余个国家和地区，完成工程设计及咨询20, 000余项，在各个领域获得总计600余个奖项，并与100余家境外建筑设计事务所、工程公司建立了合作关系。目前，公司已在北京、天津、大连、重庆、苏州等12个国内主要城市设立了分支机构，以进一步开拓市场，并为业主提供高效便捷的服务。

INTERCONTINENTAL

INTERCONTINENTAL SHANGHAI EXPO

项目名称：上海世博洲际大酒店
项目位置：中国，上海，世博园区世博村A地块
竣工时间：2009年12月27日
占地面积：24, 631.5平方米
建筑面积：70, 529平方米
专案业主：世博土控集团
设计规划：华东建筑设计研究院有限公司

项目简介

世博洲际大酒店为世博园区内唯一的五星级酒店，设有客房400间。建筑地下2层，地上25层。裙房共4层，1层设入口大堂、大堂吧、全日餐厅、咖啡厅等；2层设宴会厅、中餐厅、酒吧等餐饮功能；3层设会议中心、小宴会厅和西餐厅；4层设健身中心、游泳池和SPA等康体功能。5层是设备转换层；6～22层是普通客房层；23、24层是行政客房与行政酒廊层；25层是VIP套房和豪华套房层。地下1层设酒店的后勤区、卸货区、设备机房和停车场；地下2层为停车场和设备机房。

INTERCONTINENTAL

项目特点

布局与形态——整个基地的面积虽然大，但受原水管线与保护建筑的限制，以及对原生态绿地的尽量保留，基地内建筑可以建造的范围被限定在北部的三角区域内。在建筑规模的要求和建筑高度的控制下，板式的体形成为了符合设计构思的最适宜选择。折板面转折产生的视线角度变化，加以形体的错落和对折板表面的不同材料及手法处理，有效达到了弱化建筑面宽，挺拔建筑形体的效果，优化了临黄浦江的建筑尺度，突出了建筑自身的特点和标志性，丰富了城市天际的轮廓线。

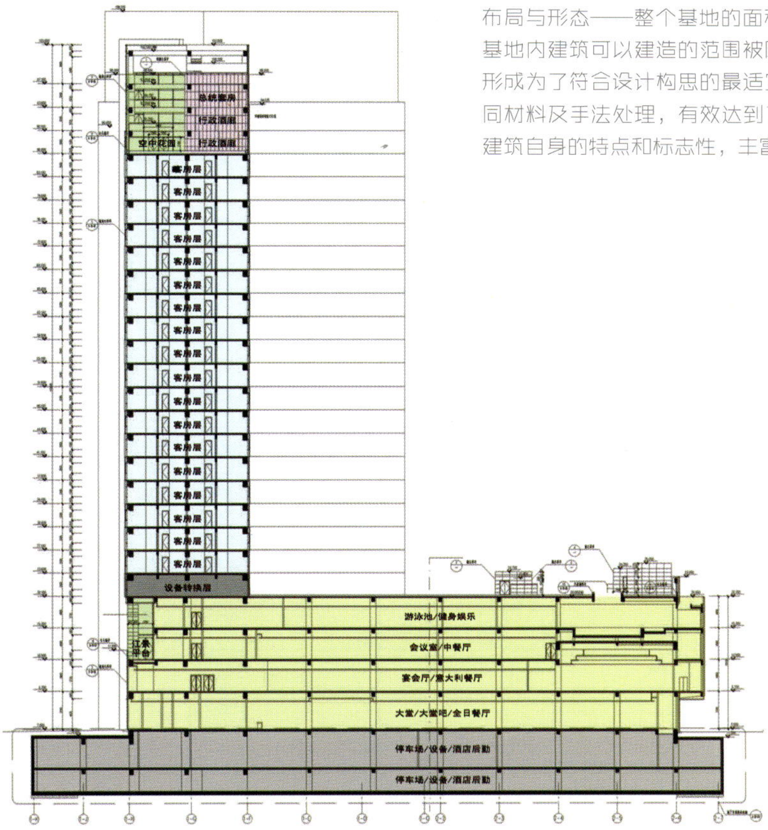

立面图

立面设计——玻璃幕墙和石材幕墙相结合的运用，体现了基座和塔楼的关系。在沿保护建筑、沿江和朝主入口的一面以玻璃幕墙突出其与环境的呼应，朝东则以石材幕墙结合细窄条窗的处理来达到对环境的隔离和视线的遮挡。错动的元素在立面产生的层次感和活跃感，使得建筑既挺拔有力又细部精美，整体效果虽不张扬却耐人观赏。底部4层裙房采用不同的处理手法，石材幕墙的质感和细部在近人处体现高贵的气质。而通透的大面积落地窗既能将周围景观引入室内，展现室内外环境的交融，同时又突出了夜晚富丽堂皇的灯光效果。

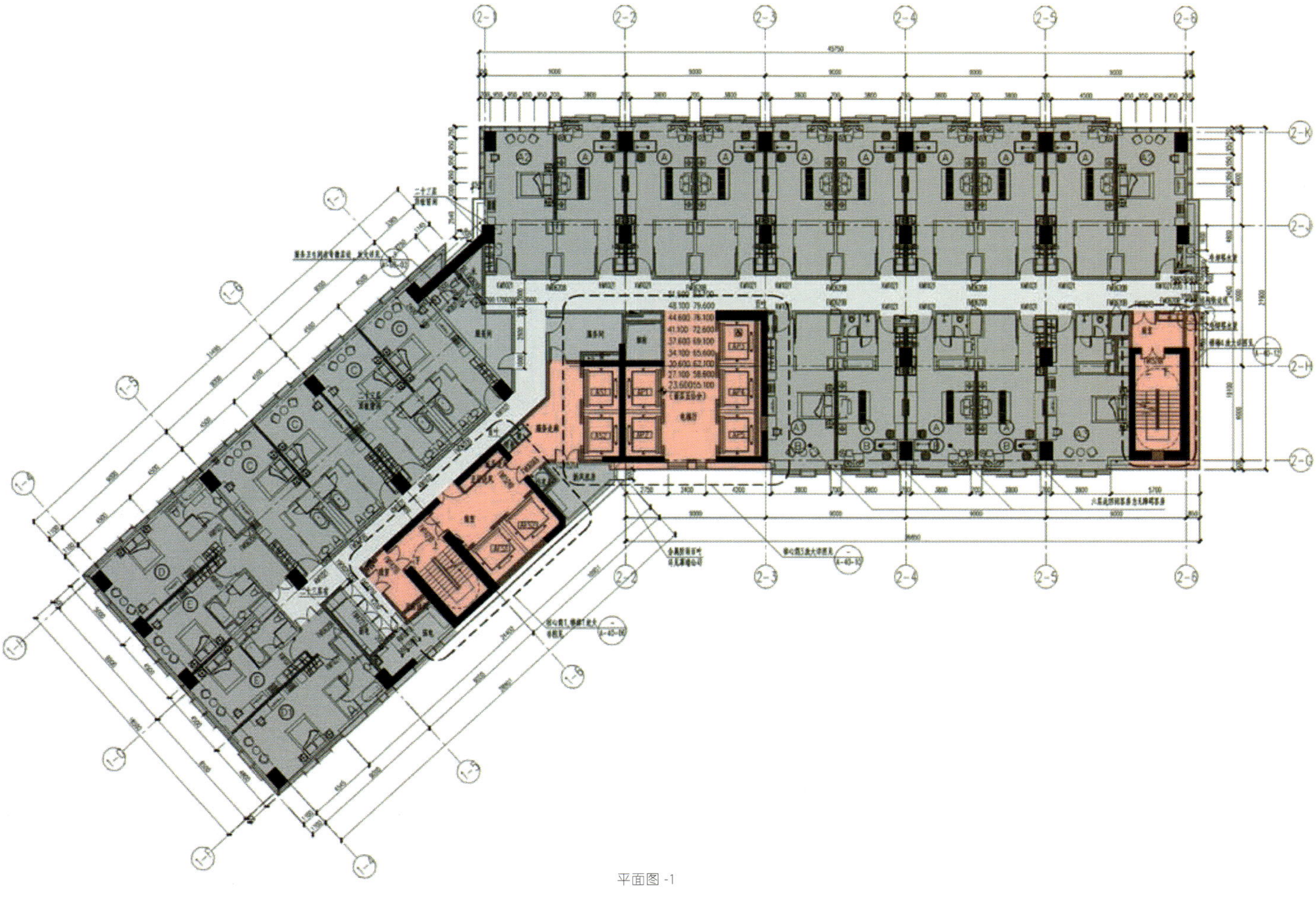

平面图 -1

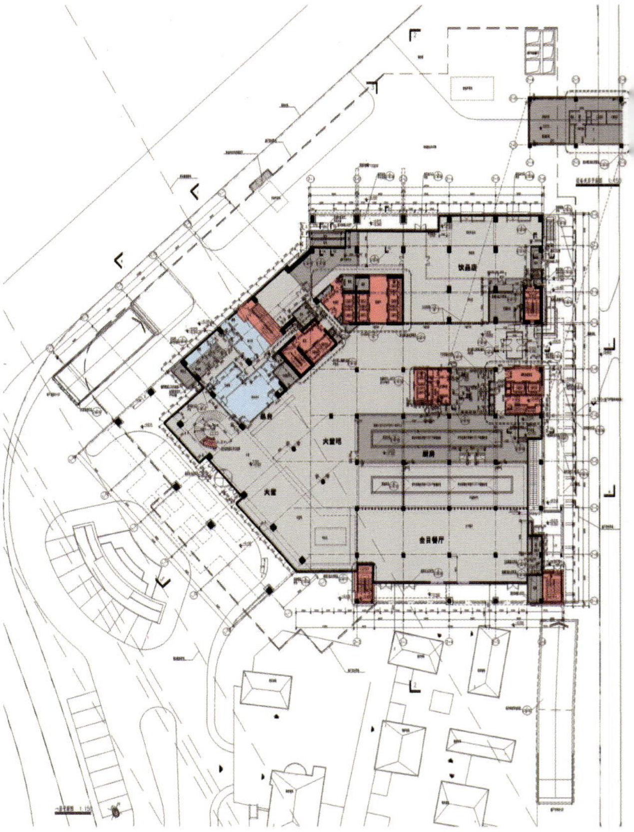

全景平面图

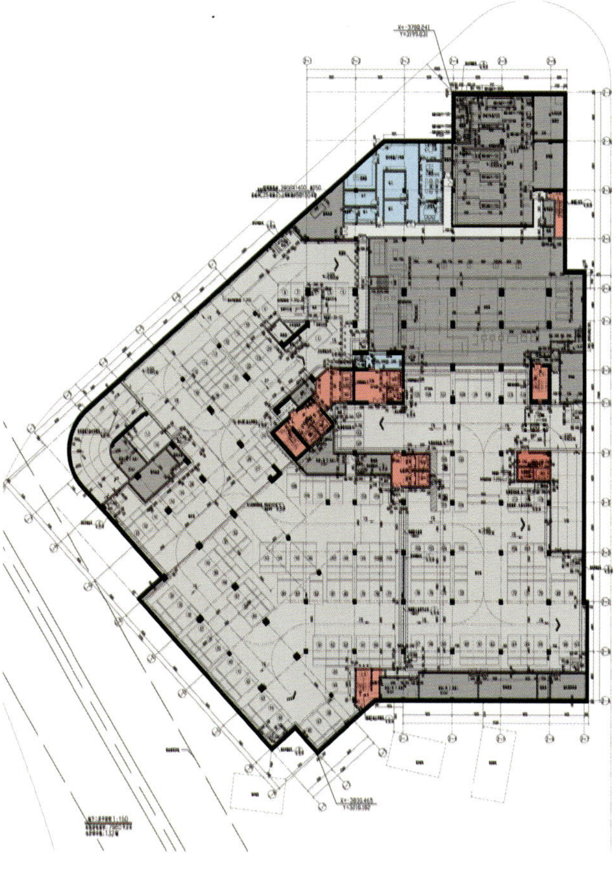

平面图 -2

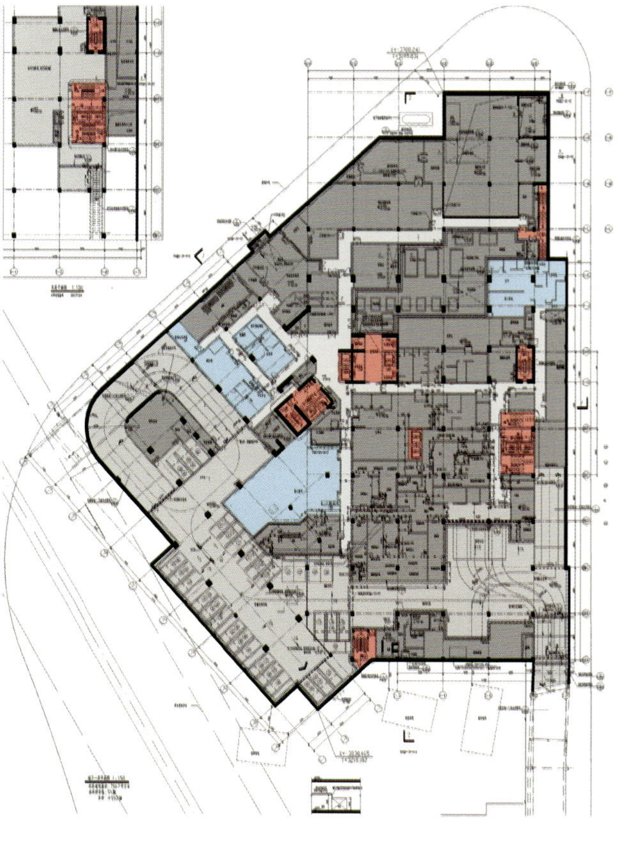

平面图 -3

节能与环保——建筑大量采用如玻璃、铝合金型材、石膏板等可循环再生材料，减少能源消耗和对环境的污染。这些技术和措施在设计中的实施，成为VIP生活楼的绿色亮点，获得绿色建筑设计评价标识一星级，充分演绎了"城市，让生活更美好"的世博主题。

效果平面图

FOUR SEASONS HOTEL,SANYA

项目名称：三亚四季酒店总统别墅区
项目位置：中国，海南省，三亚市坎秧湾
竣工时间：在建
建筑面积：14,000平方米
专案业主：棕榈泉控股有限公司
设计规划：华东建筑设计研究院有限公司

项目简介

三亚四季酒店总统别墅区位于三亚坎秧湾，为棕榈泉三亚度假村的重要子项。项目用地南向大海，背靠群山，环境条件十分优越。项目定位为国宾接待和顶级商务会议功能，由8栋别墅组成。

货运入口
内院
设备机房
设备机房
水池
Water
客房
Guest
客房
Guest
客房
Guest
套房
Suite
空调机房
设备机房
设备机房
厨房
Kitchen
游泳池
Pool
水池
(露天)
会客厅
Salon
备餐
棋牌室
Salon
宴会前厅
Entrance Hall
内院
健身房
Gym
挡土墙
宴会厅
Banqueting Hall
游泳池
Pool
瞭望台

平面图 -1

视线分析
View Line Analysis

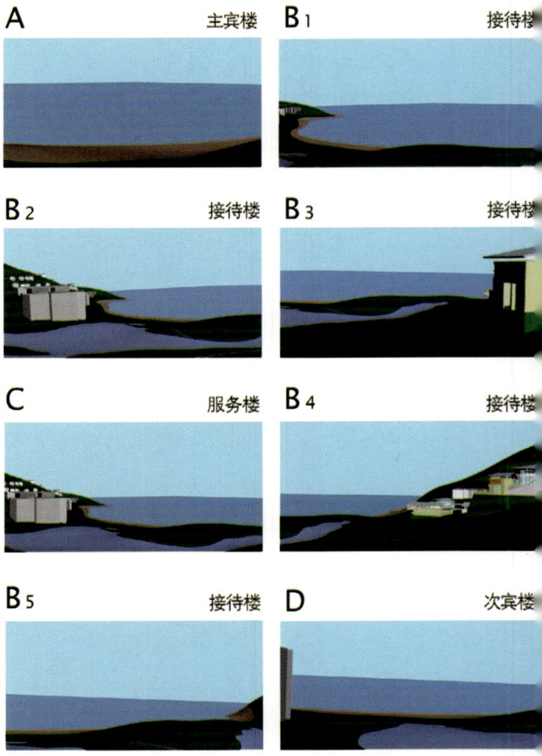

形生气聚　景观资源　生态屏障

项目特点

在规划方面，设计公司充分考虑到项目运营的实际情况，总体布局采用线性结构，以主宾楼为尽端，其余建筑组成回路，与三亚酒店柔性连接。这种布局保证每栋建筑享有最大的景观面，避免对视和互相遮挡，而且具备运营上的可变性。

单体设计中，在空间特征上，空间开敞，灵活分隔。由于得天独厚的地理环境优势，本设计摒弃了传统国宾建筑厚墙深院的封闭特征，展现出开敞通透的格局。但同时仔细协调各个单体之间的视线关系，绝不允许对视等缺陷的存在，加之单体之间有浓密的原始植被遮挡，所以又不必担心各栋建筑的私密性。其次，在建筑形象上采用地域色彩浓厚的木构形式，飞角攒尖，形象轻盈。同时加入东方文化的一些典型要素，如入口飞桥、流水庭院等等，成功塑造了奢华内敛、优雅脱俗的气质，符合国宾接待和地域特征的双重要求。

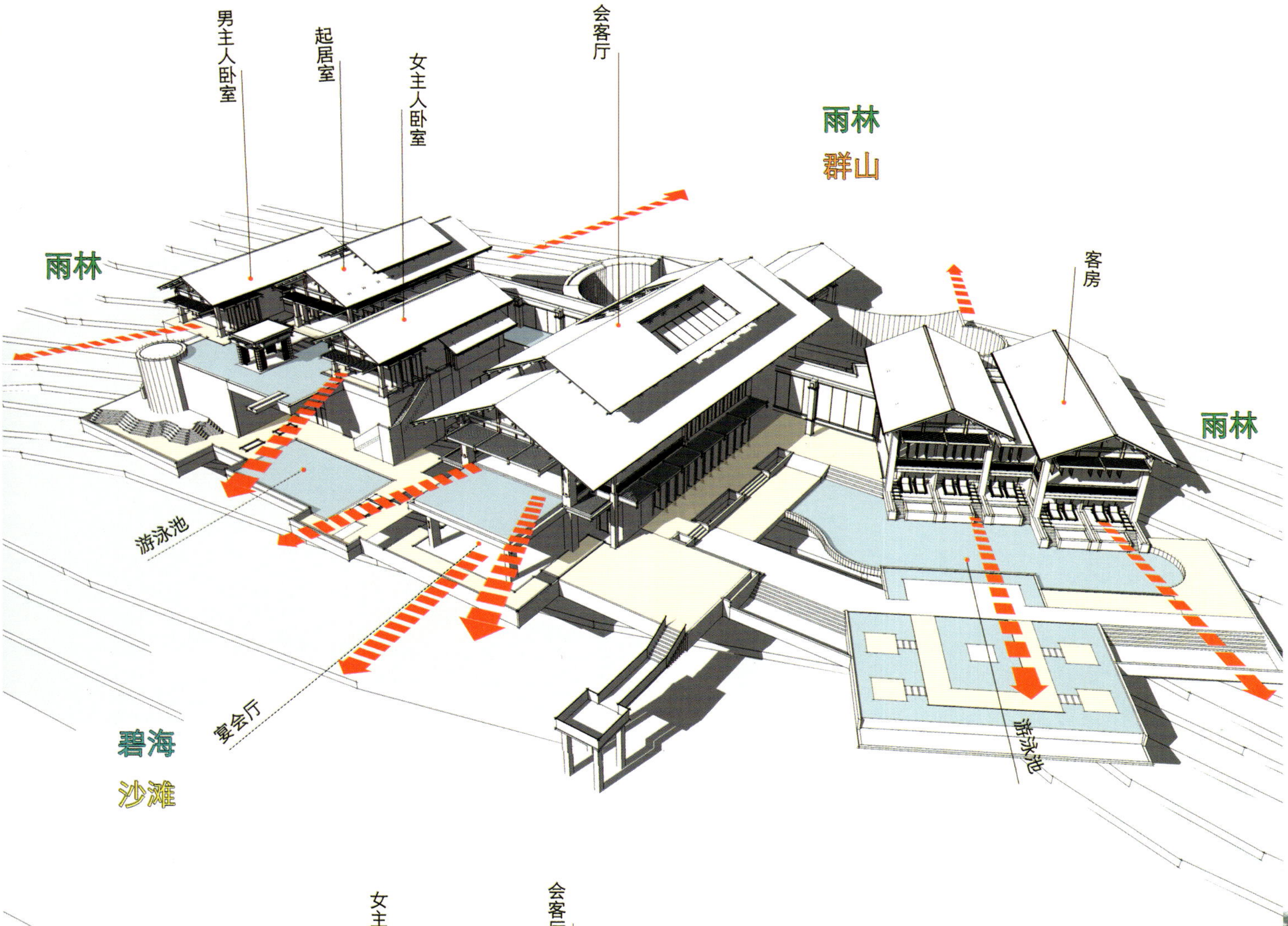

套房A Suite A
玄关
Salon 会客厅
水面
滴水槽
Porch 门廊
Bridge 桥
后勤车道
Equipment 游泳池机房
Suite C 套房C
Pool 游泳池

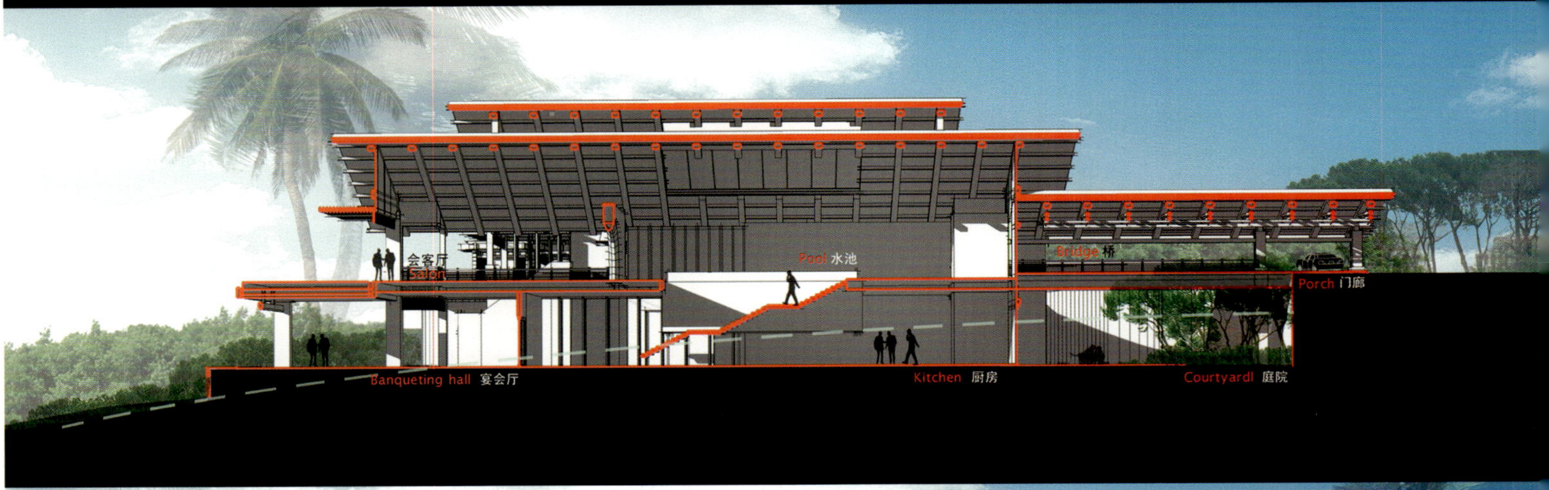

会客厅
Salon
Pool 水池
Bridge 桥
Porch 门廊
Banqueting hall 宴会厅
Kitchen 厨房
Courtyardl 庭院

Bedroom 男主人卧室
livingroom 起居室
Bedroom 女主人卧室
Gymnasium 健身房
Banqueting hal 宴会厅
Pool 水池

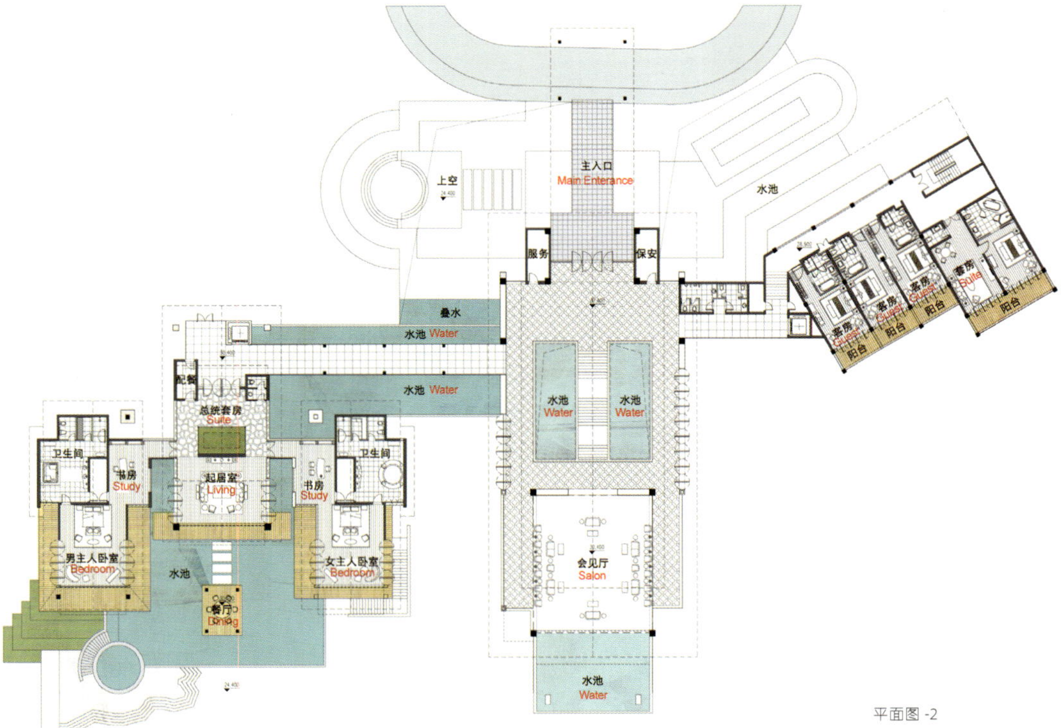

上空
主入口
Main Entrance
水池
服务
保安
叠水
水池 Water
水池 Water
水池
Water
水池
Water
卫生间
书房
Study
总统套房
Suite
起居室
Living
卫生间
书房
Study
男主人卧室
Bedroom
女主人卧室
Bedroom
水池
餐厅
Dining
会见厅
Salon
水池
Water
阳台

平面图 -2

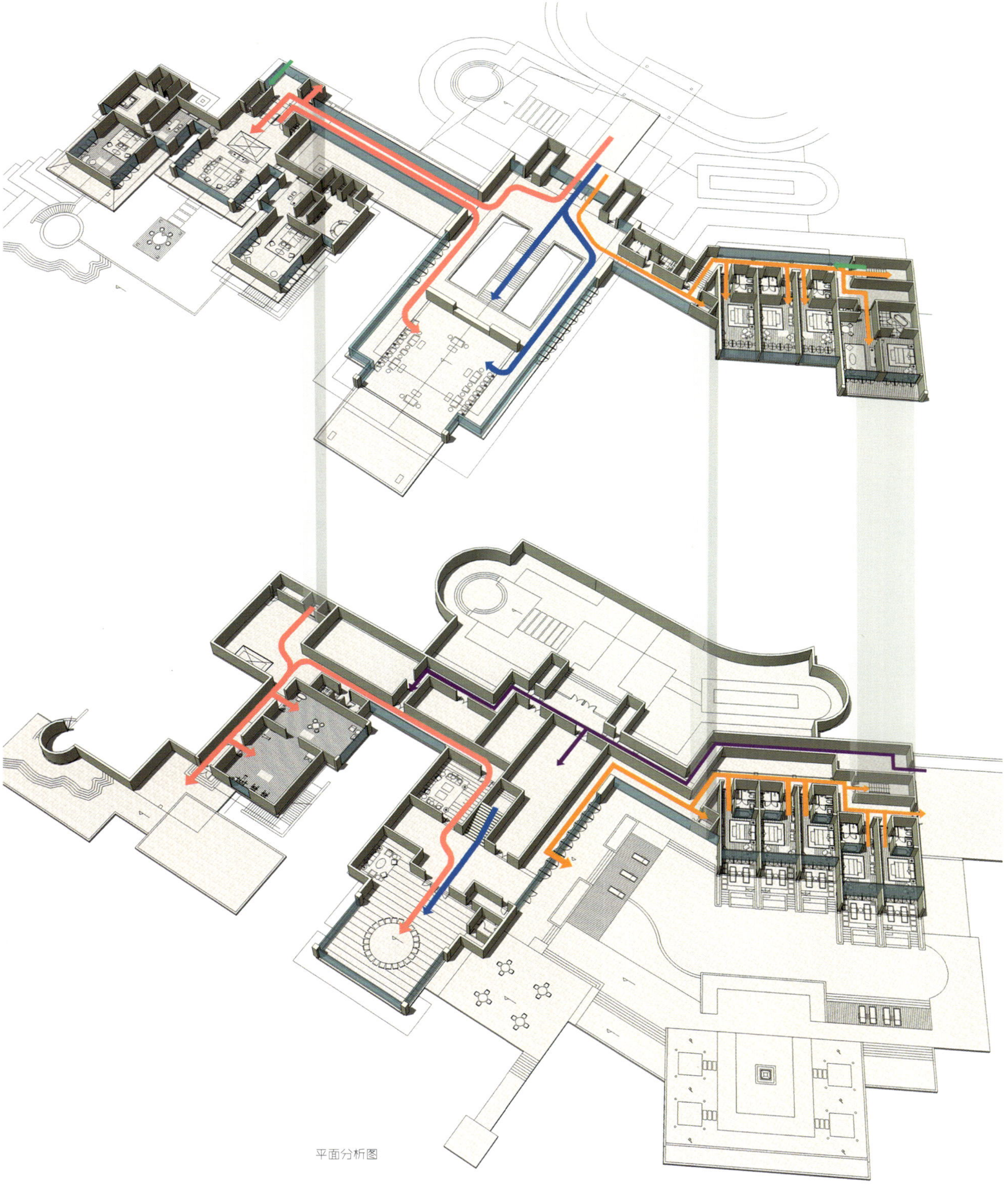

平面分析图

Kempinski Hotel Wuxi
CHINA
无锡凯宾斯基饭店
Kempinski Hotel Wuxi
CHINA
无锡凯宾斯基饭店

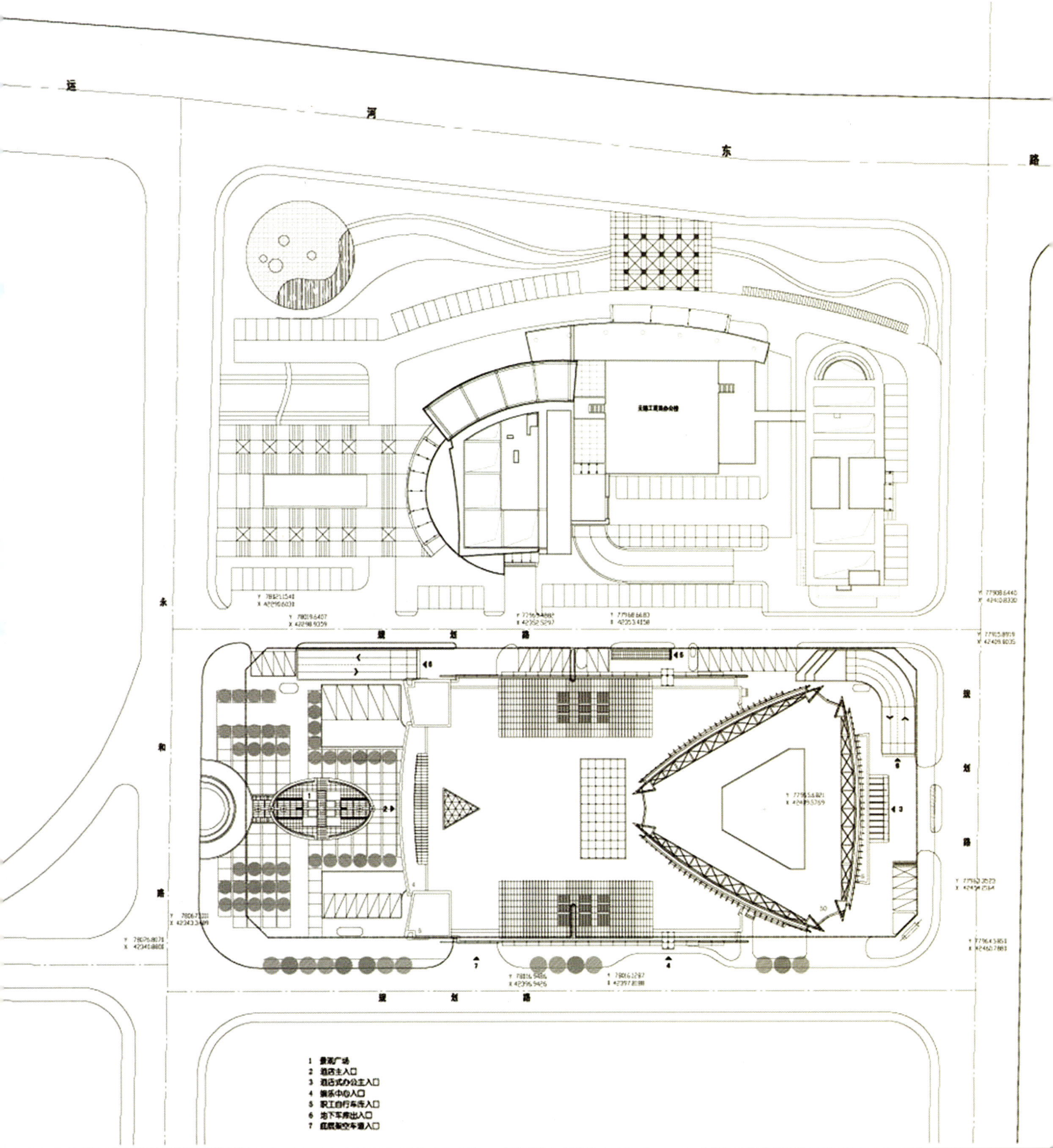

KEMPINSKI HOTEL,WUXI

项目名称：无锡凯宾斯基酒店
项目位置：中国，江苏省，无锡市永和路18号
竣工时间：2007年9月
占地面积：12, 146.7平方米
建筑面积：128, 667平方米
专案业主：无锡凯燕置业有限公司
设计规划：华东建筑设计研究院有限公司

项目简介

无锡凯宾斯基酒店位于无锡市新区太湖广场北侧，东临拟建的新市府大楼，西靠京杭大运河，南望规划中的蠡湖新城，地处无锡未来的政治、文化中心，地理位置极佳。

项目特点

单体建筑由凯宾斯基酒店、酒店式办公及为之服务的公共部分组成。基地总体布局顺应地形，形成太湖广场→景观广场→底层廊柱空间→建筑入口→内部中庭的严谨序列空间，更以一种强烈进深感的体验，突出这一序列的紧凑有力，将人们自然而然地从城市街道引入建筑内部。同时，因其内部空间的丰富变化，穿插以中庭、绿化、水景，将自然的生机引进到建筑之中，形成一条明显的内外交融的景观轴线。

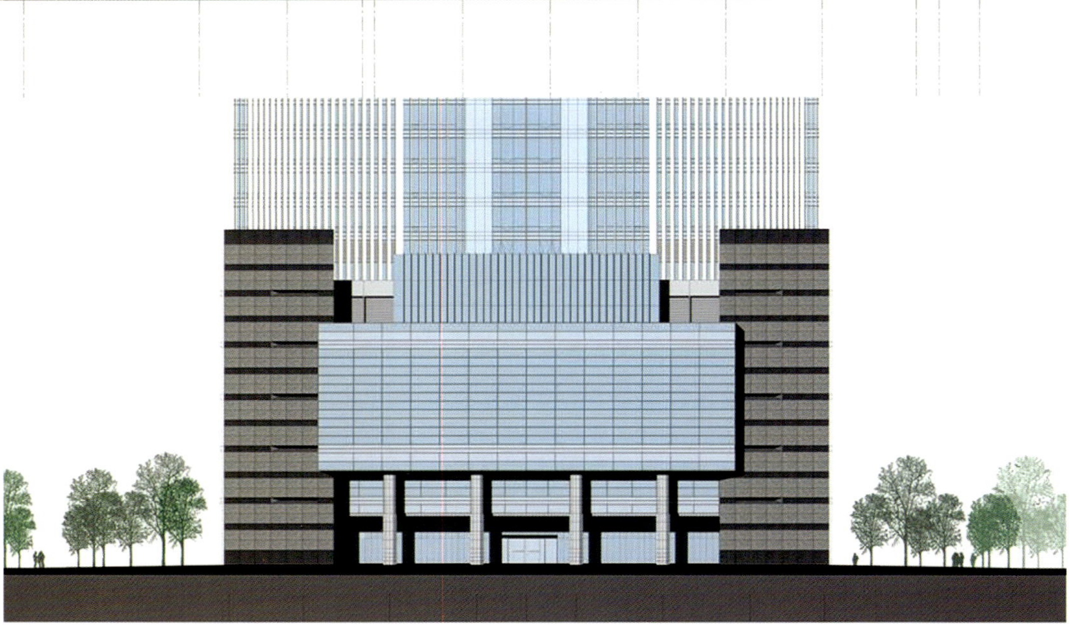

立面图 -1

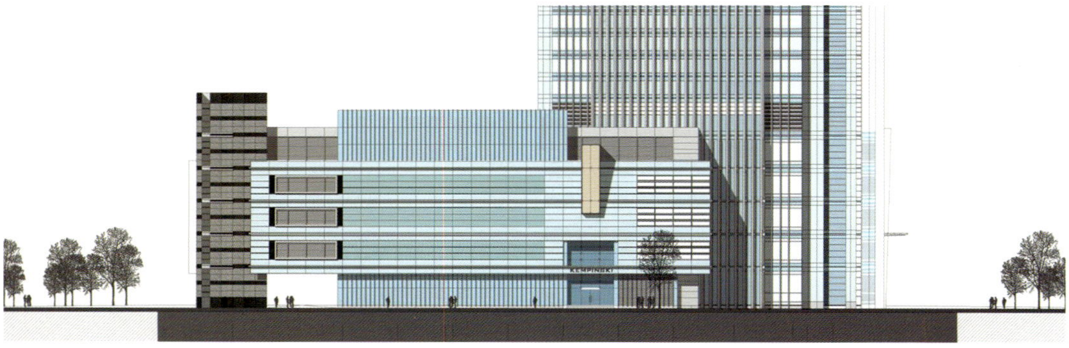

立面图 -2

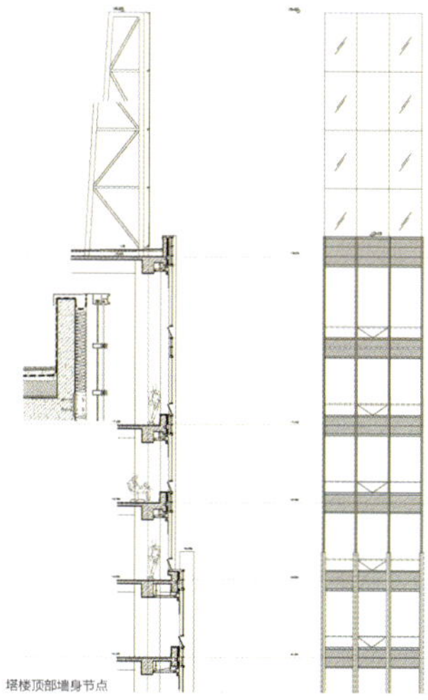

塔楼顶部墙身节点

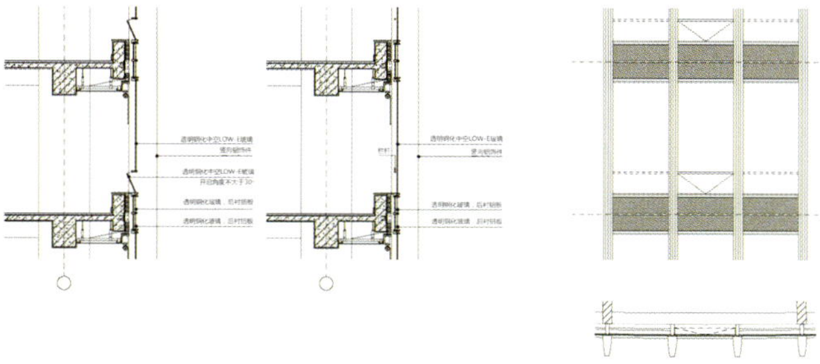

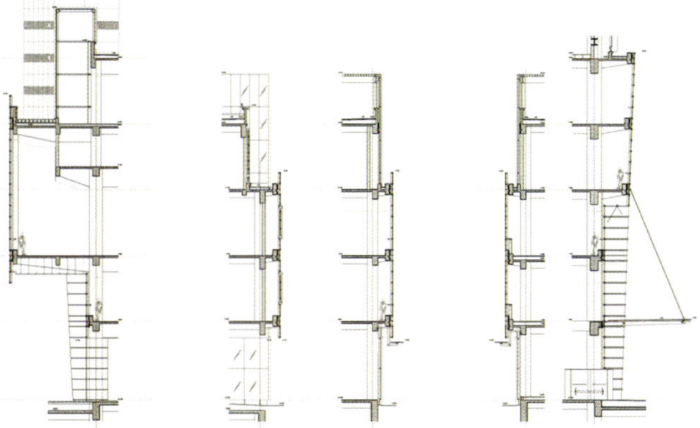

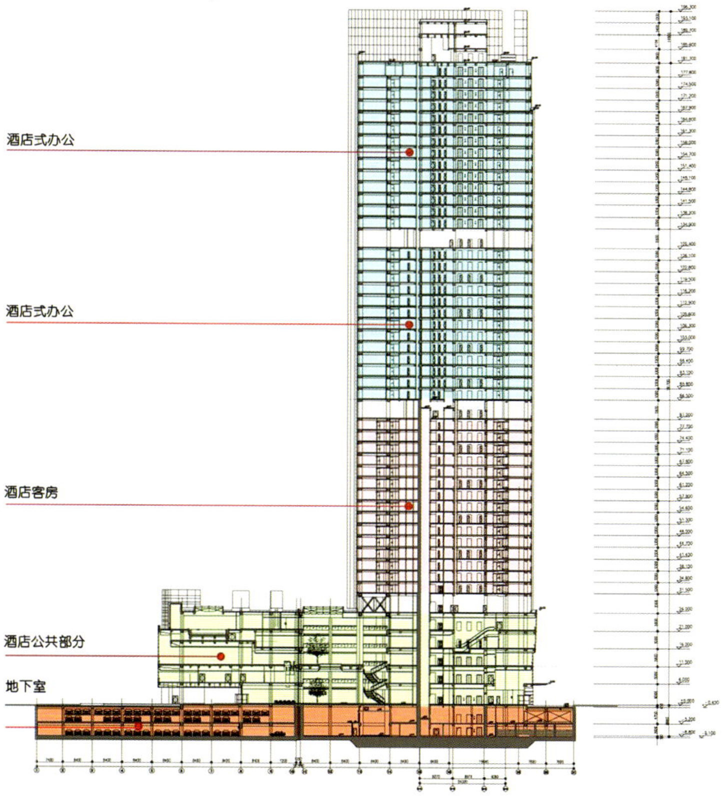

剖面图

立面图 -3

主体塔楼造型以强有力的圆弧三角为母题，充分呼应基地周围的景观特色，使尽可能多的房间具有优越的视野。塔楼外立面分三层，通过金属装饰件的组合，突出其秀颀挺拔的建筑形象，顶部的三片幕墙构架更增添了向无限高处的延伸感。建筑物以个性鲜明的形象和开阔的景观视野，与周围的城市环境和空间轮廓融为一体，谱出层次丰富、节奏明快的城市乐章。

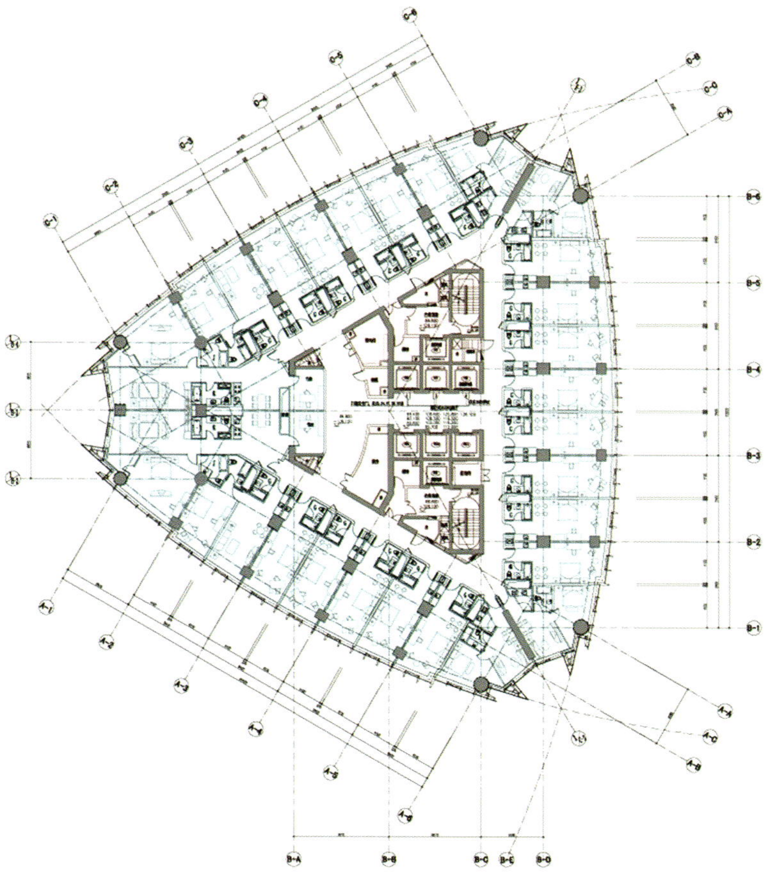

酒店办公标准层平面图

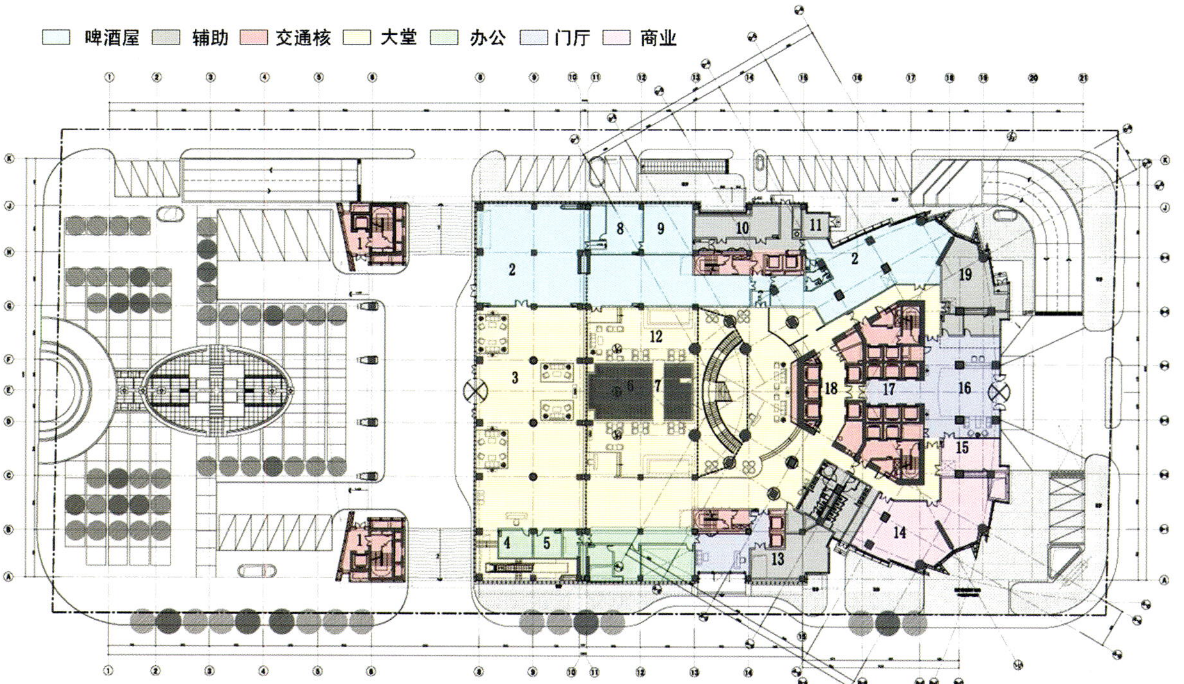

1. 合用前室
2. 啤酒屋
3. 酒店大堂
4. 行李间／礼宾部
5. 商务中心
6. 水池
7. 桥
8. 备餐间
9. 厨房热加工区
10. 风机房
11. 煤气表房
12. 咖啡厅
13. 空调机房
14. 零售商店
15. 美食店
16. 酒店式办公大堂
17. 酒店式办公电梯厅
18. 酒店电梯厅

一层平面图

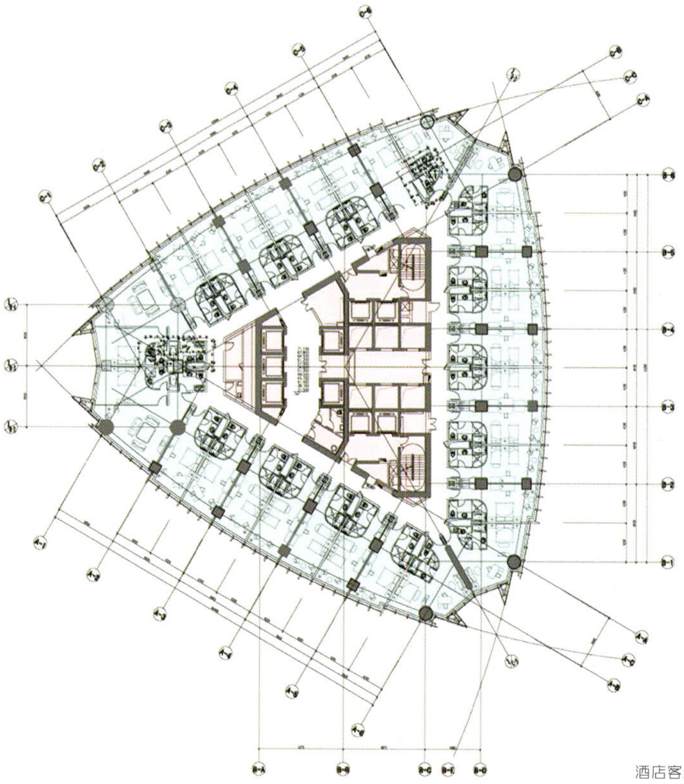

酒店客房标准层平面图

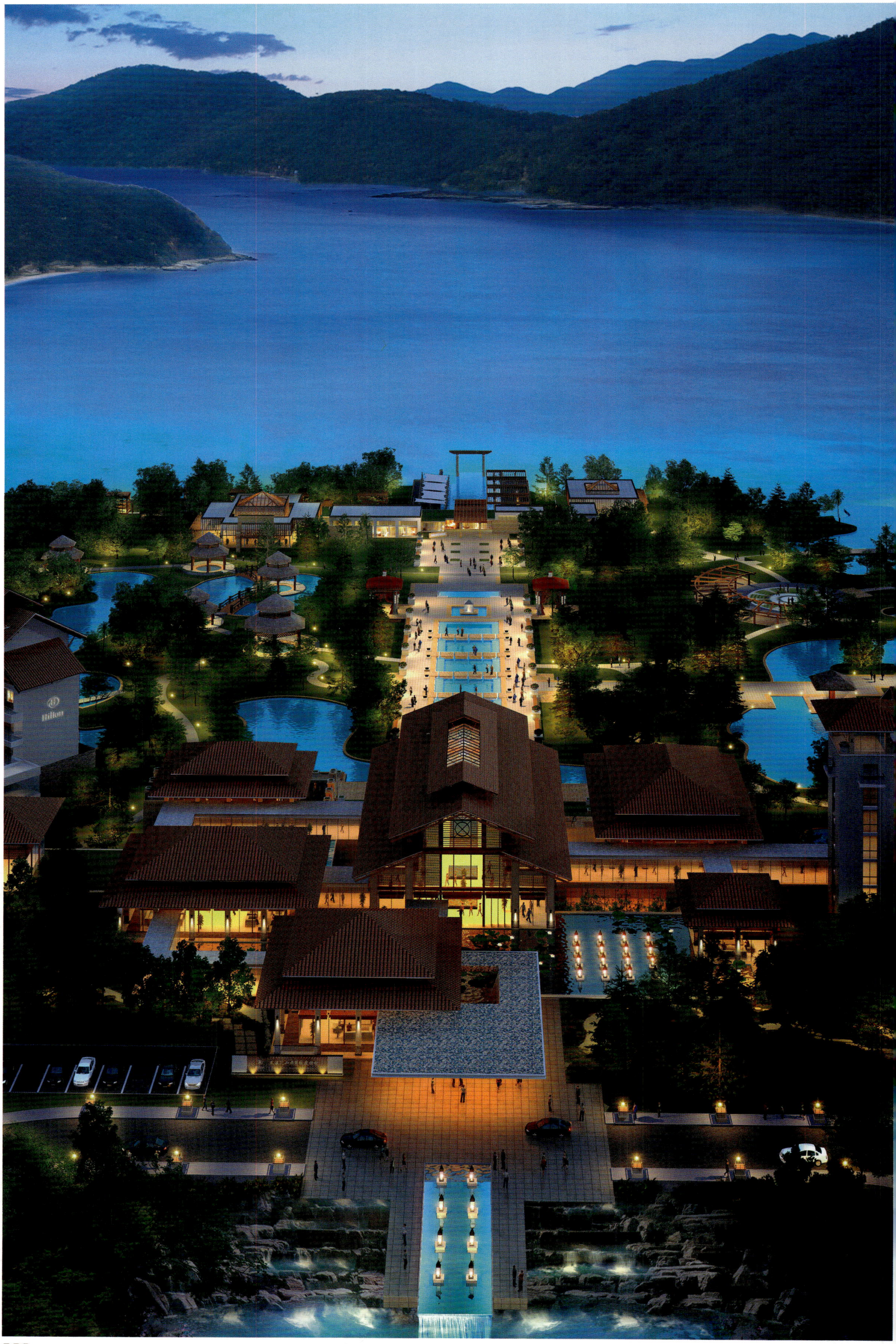
Hilton

HILTON HUASHAN HOTEL, WUHAN

项目名称：武汉花山希尔顿酒店
项目位置：中国，湖北省，武汉市
竣工时间：2011年
占地面积：99,000平方米
建筑面积：117, 000平方米
专案业主：武汉花山投资有限公司
设计规划：华东建筑设计研究院有限公司

项目简介

本项目为武汉花山生态新城引导块的核心项目，是集度假休闲、会议娱乐为一体的五星级高档酒店，目前已确认由希尔顿酒店管理公司运营管理。酒店包括酒店主体区、酒店别墅区、康体中心及特色餐饮区、会议娱乐中心、水疗SPA中心五部分，设置约700间自然间（其中2套为总统套房），别墅23套，豪华别墅1套，约400个机动车停车位。项目位于武汉东郊，毗邻严西湖，周边交通有南北向外环线直达机场，东西向武鄂高速及花城大道通达市区。

项目基地约20公顷，为滩涂、鱼塘、农田等地貌；地形起伏平缓，最高点高程约为31.2米，最低点高程严西湖水面约为20米。基地西侧为严西湖湖岸线，湖面宽广，西北侧有鼓架山隔湖相望。

湿地公园
Wetlands
SPA Center
SPA水疗中心
Hotel Villa
酒店别墅
Guestroom W Wing
客房区西翼
康体中心
及特色餐饮
Sport Center
& Specialty Restaurant
Guestroom E
客房区
Index 项目索引
1 迎宾门
2 地下车库出入口
3 入口景区
4 酒店落客区
5 贵宾车位
6 地下车库出入口
7 入口水景
8 SPA中心落客区
9 会议中心落客区
10 娱乐中心落客区
11 电瓶车出发站
12 SPA贵宾客房
13 独栋别墅
14 双拼别墅
15 总统别墅
16 中央景观轴
17 客房底层泳池
18 非游泳水景
19 特色温泉
20 儿童乐园
21 康体中心前景
22 悬挑特色餐厅
23 生态树林
24 庆典草坪
25 拓展营地
26 网球场
27 湿地公园
28 迎宾大道
严西湖 Yanxi Lake

总平面图
Master Plan

总建筑面积 117,405㎡

其中 地上建筑面积 99,760㎡ 地下建筑面积 17,645㎡

酒店/会议娱乐中心 建筑面积 107,175㎡

其中 地上建筑面积 89,530㎡ 地下建筑面积 17,645㎡

酒店别墅/SPA中心/康体中心/特色餐饮 建筑面积 10,230㎡

机动车停车位 440 其中 地上车位 400 地下车位 40

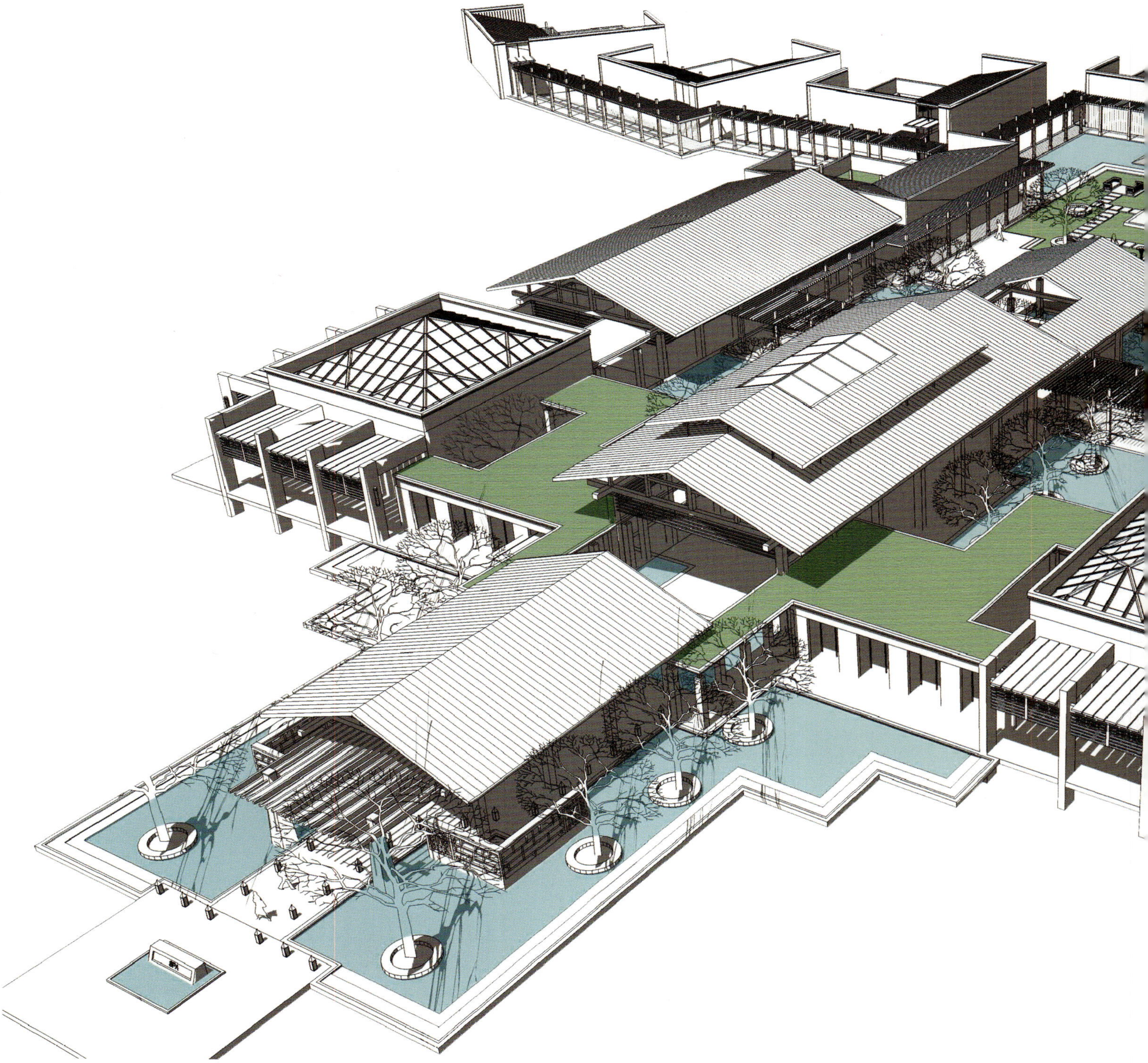

效果图 -1

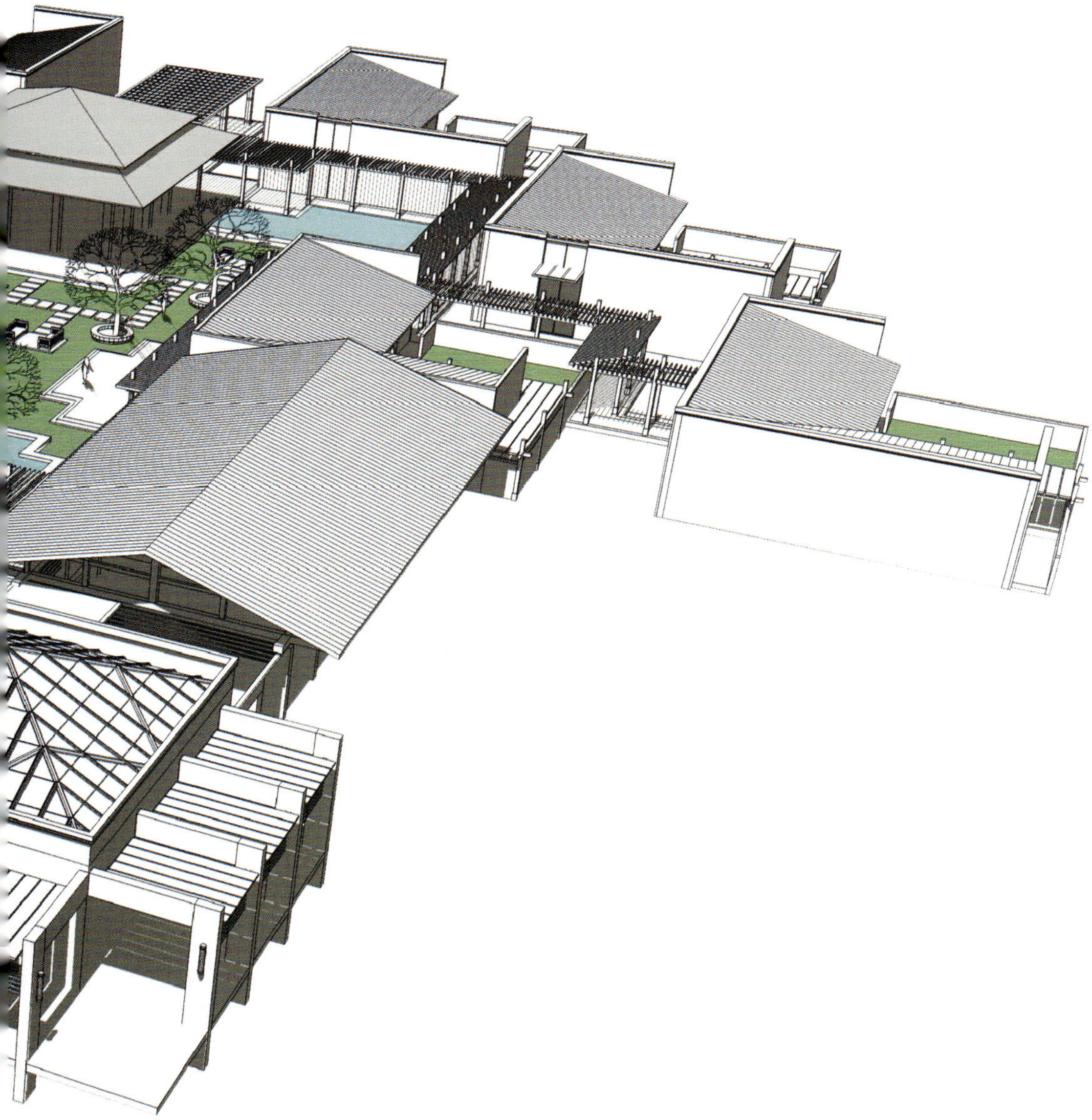

效果图 -2

效果图 -3

效果图 -4

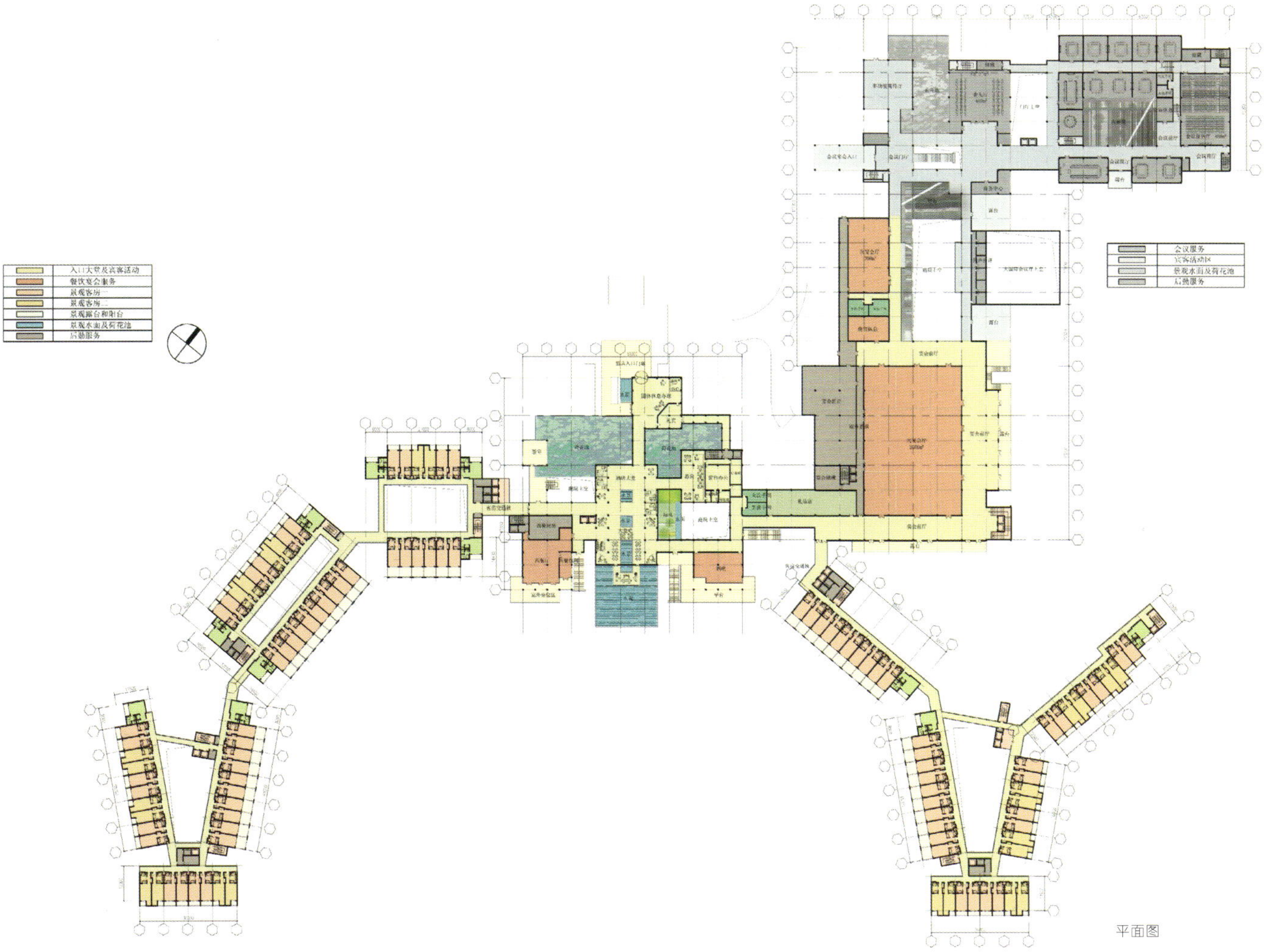
入口大堂及宾客活动
餐饮宴会服务
景观客房一
景观客房二
景观露台和阳台
景观水面及荷花池
后勤服务
会议服务
宾客活动区
景观水面及荷花池
后勤服务

平面图

效果图 -5

项目特点

本设计以最大化利用湖景资源、充分体现酒店的度假休闲特点、保持本地地形地貌特征、追求人与自然的和谐相处并结合生态设计理念为出发点，提出中轴对称，内外分区；人车分置，客货分流；沿湖展开，水体利用多样；庭院空间，打造宜人尺度四点设计概念。设计将100, 000平方米的体量化整为零，各功能区块分散布置；酒店大堂、餐厅等公共区域为中心，客房为两翼沿湖展开，并随地形跌落起伏。

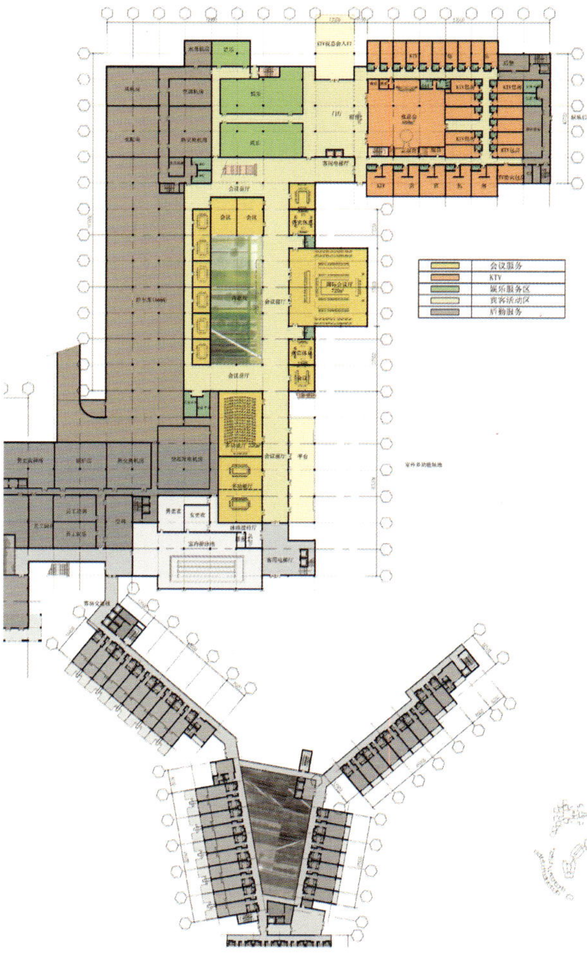

会议娱乐中心一层平面图

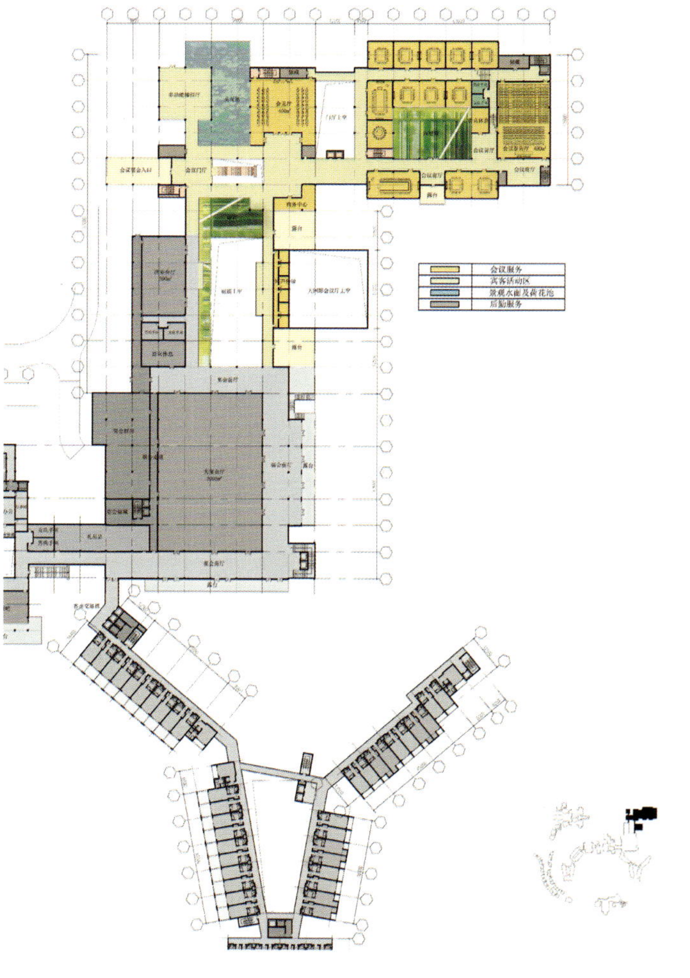

会议娱乐中心二层平面图

在大堂、水疗中心、会议厅等公共区域引入庭院空间，将大体量建筑化解为相对宜人的小体量建筑，优化了空间的微气候环境；结合区域规划提出利用现有滩涂资源设置湿地公园，提升度假休闲环境品质。

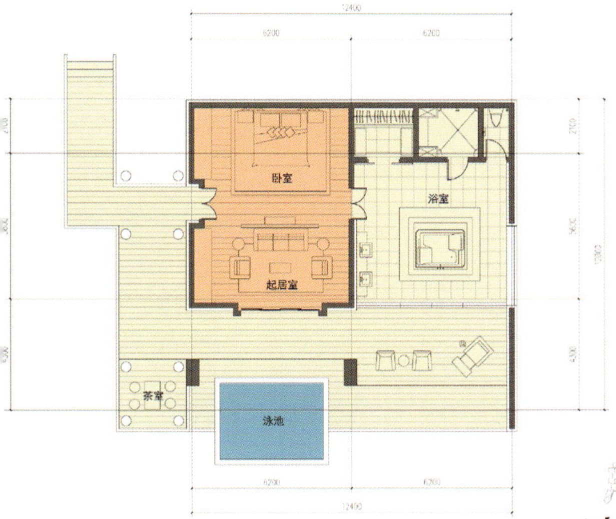

别墅平面图

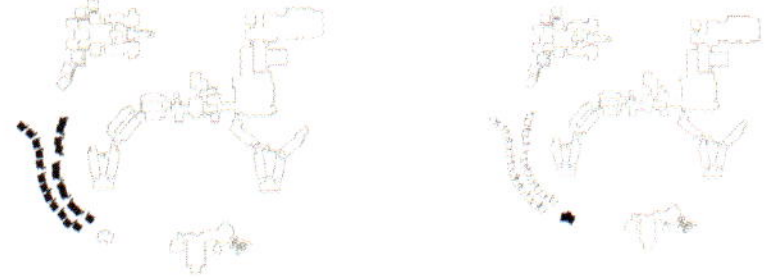

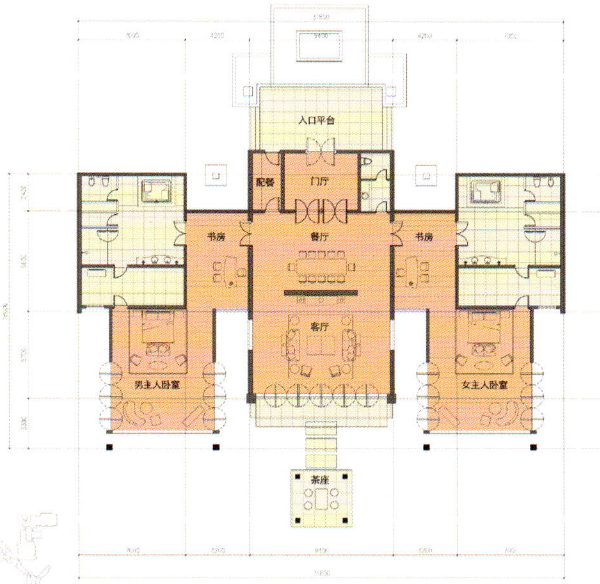

总统别墅平面图

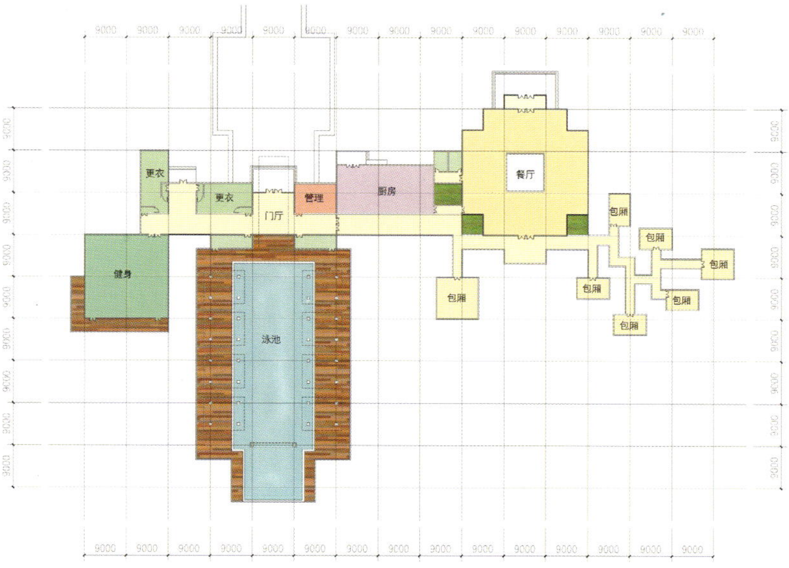

特设餐厅平面图

水疗中心平面图

JR

JR设计工程顾问（香港）有限公司成立于香港，专注于酒店规划、建筑、室内设计。由著名的酒店设计师Raymond Cheung创办，并在大陆设立直属分公司——深圳嘉珀设计顾问有限公司。

公司自成立以来，凭借超前的设计理念、丰富的设计经验和良好的职业道德成为国内外酒店设计行业的领航者，在业内享有良好的声誉。公司追求品牌效应，在目前日益渐多的设计公司中，独树一帜，坚持正规化操作，成为第一个获得大陆行业资质的境外设计公司。公司的设计团队由多名资深室内设计师、注册建筑师、结构师、工程师组成，并希望可以通过自身的强大设计力量和不懈努力，将整个设计行业引向正规化。

CARLSON HOTEL,WUHAN

项目名称：武汉卡尔森酒店
项目位置：中国，湖北省，武汉市
竣工时间：在建
设计规划：JR设计工程顾问（香港）有限公司

项目简介

建筑采用现代简约风格，增加了现代感，形象鲜明，更能展现综合性酒店的建筑特色。设计在满足功能需要的基础上，创造出丰富亲切的空间环境。为保持整个建筑组群和场地的连贯性，建设架空联系廊，将会展中心与酒店连贯起来，和周围环境相融合，更便于室外活动的进行，从而为宾客提供舒适的娱乐环境。

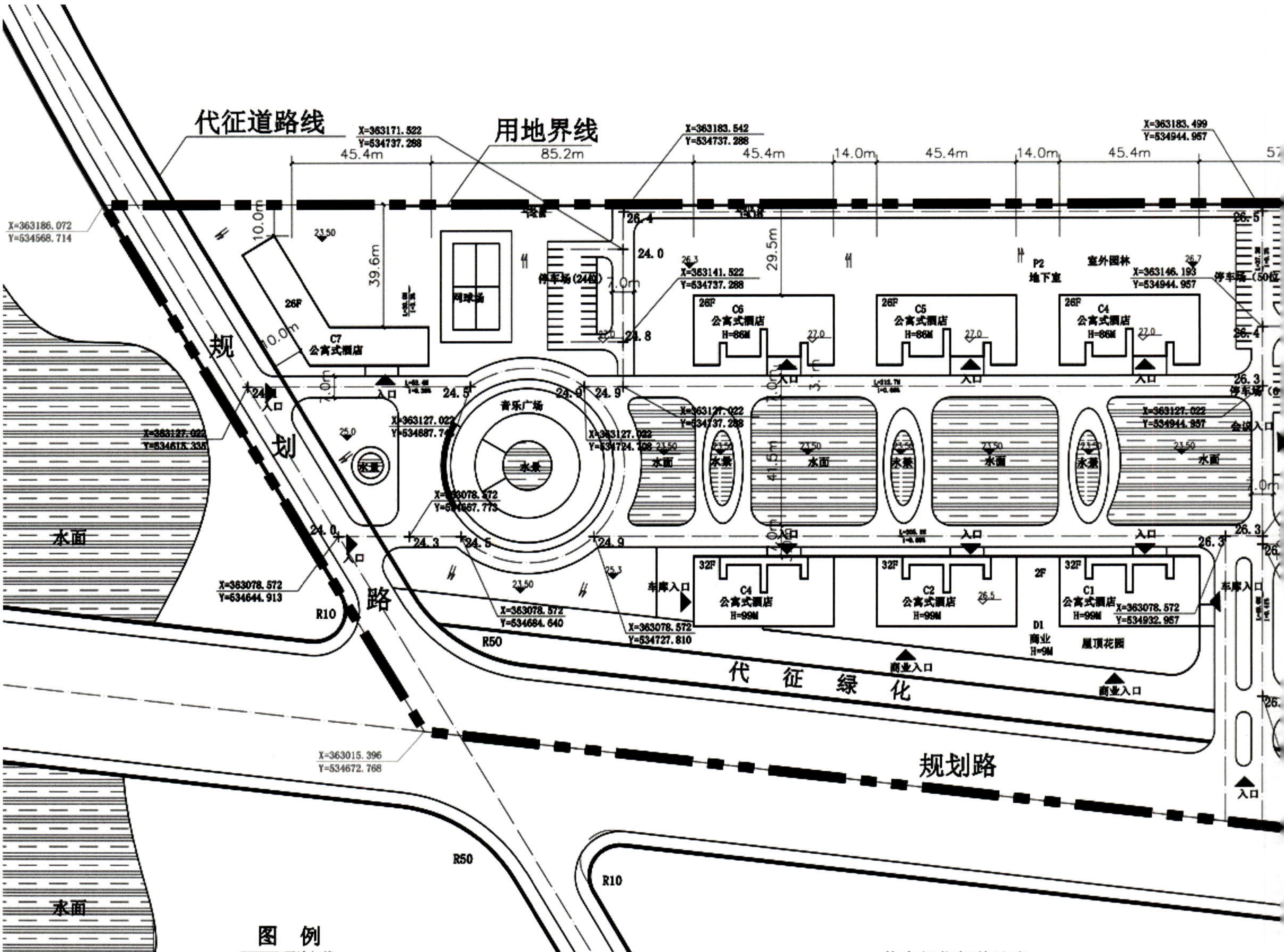

停车场指标统计表

车型	位置	面积(平方米)	车位(泊)	用途说明
机动车	地下	19600	490	
	地上	8880	296	
	合计	28480	786	
非机动车	地下	0.0	0	
	地上	0.0	0	
	合计	0.0	0	

总平面图

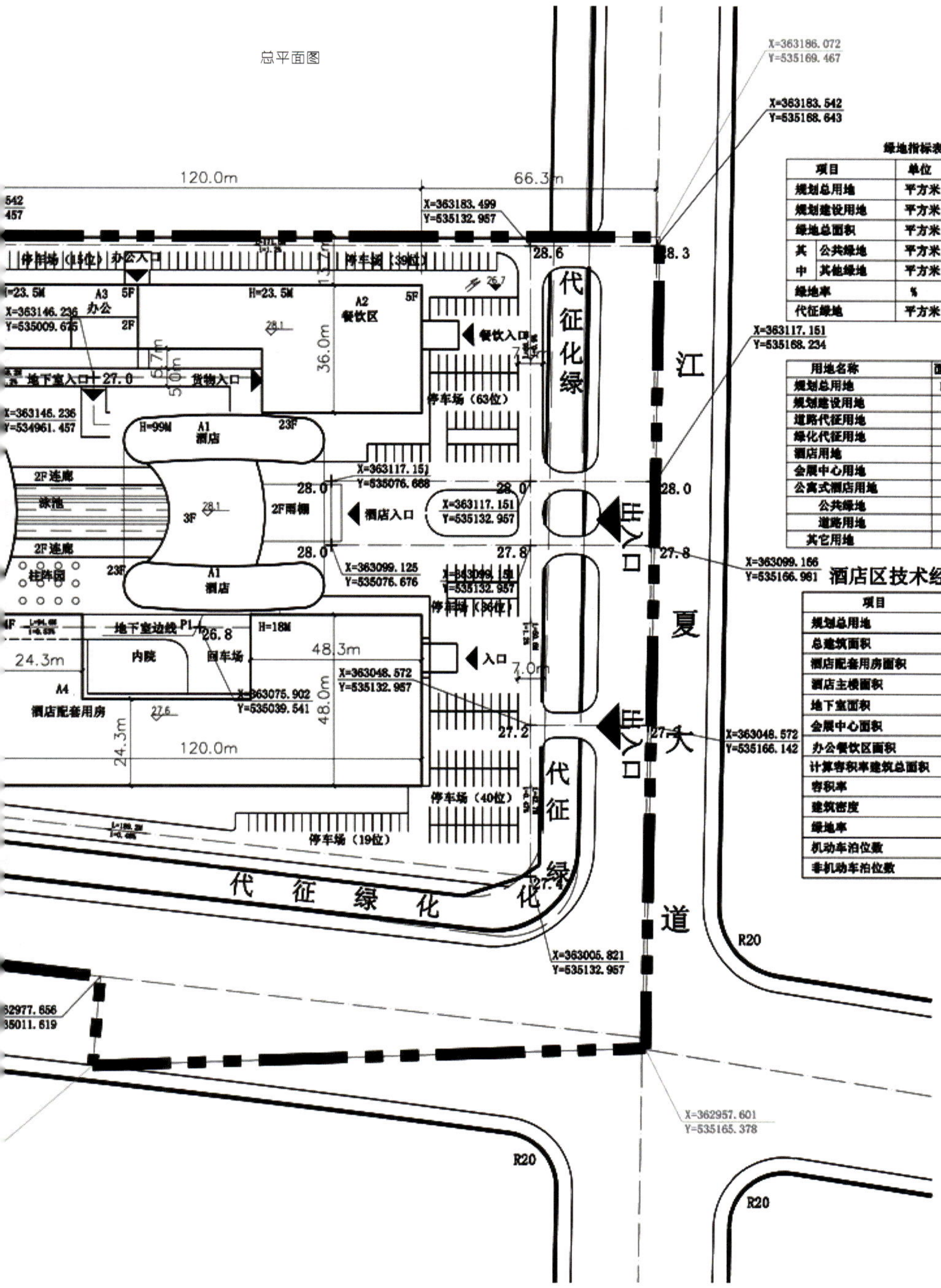

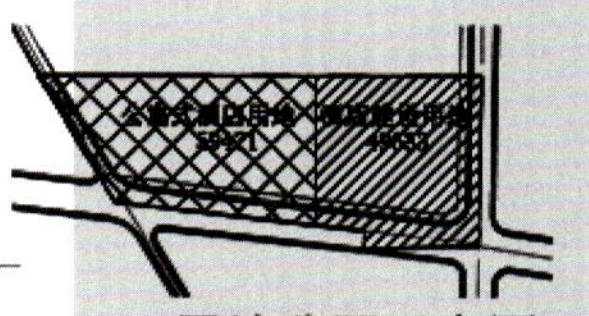

用地分区示意图

绿地指标表

项目		单位	数值
规划总用地		平方米	109104.7
规划建设用地		平方米	80347.4
绿地总面积		平方米	26383.5
其中	公共绿地	平方米	21294.9
	其他绿地	平方米	5088.6
绿地率		%	33
代征绿地		平方米	5940.2

用地平衡表

用地名称	面积（平方米）	比例(%)
规划总用地	109104.7	100.0
规划建设用地	80347.4	73.6
道路代征用地	22239.3	20.4
绿化代征用地	6518.0	6.0
酒店用地	23552.8	29.3
会展中心用地	3605.0	4.5
公寓式酒店用地	7978.0	9.9
公共绿地	21294.9	26.3
道路用地	9886.7	11.9
其它用地	14539.1	

酒店区技术经济指标表

项目	单位	数值
规划总用地	平方米	49633
总建筑面积	平方米	67013.2
酒店配套用房面积	平方米	18627.1
酒店主楼面积	平方米	30000.0
地下室面积	平方米	2000
会展中心面积	平方米	2707.4
办公餐饮区面积	平方米	13678.7
计算容积率建筑总面积	平方米	65013.2
容积率		1.3
建筑密度	%	21.7
绿地率	%	32
机动车泊位数	个	272
非机动车泊位数	个	0

综合技术经济指标表

项目	单位	数值
规划总用地	平方米	109104.7
规划建设用地	平方米	80347.4
道路代征用地	平方米	22239.3
绿化代征用地	平方米	6518.0
总建筑面积	平方米	262642.2
保留总面积	平方米	0
规划总面积	平方米	262642.2
计算容积率建筑总面积	平方米	241042.2
建筑基底面积	平方米	18479.9
酒店	平方米	62305.8
保留	平方米	0.0
规划	平方米	62305.8
会展中心	平方米	2707.4
保留	平方米	0.0
规划	平方米	2707.4
公寓式酒店	平方米	176029.0
保留	平方米	0.0
规划	平方米	176029.0
不计算容积率建筑总面积	平方米	21600.0
地下	平方米	21600.0
保留	平方米	0.0
规划	平方米	21600.0
综合容积率		3.0
总建筑密度	%	23
绿地率	%	33
绿地面积	平方米	26383.5
机动车泊位数	个	786
非机动车泊位数	个	0

建筑面积明细表　　面积单位：平方米

建筑编号	建筑类型	建筑基底	建筑层数	标准层面积	修正面积	总面积	总户数
A1	酒店建筑	2207.0	20	1346.0	0.0	30000.0	0
			3	2207.0	-3541.0		
A2		2251.8	5	2251.8	-627.7	10631.3	0
A3		720.0	5	720.0	-552.6	3047.4	0
A4		4636.6	4	4636.6	-80.7	18627.1	0
酒店建筑小计		10019.0				65013.2	0
B1	会展建筑	1504.0	2	1504.0	-300.6	2707.4	0
会展建筑小计		1504.0				2707.4	0
C1	公寓式酒店	902.6	30	902.6	-720	26358.0	0
C2		902.6	30	902.6	-720	26358.0	0
C3		902.6	30	902.6	-720	26358.0	0
C4		902.6	26	902.6	-1275.55	22192.05	0
C5		902.6	26	902.6	-1275.55	22192.05	0
C6		902.6	26	902.6	-1275.55	22192.05	0
C7		902.6	26	902.6	-1275.55	22192.05	0
D1		4945.5	2	4945.5	-2414.2	7476.8	0
公寓式酒店建筑小计		5938.0				176029.0	0
P1	地下	0.0	1	2000.0	0.0	2000.0	0
D1	地下	4945.5	2	4945.5	-166.0	9724.5	0
P2	地下	9875.5	1	9875.5	0.0	9875.5	0
地下建筑小计		0.0				21600.0	0
总计		18479.9				262642.2	0
备注							

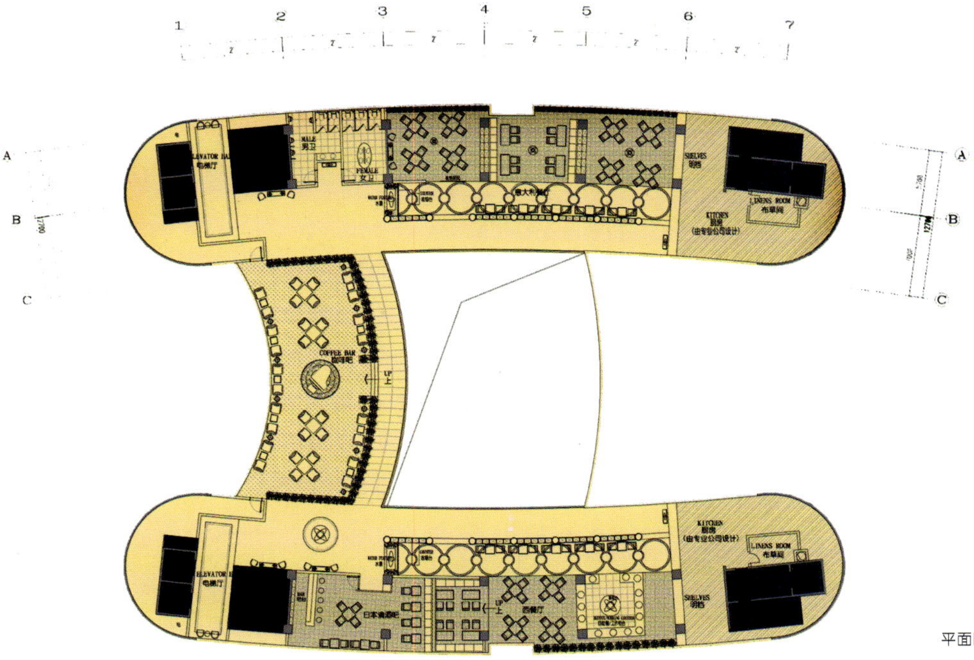

平面图 -1

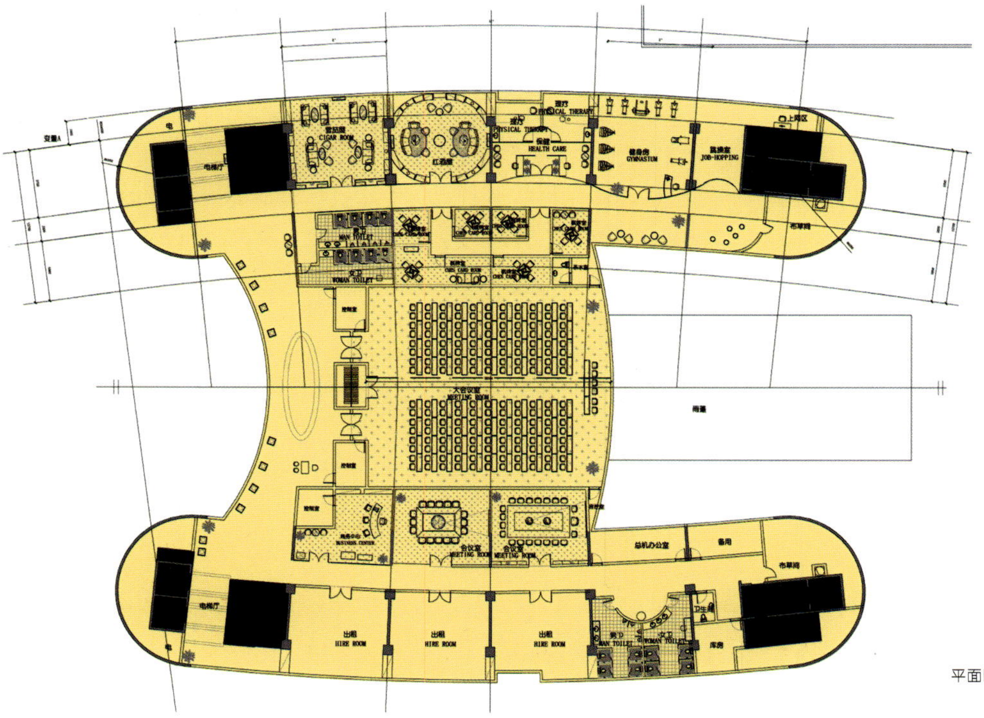

平面图 -2

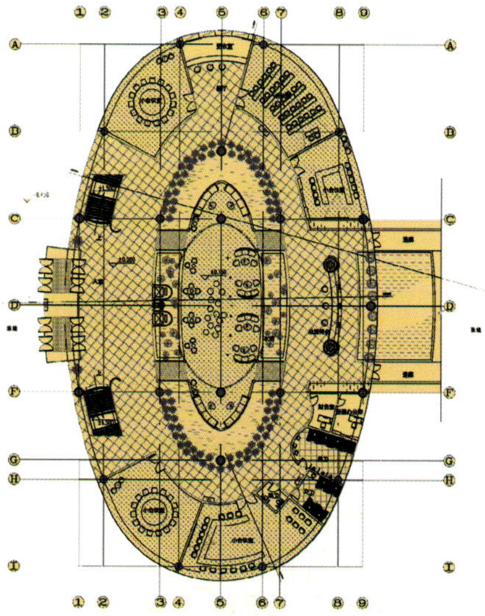

首层平面图

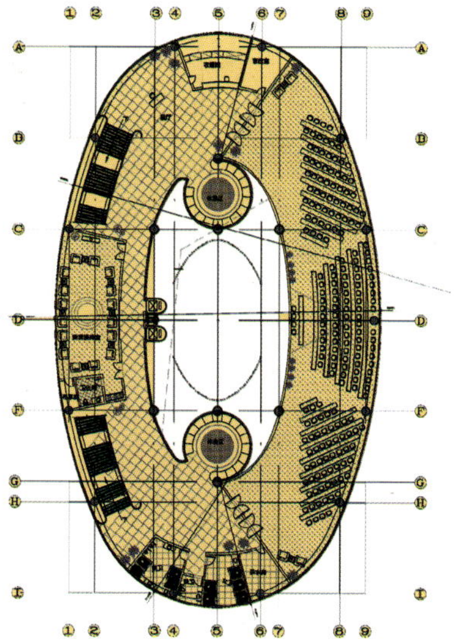

二层平面图

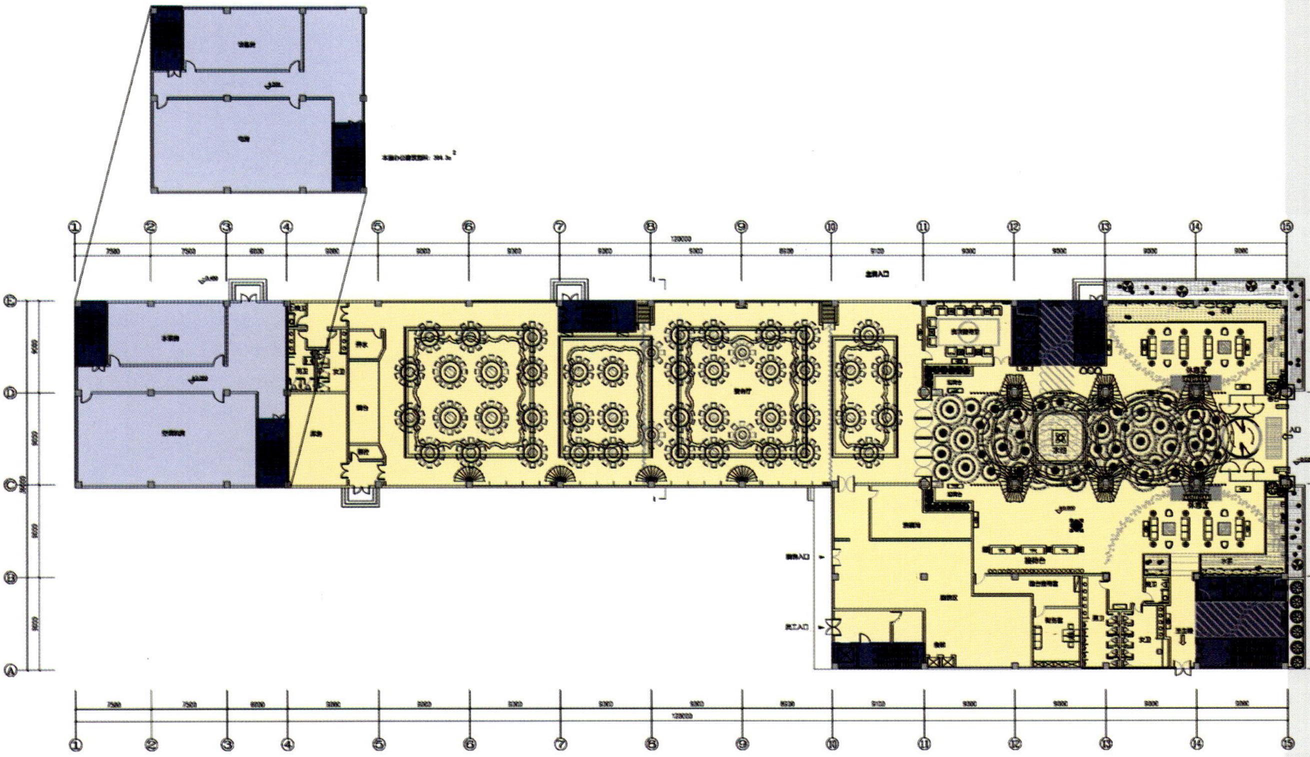

餐厅首层平面图

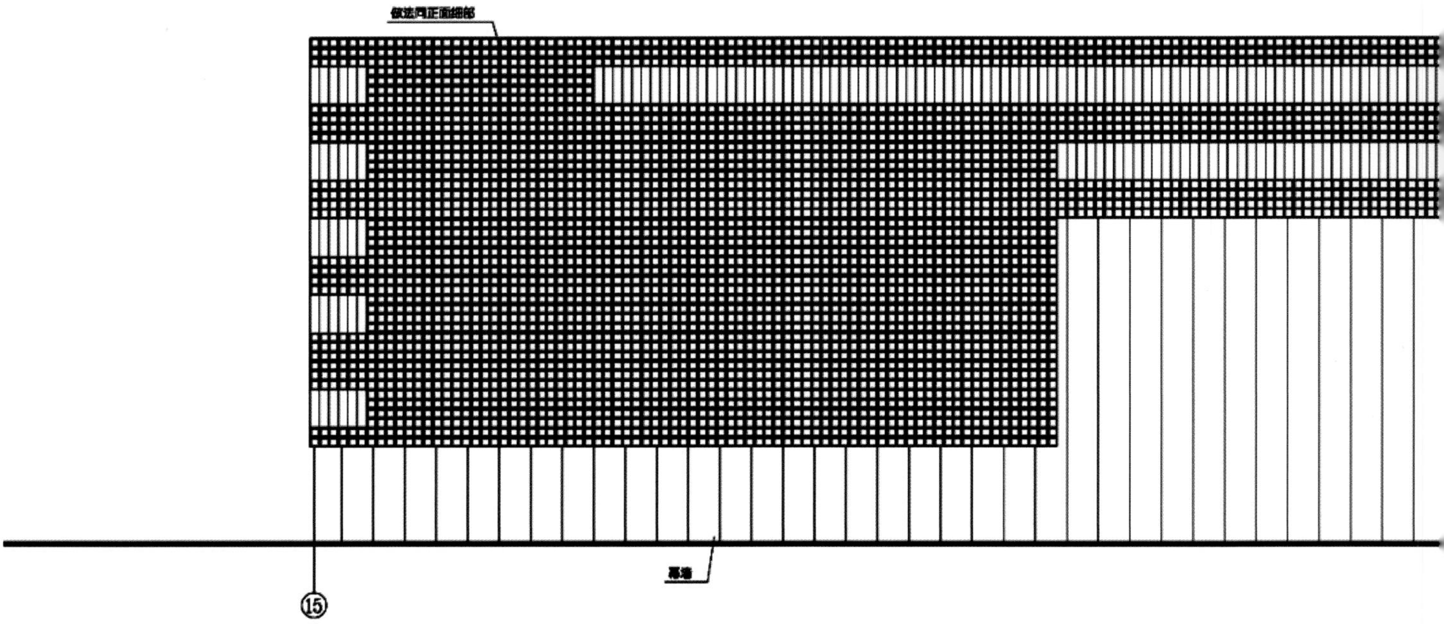
做法同正面细部
幕墙
15

立面图 1

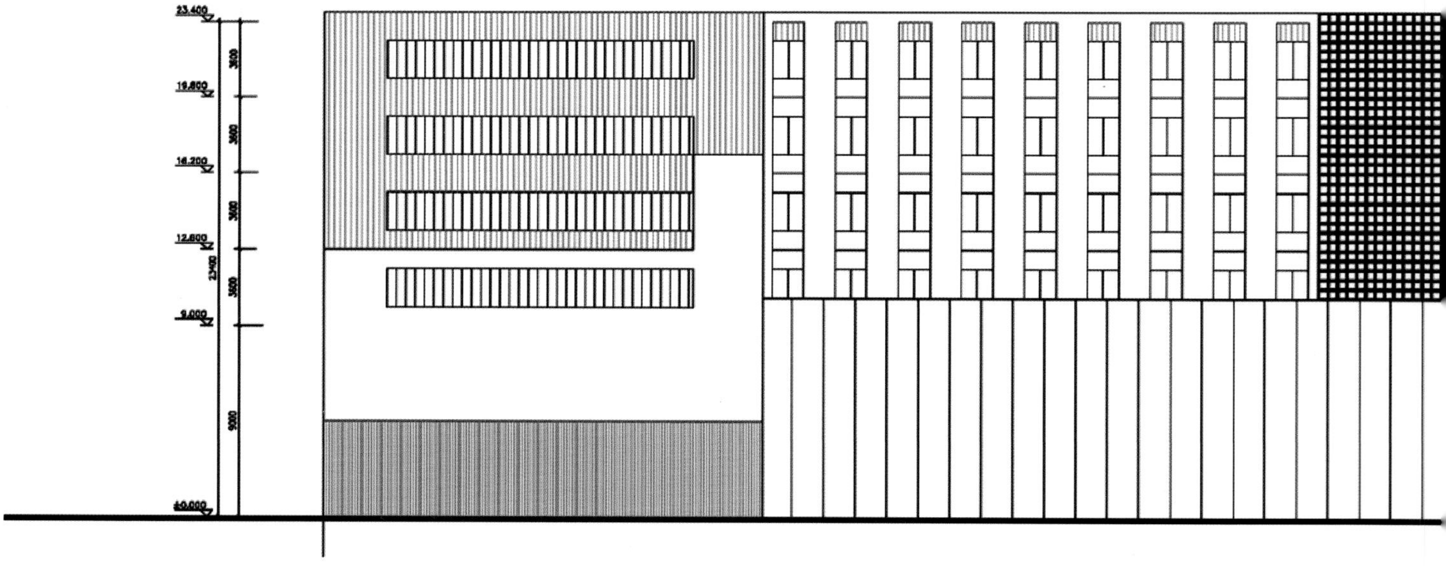
23.400
19.800
16.200
12.600
9.000
±0.000
3600
3600
3600
3600
9000
23400

立面图 2

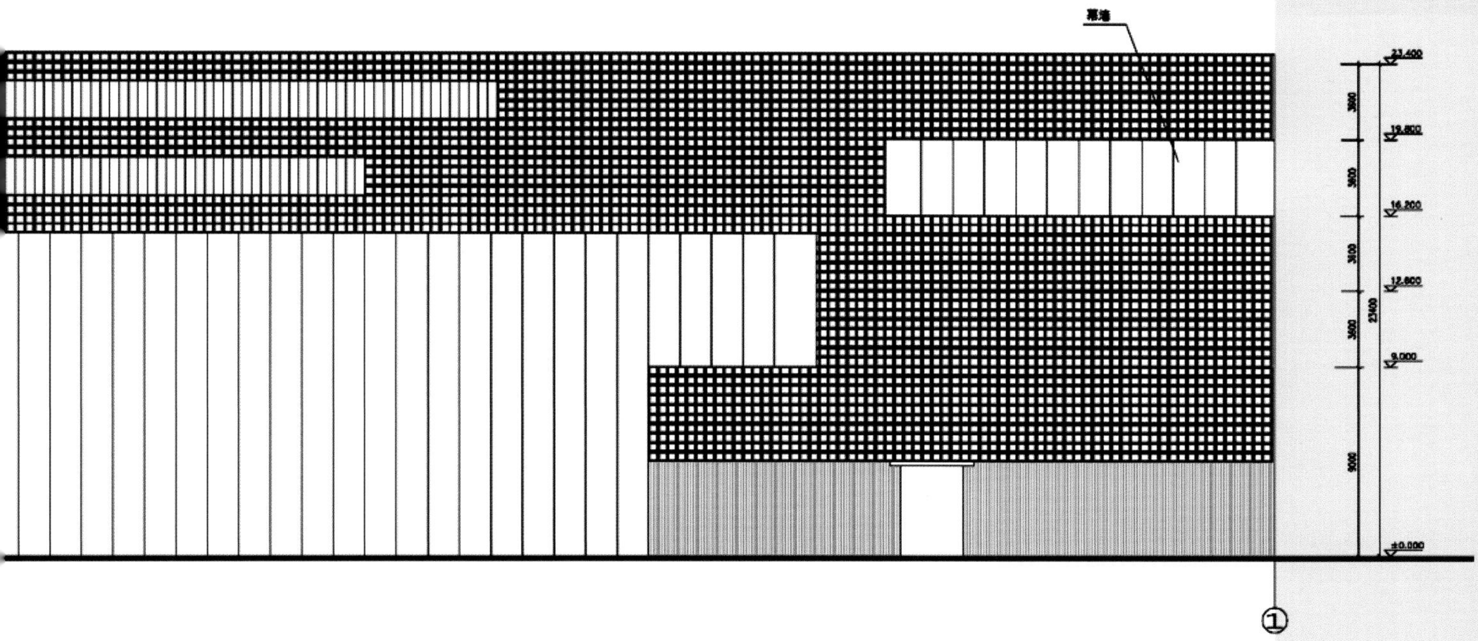
幕墙
23.400
19.800
16.200
12.600
9.000
±0.000
3600
3600
3600
3600
9000
23400
①

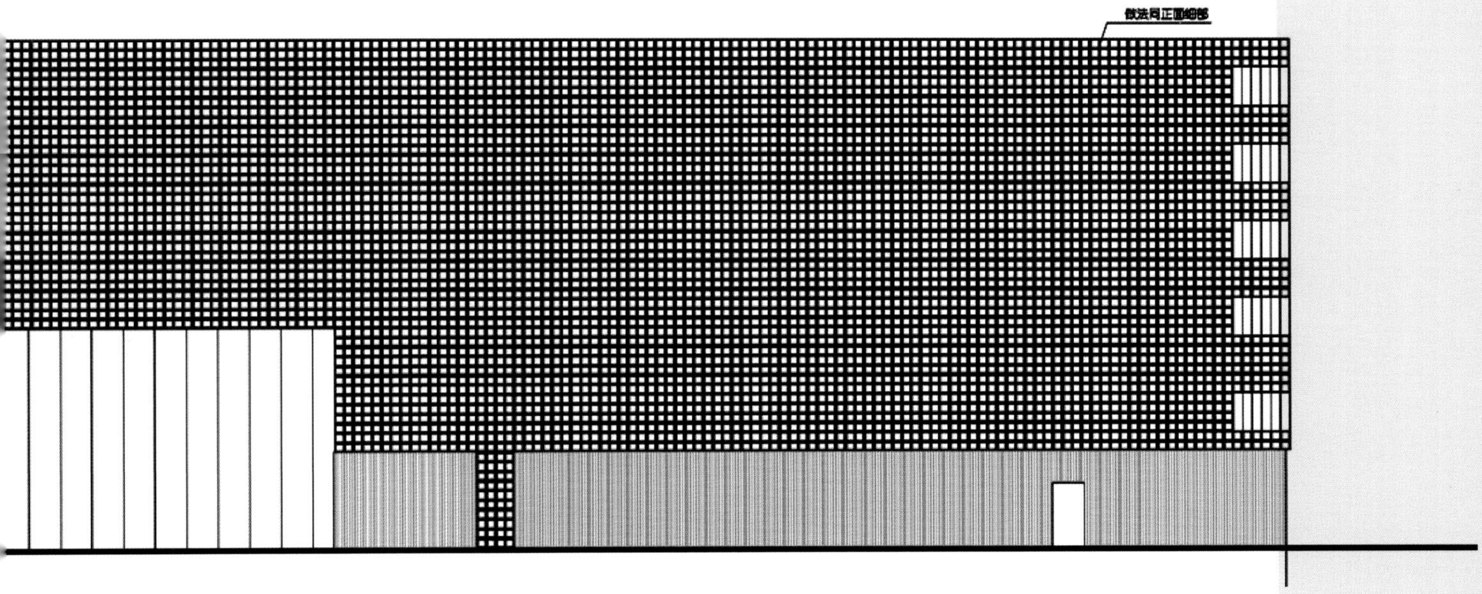
做法同正面细部

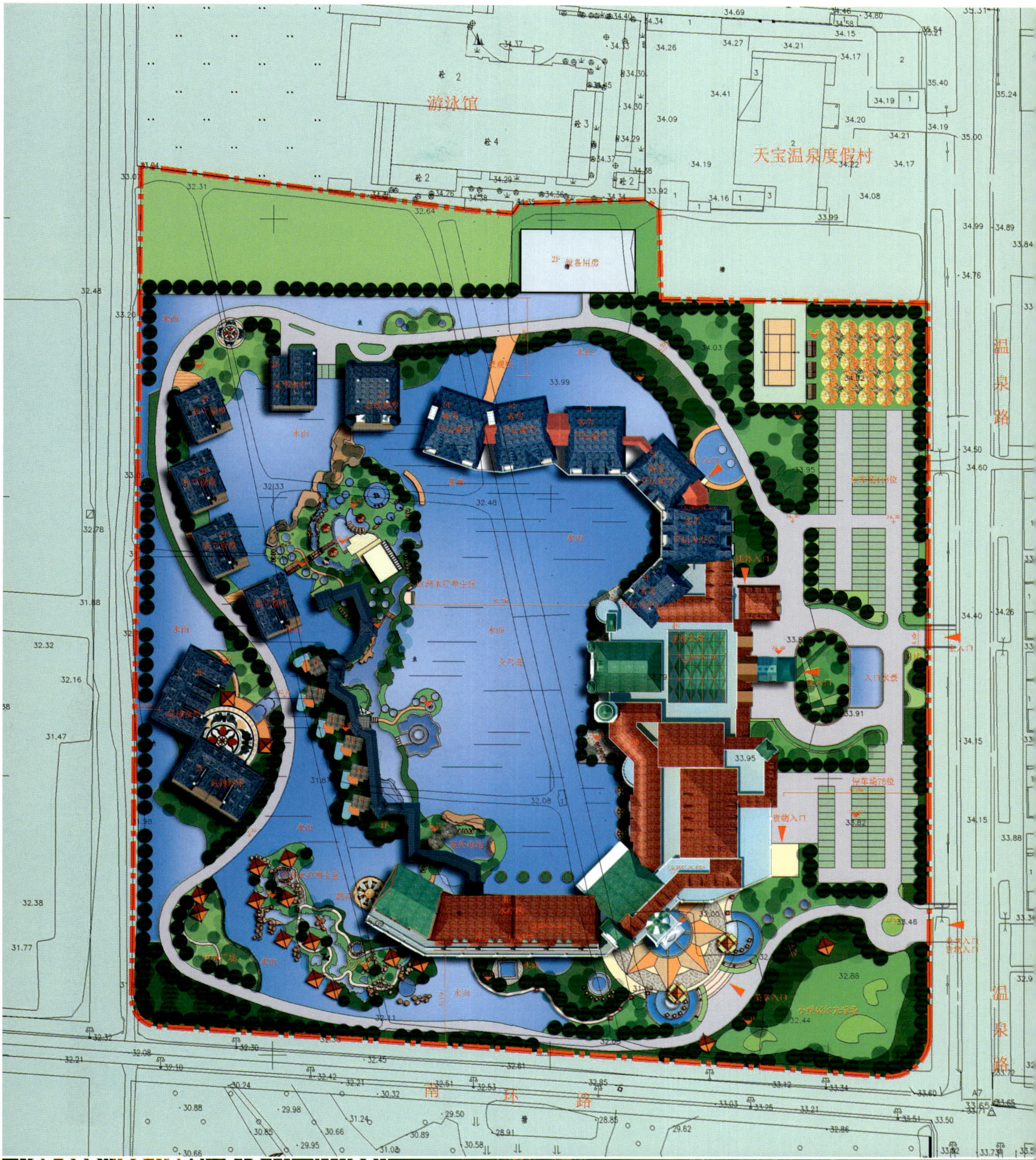

HOT SPRINGS HOTEL, BAO LU, JIANGSU

项目名称：江苏宝露温泉酒店
项目位置：中国，江苏省，连云港市
项目状态：在建
设计规划：JR设计工程顾问（香港）有限公司

项目简介

艺术无边界，设计者可以天马行空地为城市勾勒出各种图案。受到中国传统文化的影响，人们往往在精神上寻求皈依，渴望保持城市原生空间的某些特征，能够在似曾相识的环境里生活。因此，设计师也遵循这一约束体系，引入规定的场景风格。针对人们的度假需求与实际空间移动的限制性，设计师又大胆引入了度假胜地——瑞士的设计风格。并且在创造高效实用空间的同时，使酒店具有独特的审美特征和个性的高品位形象。

项目特点

设计者利用原有的地势坡度，巧妙地将其转化为唯美的层次空间，独具匠心地营造出户外温泉景观区，与鲜明异域风格的建筑呈现出一幅和谐完美的休闲度假画卷。

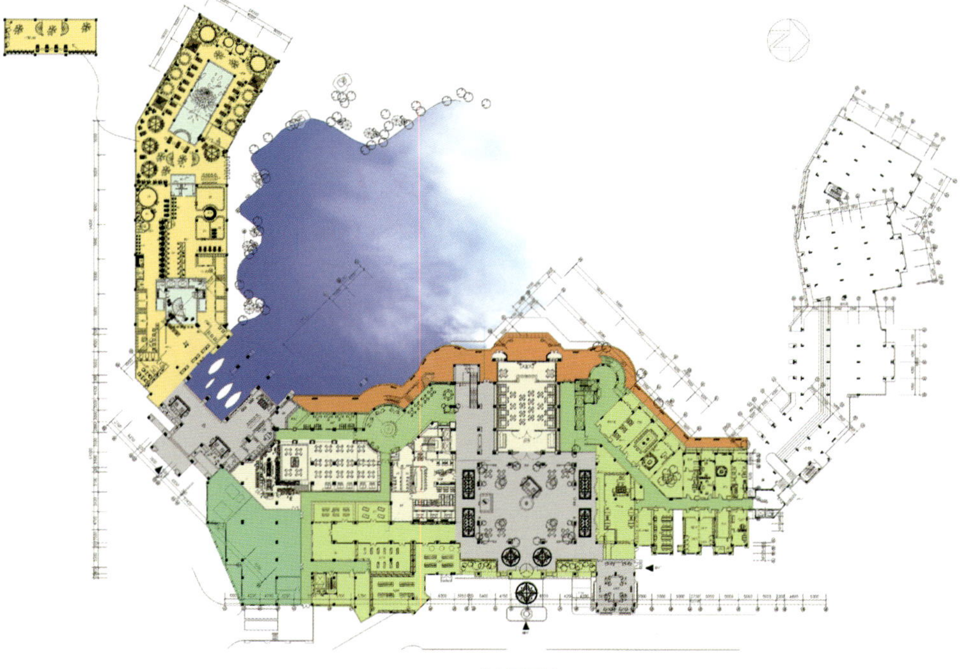

首层平面图

平面图 -1

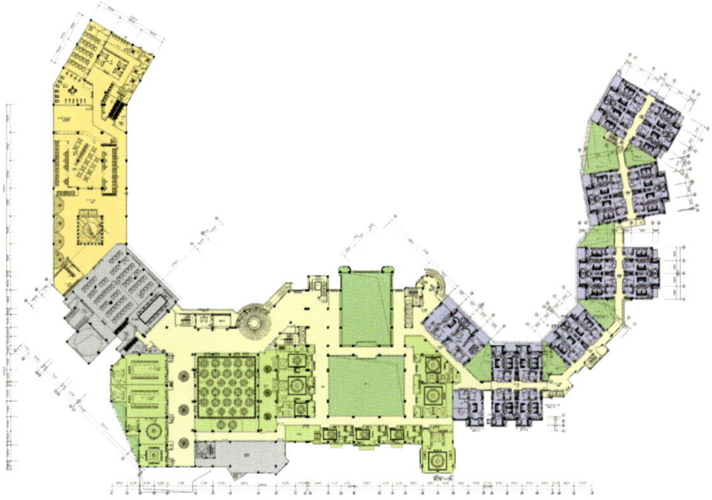

平面图 -2

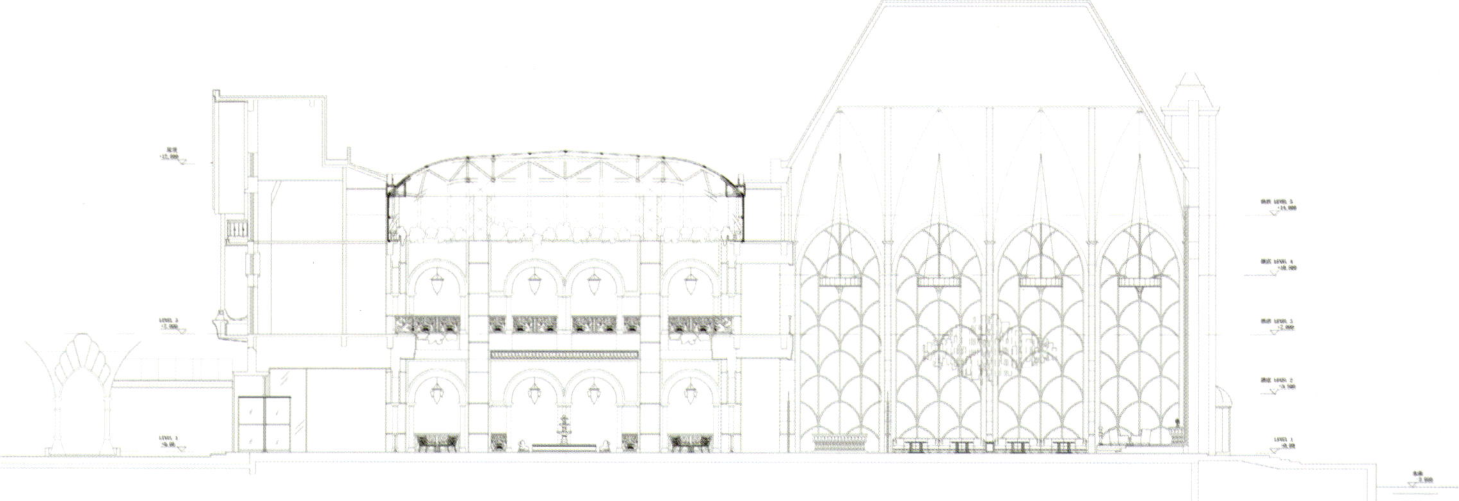

大堂剖面图

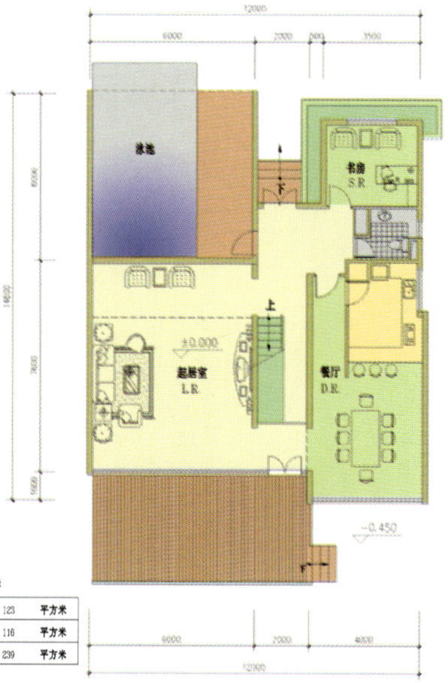

独立别墅技术经济指标

首层	123	平方米
二层	116	平方米
总面积	239	平方米

首层平面图

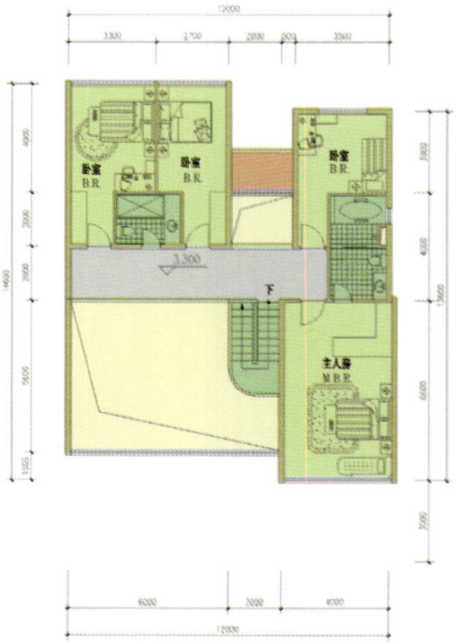

二层平面图

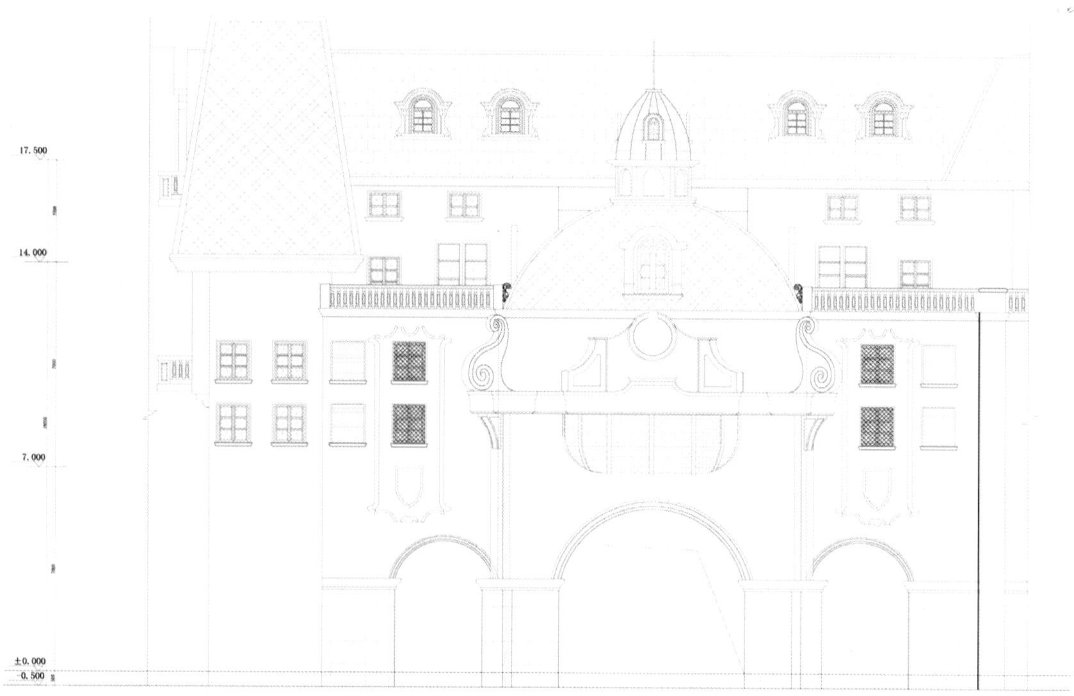

桑拿入口立面图

大堂背立面图

大堂立面图

ZHUBO

深圳市筑博工程设计有限公司是经国家建设部批准成立的甲级设计机构，成立于1996年3月25日。作为一家以人才优势为核心竞争力的建筑设计机构，筑博经过十年的发展，通过整合优秀人力资源逐步形成先进的设计理念和思想，创造出一大批与城市、人文、环境相协调的优秀项目，建立了一定的规模并打造了相当的品牌知名度。

公司总部设在深圳，并自2004年相继在重庆、武汉、南京设立分公司，项目遍布北京、上海、武汉、西安、重庆、大连、南京、深圳等省市。与此同时，筑博的多个设计项目获得了行业的权威专业奖项，筑博的综合实力已稳居全国建筑设计行业前列。

凭借完备的高素质人才队伍、良好的信誉以及出色的设计水平，筑博公司得到了万科、金地、深业集团等著名房地产的青睐、好评与合作机会。筑博的规模优势和品牌优势，使筑博在竞争日益激烈、优胜劣汰的房地产市场上屹立不倒。筑博也借着多年建立起来的优势，使自己在建筑设计市场上驶入了快速发展的轨道。

THE ST. REGIS SANYA YALONG BAY RESORT

项目名称：三亚亚龙湾瑞吉度假酒店
项目位置：中国，海南省，三亚市
竣工时间：2011年
占地面积：98, 554平方米
建筑面积：100, 154平方米
专案业主：三亚亚龙湾开发股份有限公司
设计规划：深圳市筑博工程设计有限公司

项目简介

本项目地块位于亚龙湾，由湿地保护区环绕，以青山为背景，面向1公里长的私人海滩和中国南海，具备得天独厚的自然条件。

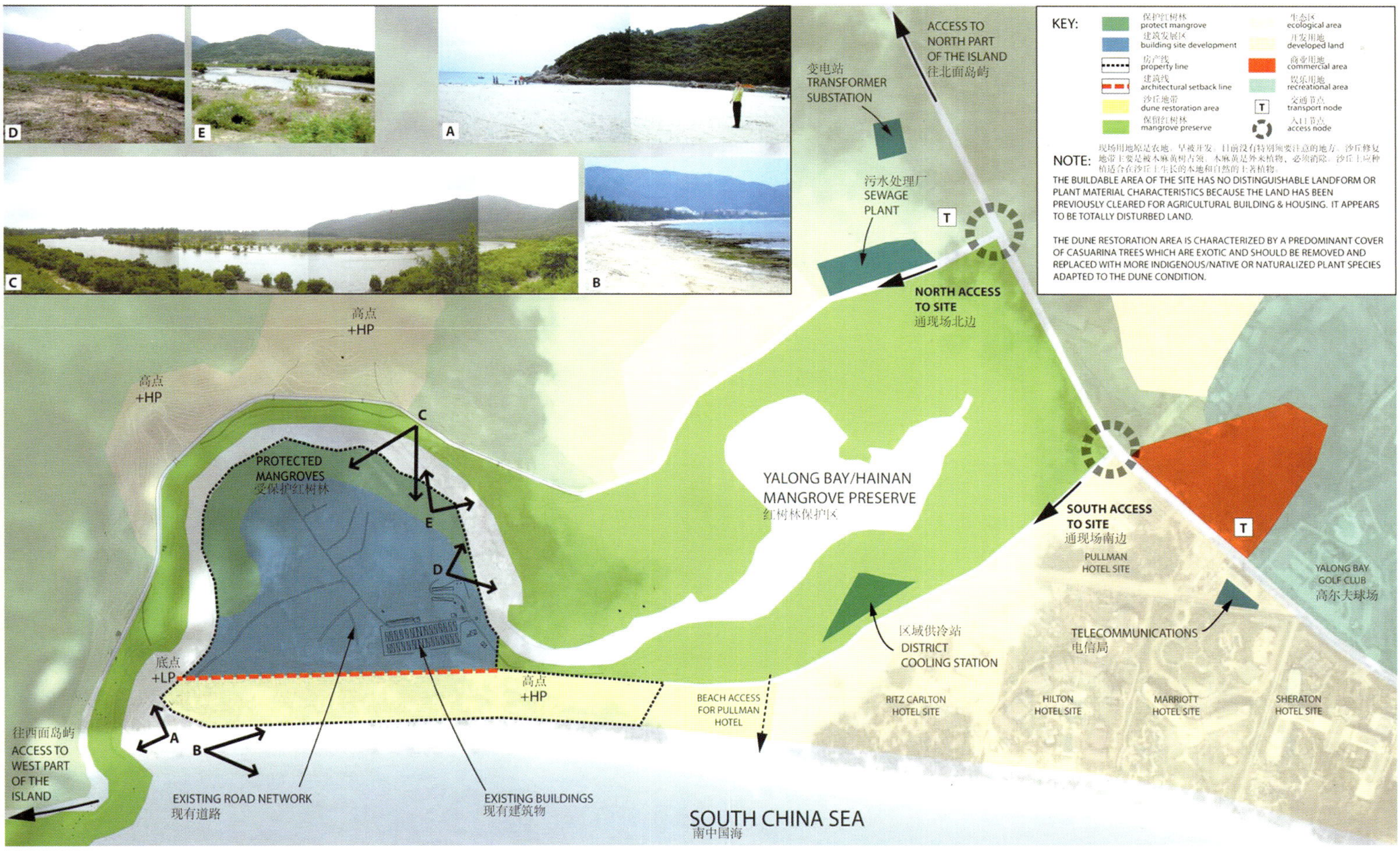

分析图 -1

项目特点

本专案的建筑风格取灵感于“龙腾大海”这一既富有时代意义又蕴含中国传统文化的主题。高低起伏富有动感的屋顶力图体现向上升腾的感觉，同时水元素贯穿其中，充分体现了“龙腾大海”、“龙施雨沛”的意境。水元素是本项目最重要的设计元素之一，建筑采用独特材质烘托一种恬静的感觉，体现出既富于表达又融入自然的设计理念，营造出一种令人兴奋又不失宁静的氛围。

分析图 -2

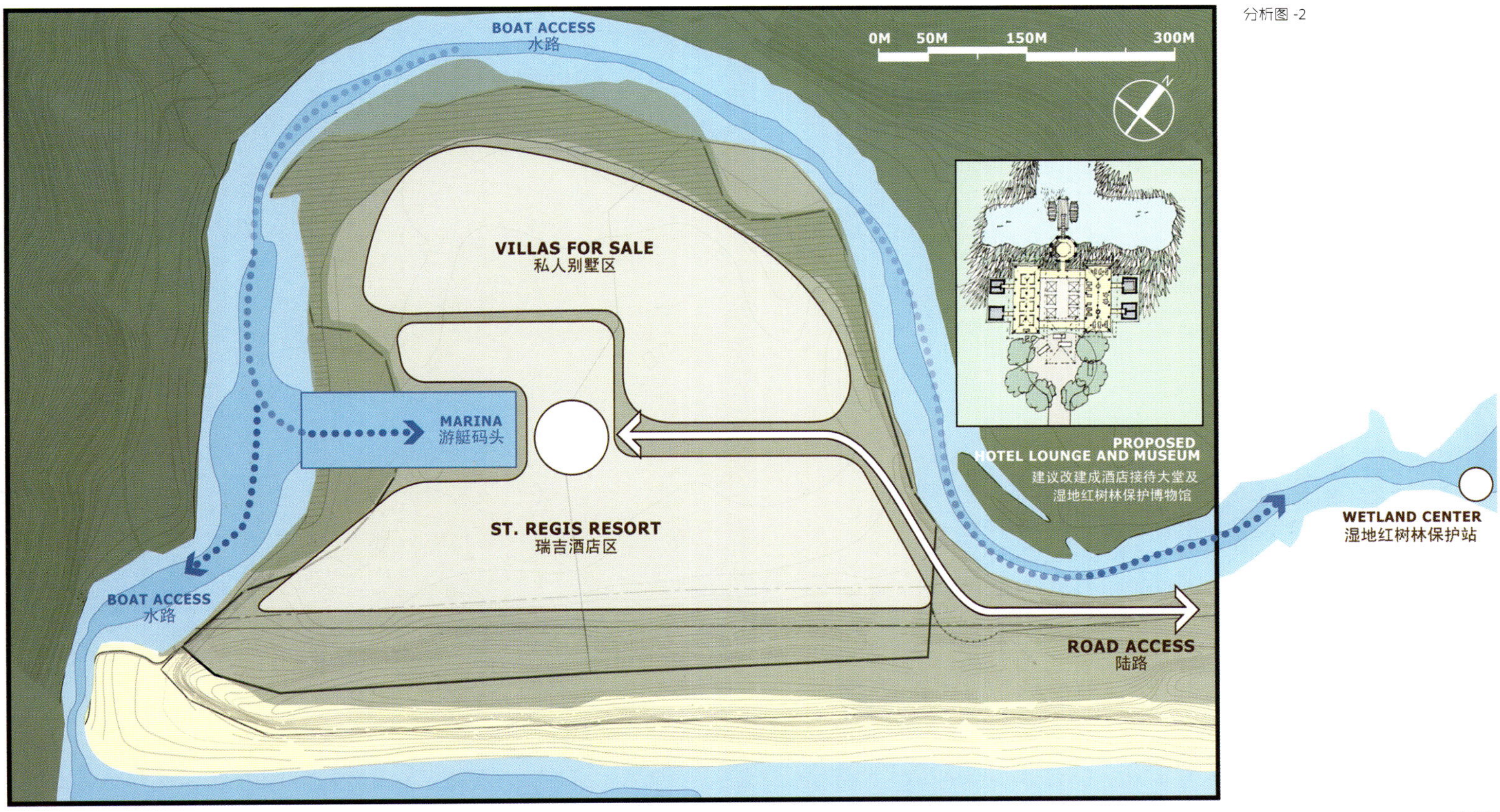

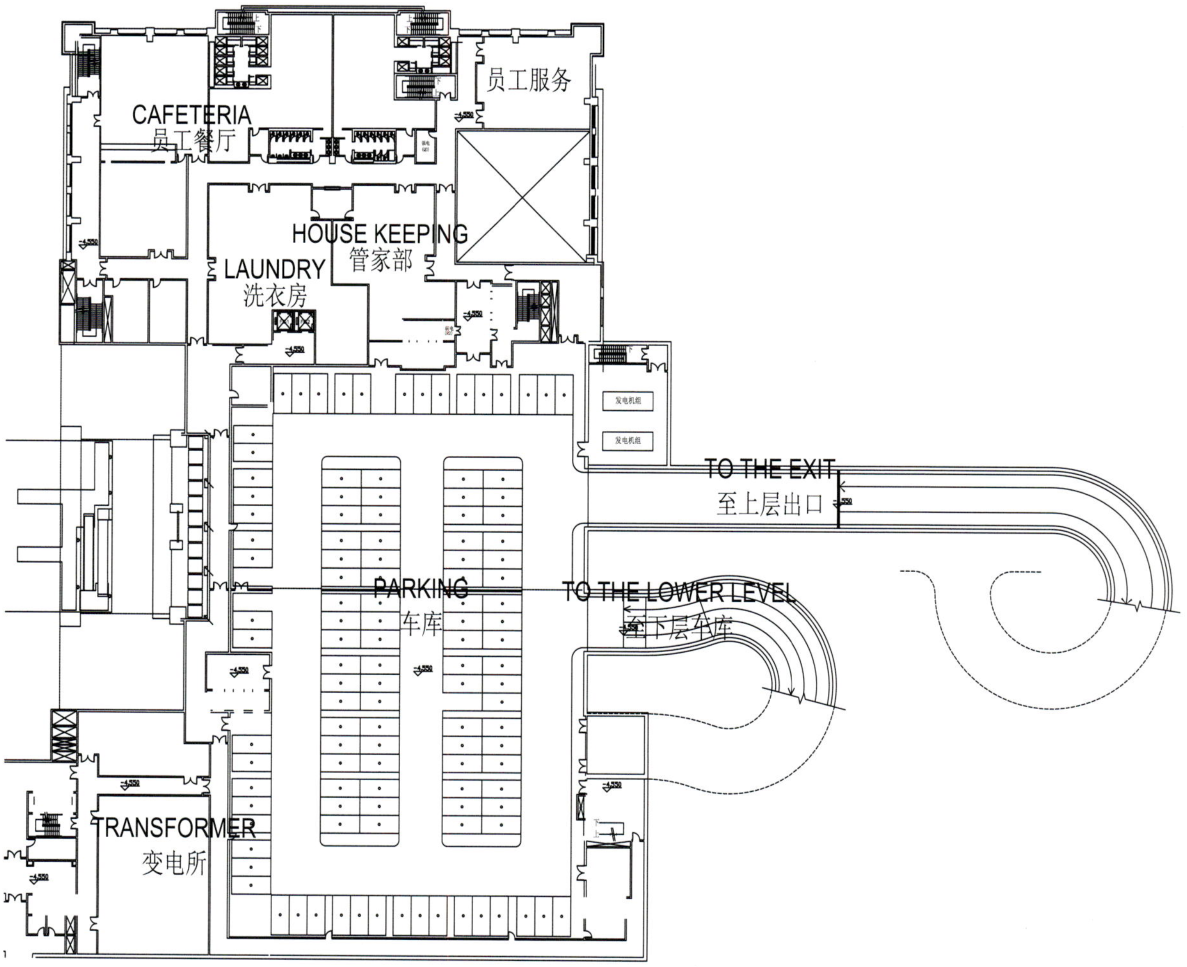

员工服务
CAFETERIA
员工餐厅
HOUSE KEEPING
管家部
LAUNDRY
洗衣房
发电机组
发电机组
TO THE EXIT
至上层出口
PARKING
车库
TO THE LOWER LEVEL
至下层车库
TRANSFORMER
变电所

平面图 -1

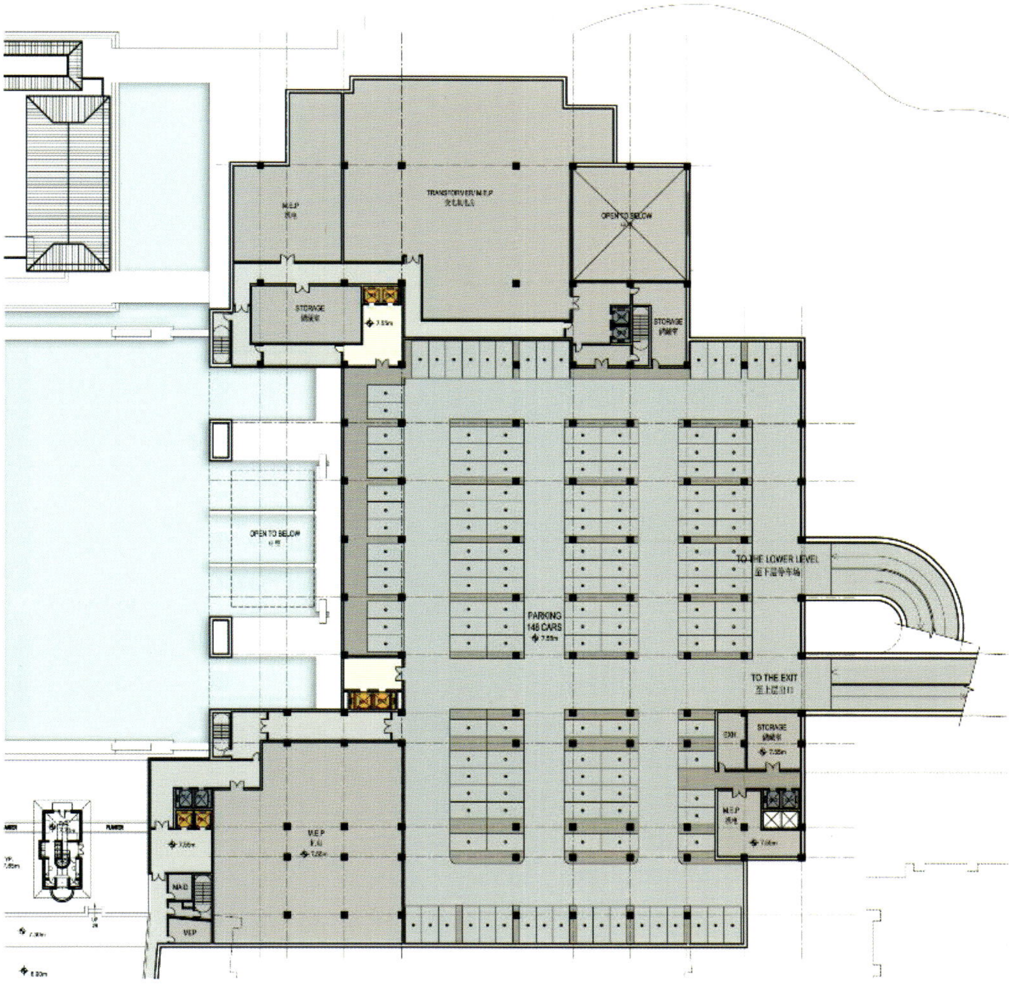
STORAGE
OPEN TO BELOW
OPEN TO BELOW
TO THE LOWER LEVEL
PARKING
148 CARS
TO THE EXIT
STORAGE
M.E.P
M.E.P

平面图 -2

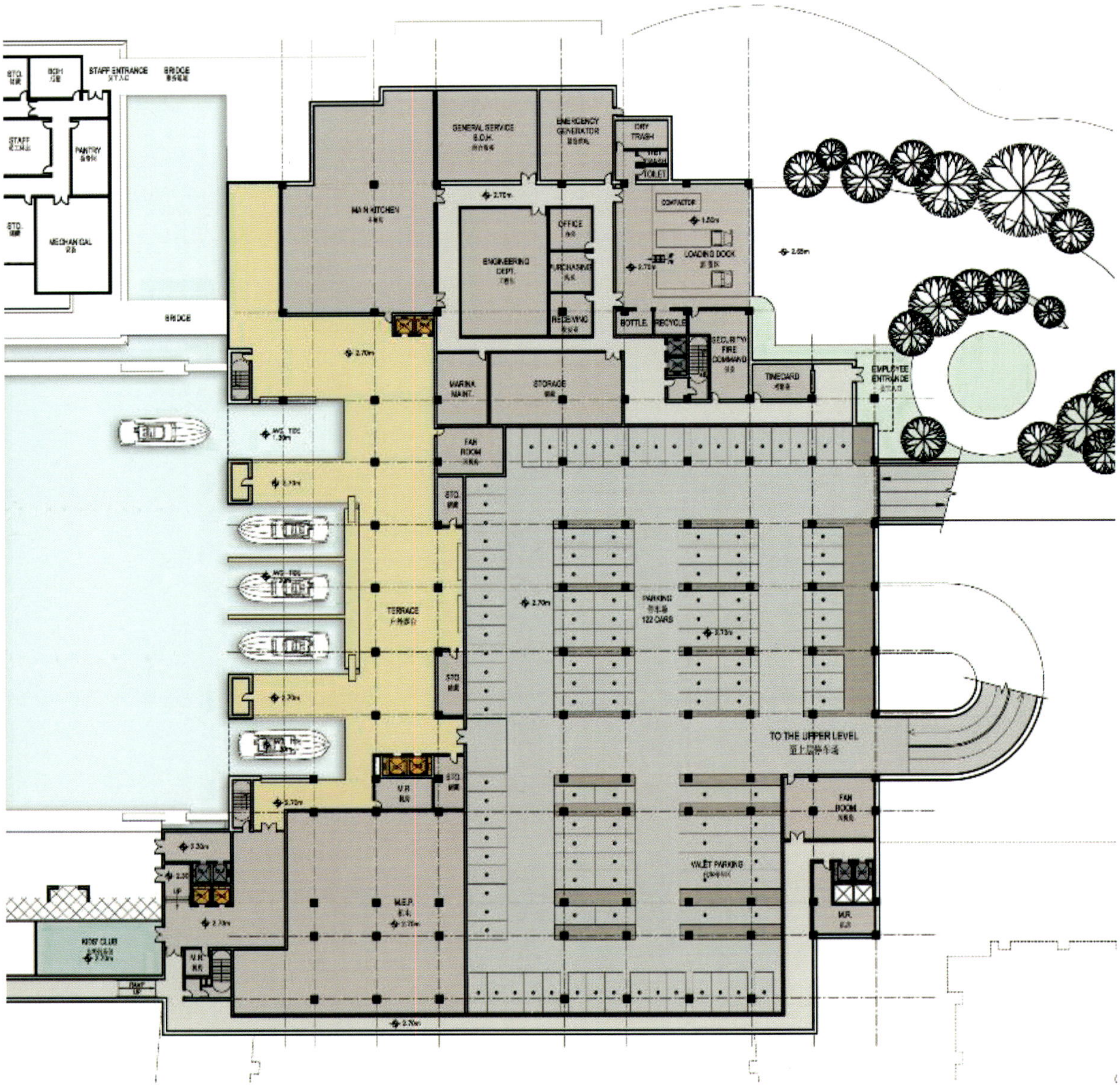

STAFF ENTRANCE
BRIDGE
STO.
STAFF
PANTRY
MECHANICAL
BRIDGE
MAIN KITCHEN
GENERAL SERVICE
B.O.H.
EMERGENCY GENERATOR
DRY TRASH
TOILET
COMPACTOR
LOADING DOCK
OFFICE
ENGINEERING DEPT.
PURCHASING
RECEIVING
BOTTLE
RECYCLE
SECURITY FIRE COMMAND
TIMECARD
EMPLOYEE ENTRANCE
MARINA MAINT.
STORAGE
FAN ROOM
STO.
TERRACE
PARKING
122 CARS
TO THE UPPER LEVEL
至上层停车场
FAN ROOM
VALET PARKING
M.R.
M.E.P.
KIDS' CLUB
RAMP UP
UP

平面图 -3

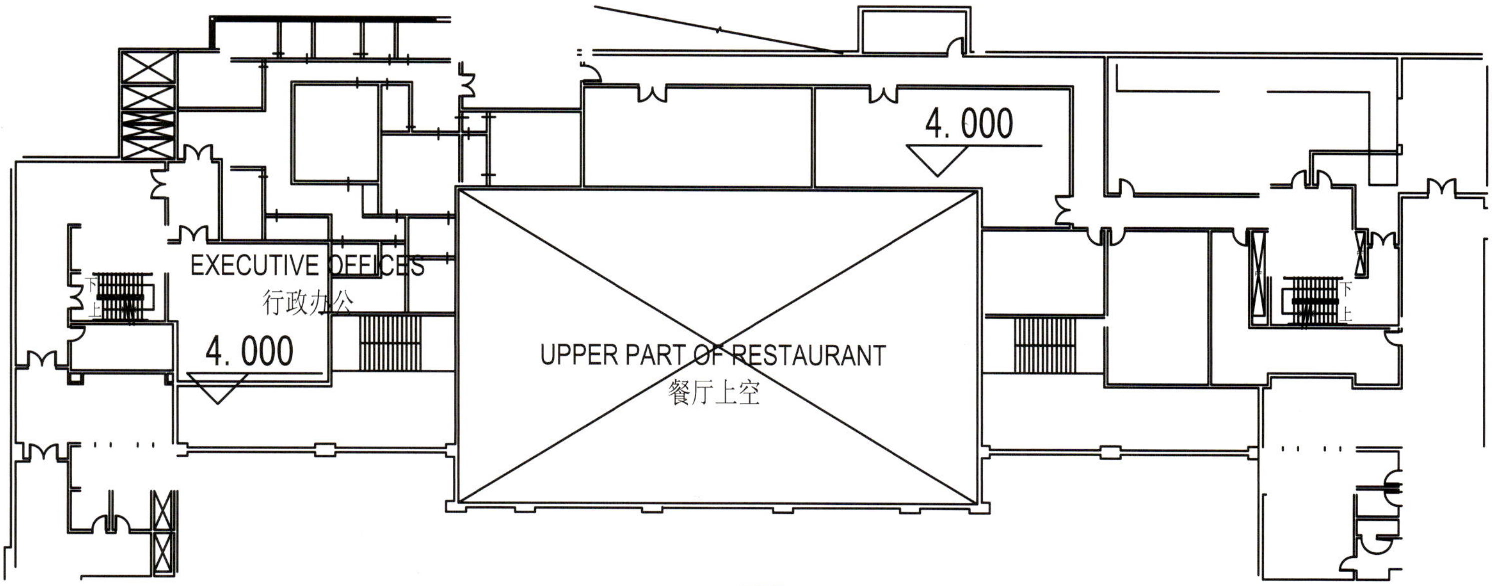
4.000
EXECUTIVE OFFICES
行政办公
4.000
UPPER PART OF RESTAURANT
餐厅上空
下
上
下
上

平面图 -4

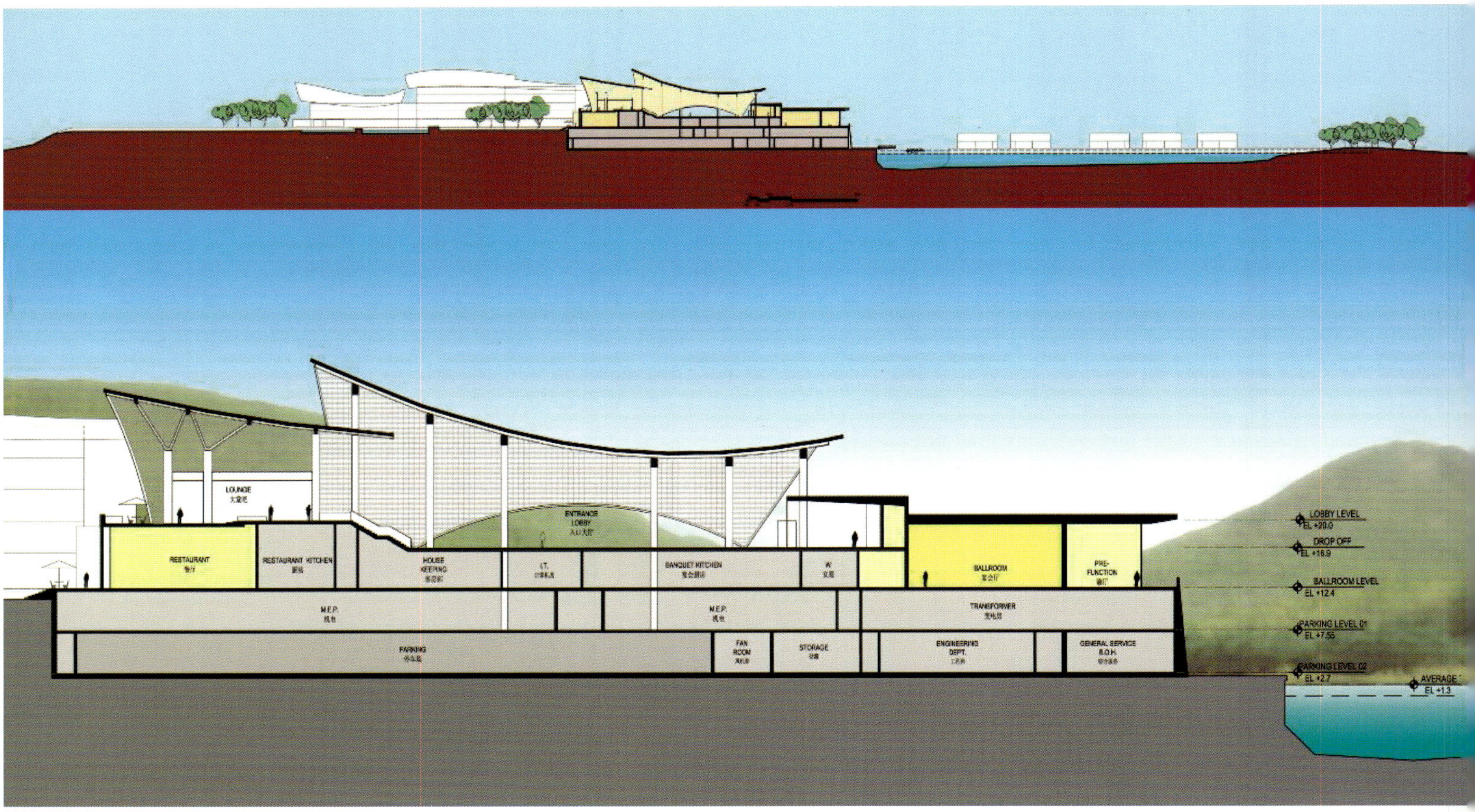
LOUNGE
RESTAURANT
RESTAURANT KITCHEN
ENTRANCE LOBBY
HOUSE KEEPING
BANQUET KITCHEN
BALLROOM
PRE-FUNCTION
M.E.P.
TRANSFORMER
PARKING
FAN ROOM
STORAGE
ENGINEERING DEPT.
GENERAL SERVICE B.O.H.
LOBBY LEVEL
EL +20.0
DROP OFF
EL +16.9
BALLROOM LEVEL
EL +12.4
PARKING LEVEL 01
EL +7.55
PARKING LEVEL 02
EL +2.7
AVERAGE
EL +1.3

立面图

立面分析图

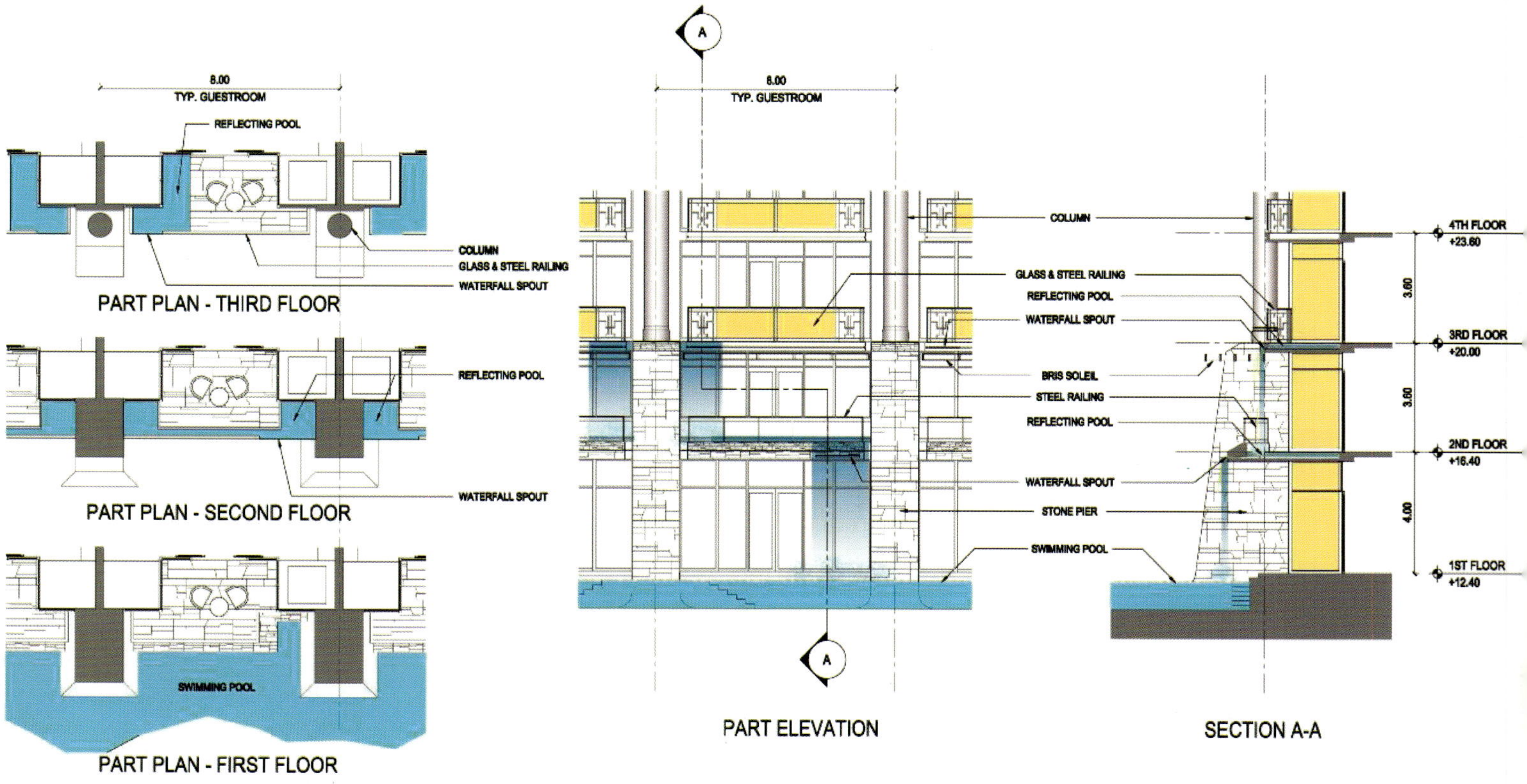
8.00
TYP. GUESTROOM
REFLECTING POOL
COLUMN
GLASS & STEEL RAILING
WATERFALL SPOUT
PART PLAN - THIRD FLOOR
REFLECTING POOL
WATERFALL SPOUT
PART PLAN - SECOND FLOOR
SWIMMING POOL
PART PLAN - FIRST FLOOR
A
8.00
TYP. GUESTROOM
COLUMN
GLASS & STEEL RAILING
REFLECTING POOL
WATERFALL SPOUT
BRIS SOLEIL
STEEL RAILING
REFLECTING POOL
WATERFALL SPOUT
STONE PIER
SWIMMING POOL
A
PART ELEVATION
4TH FLOOR
+23.60
3.60
3RD FLOOR
+20.00
3.60
2ND FLOOR
+16.40
4.00
1ST FLOOR
+12.40
SECTION A-A

建筑形式外加宽的屋檐体现了环保的设计理念，它们为建筑的窗户和墙面遮风挡雨。双层玻璃和隔热墙体进一步减少了对空调的使用需求，同时有效地隔断了噪音。光电设备安装在电动游艇和多数建筑体的顶端以在紧急时提供光源，路灯也可以由光电系统供电。

PULLMAN SANYA HOTEL

项目名称：三亚亚龙湾铂尔曼酒店
项目位置：海南省，三亚市
竣工时间：2008年
占地面积：89, 899平方米
建筑面积：30, 000平方米
设计规划：深圳市筑博工程设计有限公司

项目简介

三亚亚龙湾铂尔曼度假酒店位于被丛林、溪流和海滩环绕的亚龙湾旅游度假区中心地带。酒店有奢华度假别墅115栋，配有私人泳池、院落花园和户外按摩亭；主楼宽敞豪华套房6套，高级客房72间。

全景平面图

项目特点

三亚亚龙湾铂尔曼度假酒店融合亚洲建筑——泰国、缅甸、南洋三种不同风格，呈现出无以伦比的视觉效果，同时又以品位、文化、创新为桥梁，为宾客带来美丽、真实的度假体验。酒店整体材质色调统一，客房独具特色，起居空间、台阶、阳台等重要设计元素与整体布局和谐统一，相映成趣。现代科技还使宾客在酒店能够随时保持与家人及公务的紧密联系。

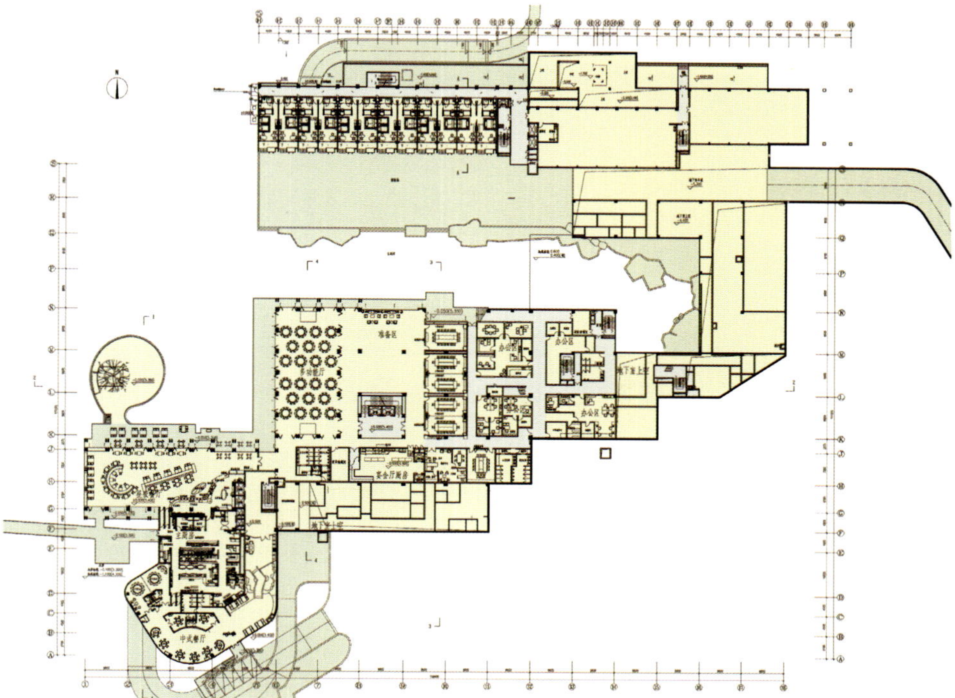

一层平面图 1:600

全景分析图

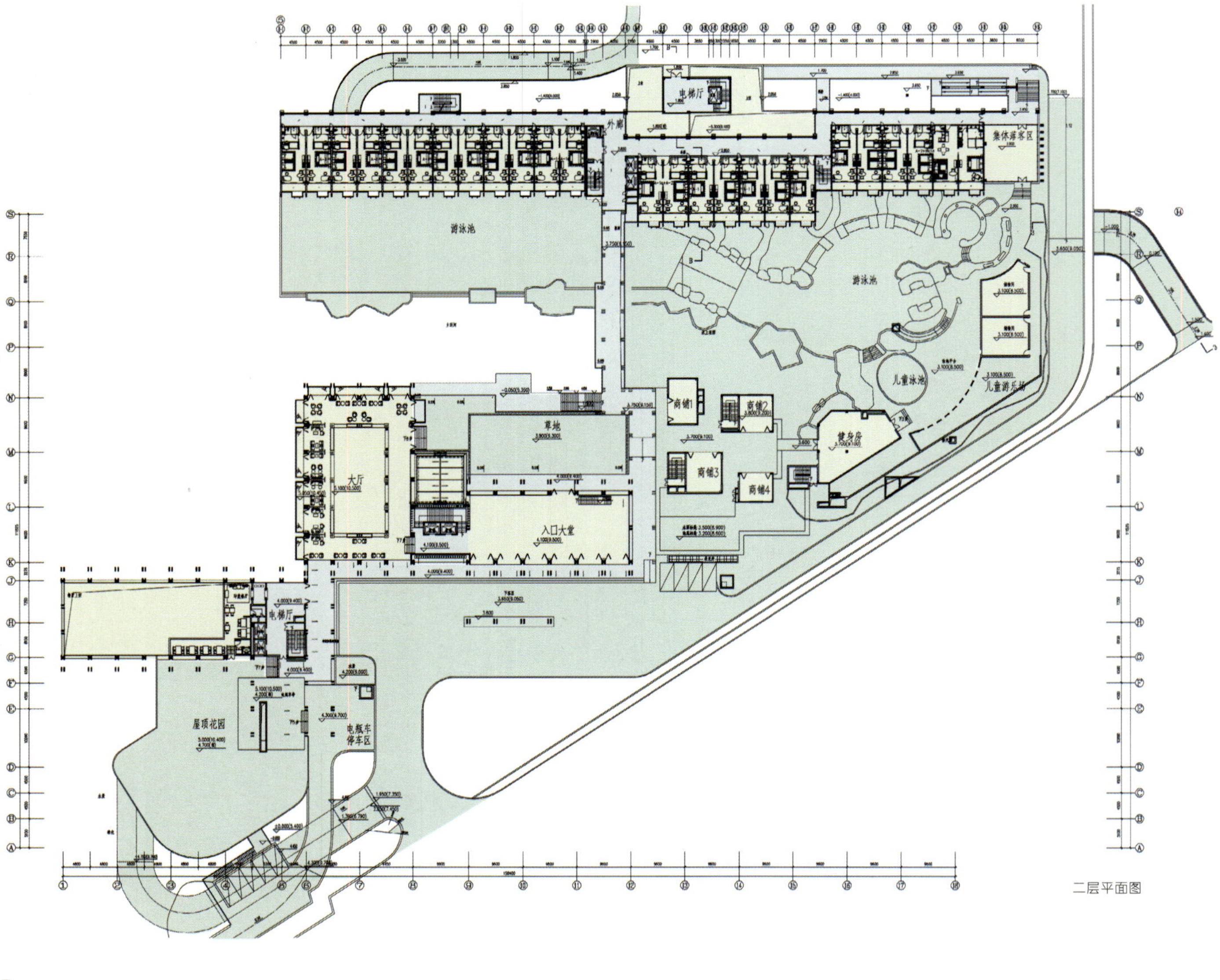
电梯厅
外廊
集体接客区
游泳池
游泳池
儿童泳池
儿童游乐场
商铺1
商铺2
商铺3
商铺4
健身房
草地
大厅
入口大堂
电梯厅
屋顶花园
电瓶车
停车区

二层平面图

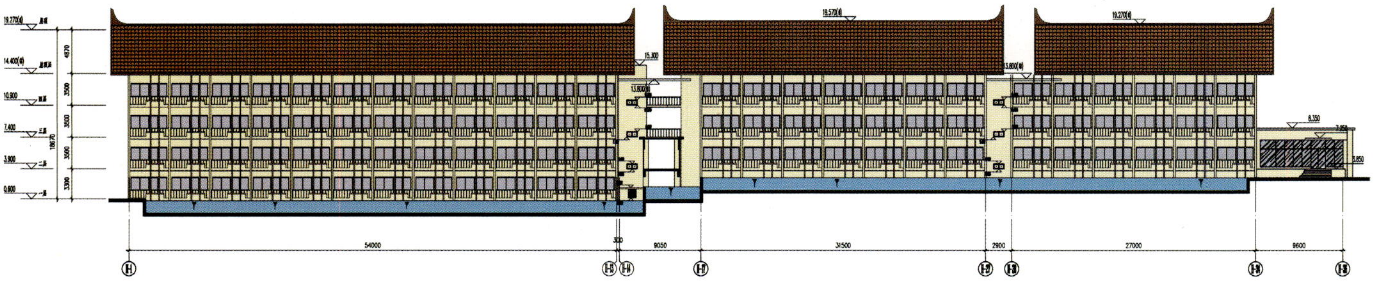

客房立面图

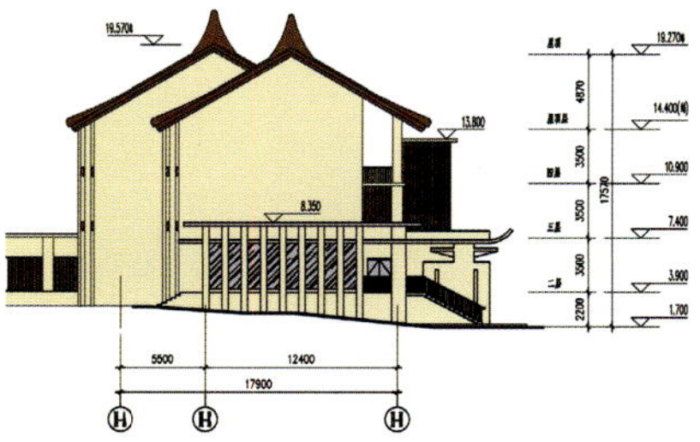

客房H~H立面图 1:200

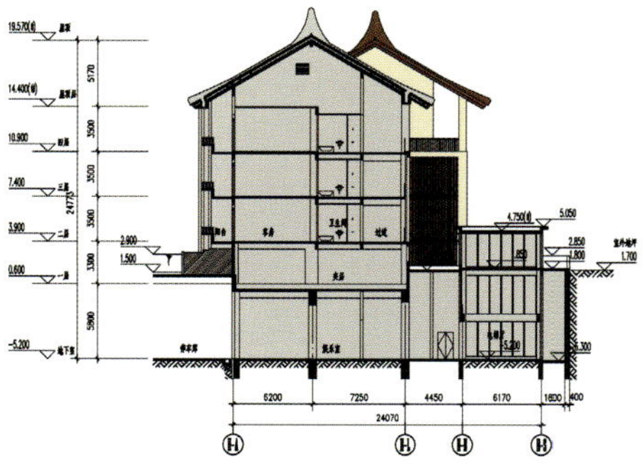

客房B-B剖面图 1:200

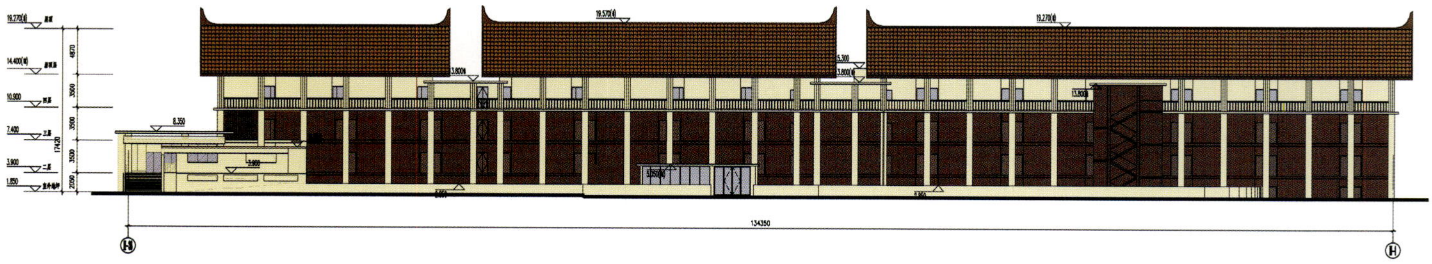

客房H~H立面图 1:200

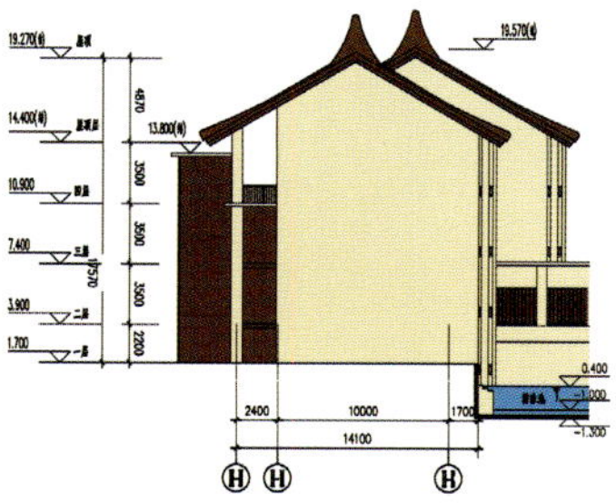

客房H~H立面图 1:200

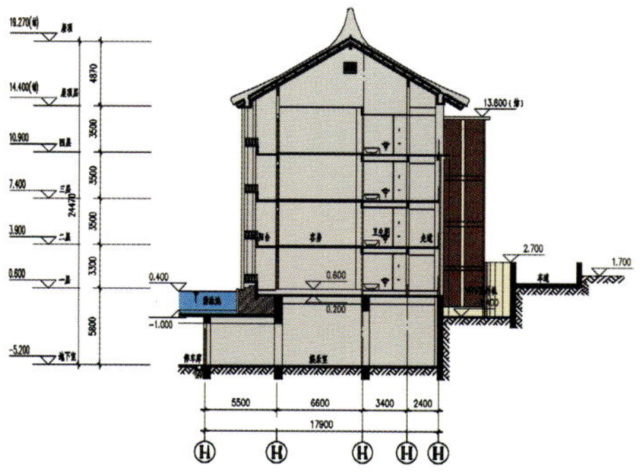

客房A-A剖面图 1:200

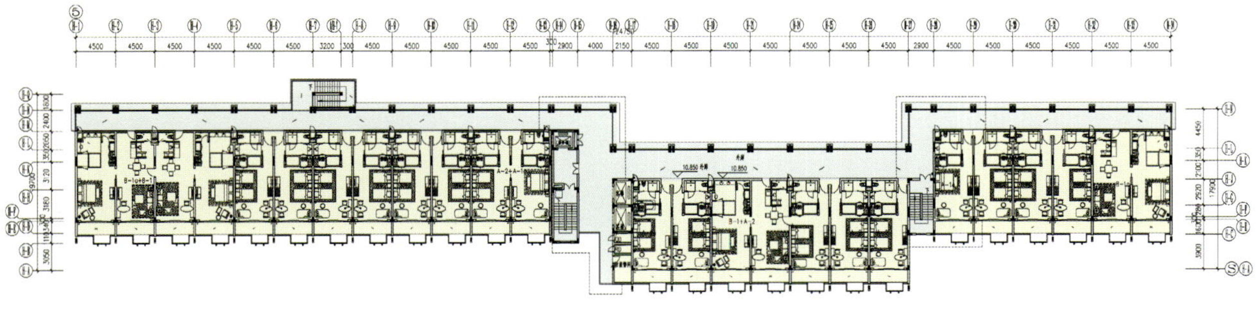

四层平面图 1:400

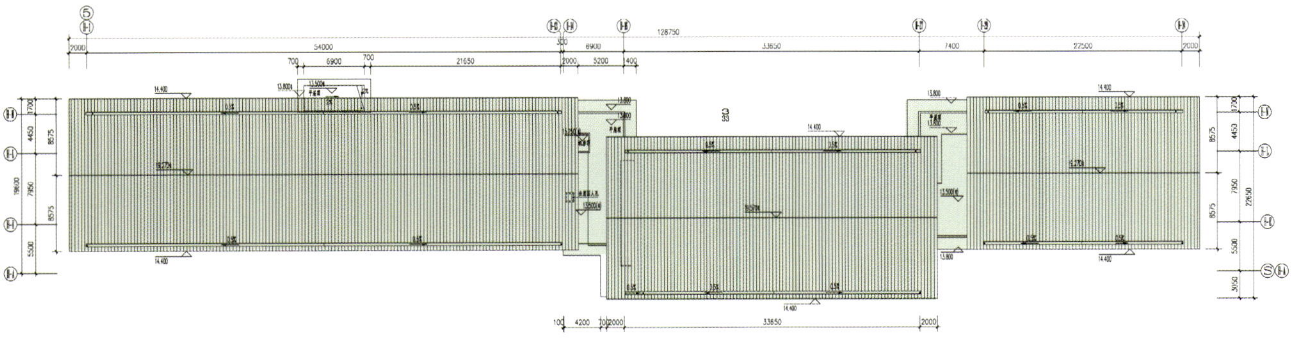

屋顶层平面图 1:400

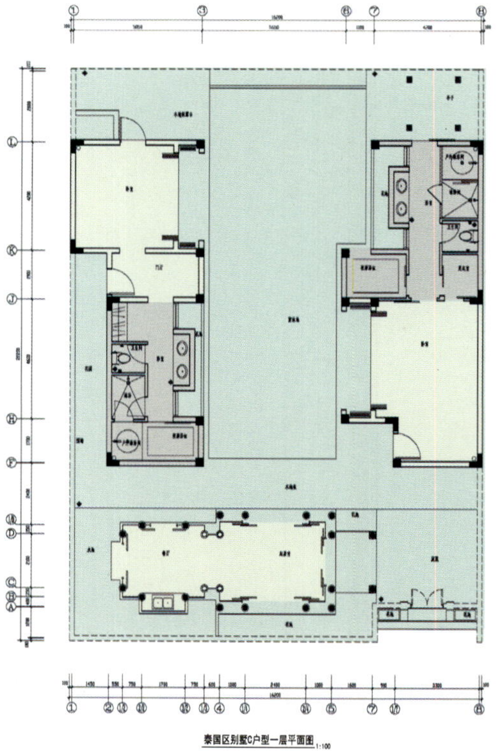

泰国区别墅C户型一层平面图 1:100

AS

法国AS建筑工作室于1973年在巴黎创立，现今，在事务所12位设计师周围团结了一批不同国籍的优秀建筑师、城市规划家、室内设计师及成本评估师等组成的专业团队。工作室从最初的项目开始就把团队合作精神作为自己的工作哲学，并在发展的过程中始终保持着开放的姿态并不断的扩大。

法国AS 建筑工作室将建筑定义为"一种以社会为依托的艺术，一种以人生为框架的创作"，其基础是立足于团队合作和知识分享。医院、办公楼、公司总部、酒店、住宅、体育场馆、商业区、教学楼、大学、中学、城市规划改造项目、博物馆、剧院、文化以及宗教场所等都是AS工作室涉及的设计范围。斯特拉斯堡的欧洲议会大厦、巴黎阿拉伯世界研究中心、巴黎圣约柜教堂也已成为工作室的代表作品。另外，巴黎法国国家广播电台大厦改建工程，上海2010年世界博览会，雅典奥纳西斯文学与艺术馆，黎巴嫩贝鲁特大剧院，沙特阿拉伯麦加西门入口规划项目，以及上海惠生生化园区的相继中标使工作室加快拓展其在中国、欧洲、中东和美国等世界各地国际业务的步伐。

此外，法国AS 建筑工作室也兼顾发展其室内设计领域，已经完成了一些新兴商店的装修工作，如东京的Bali Barret商店以及服装品牌"上海滩"的巴黎专卖店等。

AMMAN ROTANA HOTEL

项目名称：Amman Rotana酒店
项目位置：约旦，安曼
竣工时间：2010年
建筑面积：45, 265平方米
设计规划：法国AS建筑工作室

项目简介

Amman Rotana酒店是安曼新建的市中心标志性建筑——三座IT产业大厦之一。建筑物优美的圆柱体曲线及其朝向露天广场环境开放的特点，体现了酒店热情接待各方来宾的宗旨。

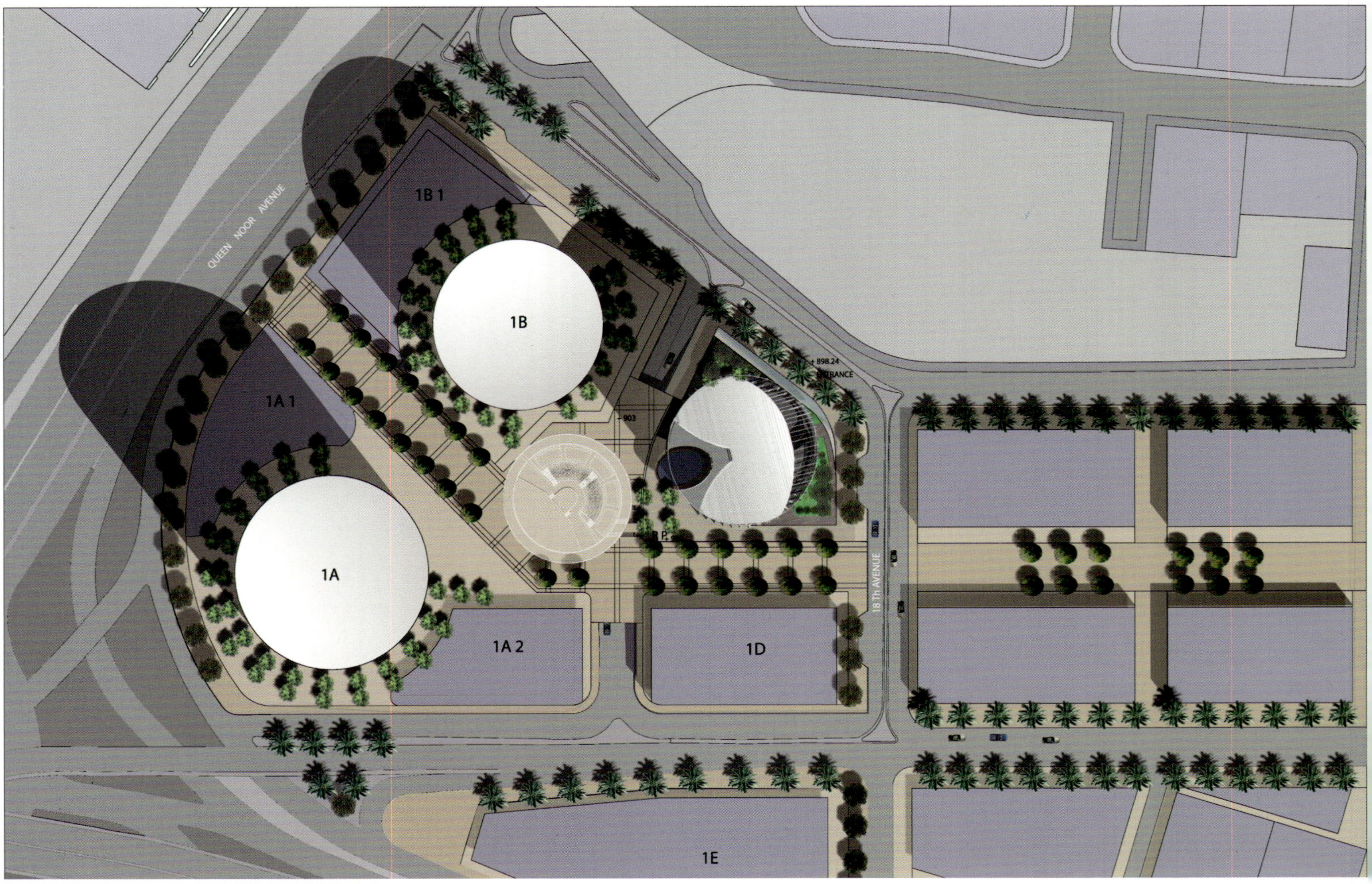

项目特点

设计师对酒店透明底座的设计，主要是通过透明感的延伸为上部高层建筑及室外空间架起一座水晶桥梁，与相邻建筑交相辉映。

整栋大厦的设计分别由内部核心主体结构和外部网状支撑立面构成，因此充分展现了建筑内部空间的开阔和其无需支柱支撑的立体美感。建筑的高科技特点通过其立面和建筑材料来体现，大量上光材料组成的玻璃幕墙由外部铝合金遮阳板为其遮阳，并可以根据阳光照射的不同角度进行适当的调整。

酒店的透明底座与楼体的上部分营造出不同的氛围。酒店的入口处是一个栽种有异国植被的室内花园，宾客进入酒店后，眼前就会立刻呈现出一片惬意的绿色海洋。

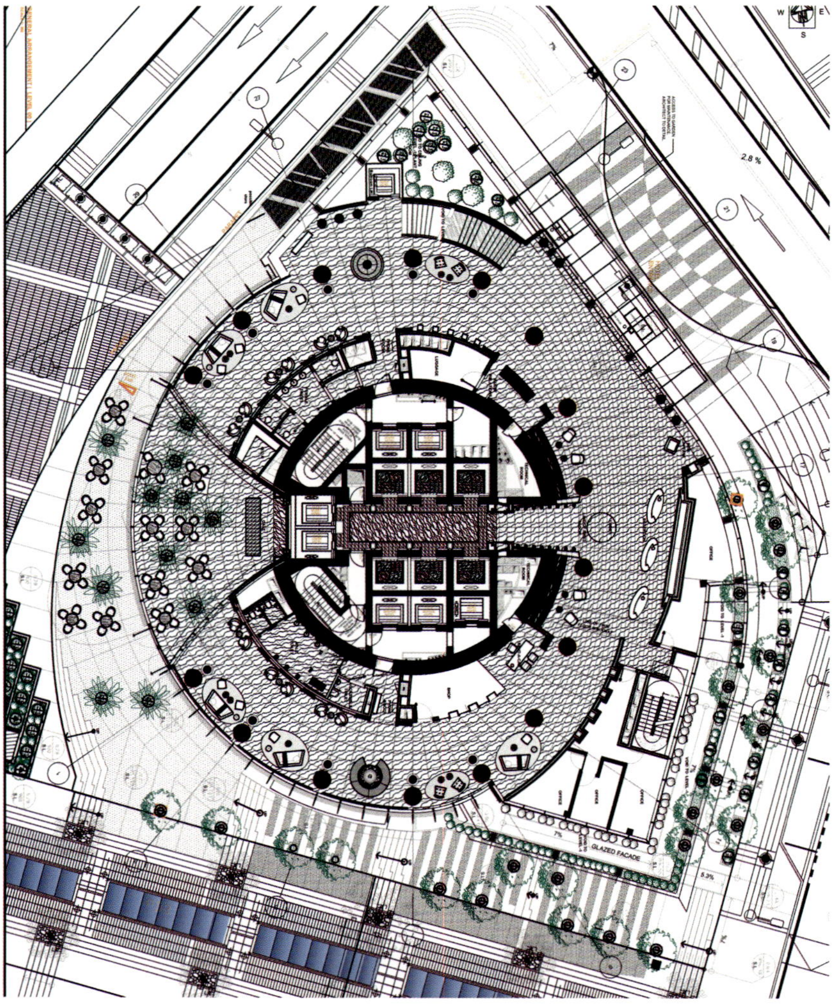

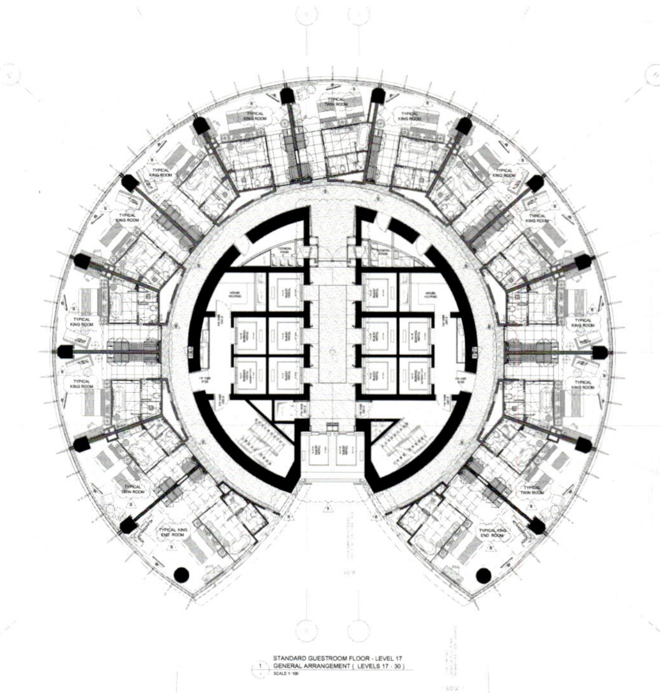

174.10
37 163.95
36 160.35 SKYBAR
35 156.75 SKYBAR
34 153.15 HOTEL
33 149.55 HOTEL
32 145.95 HOTEL
31 142.35 HOTEL
138.75 TECHNICAL LEVEL
30 136.05 HOTEL
29 132.45 HOTEL
28 128.85 HOTEL
27 125.25 HOTEL
26 121.65 HOTEL
25 118.05 HOTEL
24 114.45 HOTEL
23 110.85 HOTEL
22 107.25 HOTEL
21 103.65 HOTEL
20 100.05 HOTEL
19 96.45 HOTEL
18 92.85 HOTEL
17 89.25 HOTEL
16 85.65 HOTEL
15 82.05 HOTEL
14 78.45 HOTEL
13 74.85 HOTEL
12 71.25 HOTEL
67.65 TECHNICAL LEVEL
11 64.95 HOTEL TYP APARTEMENT
10 61.35 HOTEL TYP APARTEMENT
9 57.75 HOTEL TYP APARTEMENT
8 54.15 HOTEL TYP APARTEMENT
7 50.55 HOTEL TYP APARTEMENT
6 46.95 HOTEL TYP APARTEMENT
5 43.35 HOTEL TYP APARTEMENT
4 39.75 HOTEL TYPE APARTEMENT
3 36.15 HOTEL TYP APARTEMENT
2 32.55 HOTEL TYP APARTEMENT
28.95 TECHNICAL LEVEL
1 26.25 SPA
P. 5 22.75 TECHNICAL ROOM, OFFICE
P. 4 19.25 OFFICE
P. 3 15.75 OFFICE / BUSINESS CENTER
P. 2 11.75 RESTAURANT
P. 1 7.75 PUB/RESTAURANT
GROUND FLOOR 0.00 LOBBY/CAFE
-1.30 RECEPTION

3LHD

3LHD建筑师事务所成立于1994年，是一间合作性质的建筑设计工作室。它擅长将建筑与艺术、城市景观结合起来，现已在克罗地亚及国外完成了一系列设计元素。3LHD建筑师事务所的设计方式多样化，坚持认为建筑除具备功能性外，还必须与其他各方面相呼应。其实践的基本原理充分运用于21世纪初的现代化建筑之中。

针对不同的现实情况，事务所及客户所设定的参数不同，设计方案也会不一样，但至少要具备完整性、解析性、迭代性。设计方案通常要经过各种专业人士的反复修订，力求使产品拥有最优的质量。3LHD建筑师事务所的设计理念就是作为一个生产者，应以主管或DJ的身份尽量做到最好，这样我们才可以研究出最合适的理念，创造出新的价值。我们通常会先设计出一个雏形，类似于汽车行业，之后在此基础上再做深入的研究。

HOTEL LONE - MONTE MULINI ROVINJ

项目名称：龙尼酒店
项目位置：克罗地亚，罗维尼
占地面积：26, 290 平方米
专案业主：梅斯塔公司
设计规划：3LHD事务所

项目简介

龙尼酒店位于Monte Mulini森林公园内，也是之前Montauro酒店所处的位置。酒店周围环境优美，属于Monte Mulini森林保护区。酒店按五星级酒店标准设计，包括253间客房及其他公共设施：可容纳600人的大礼堂、可容纳100人的小礼堂、贵宾室、会议室、3, 000平方米的健身中心、餐馆和咖啡厅。

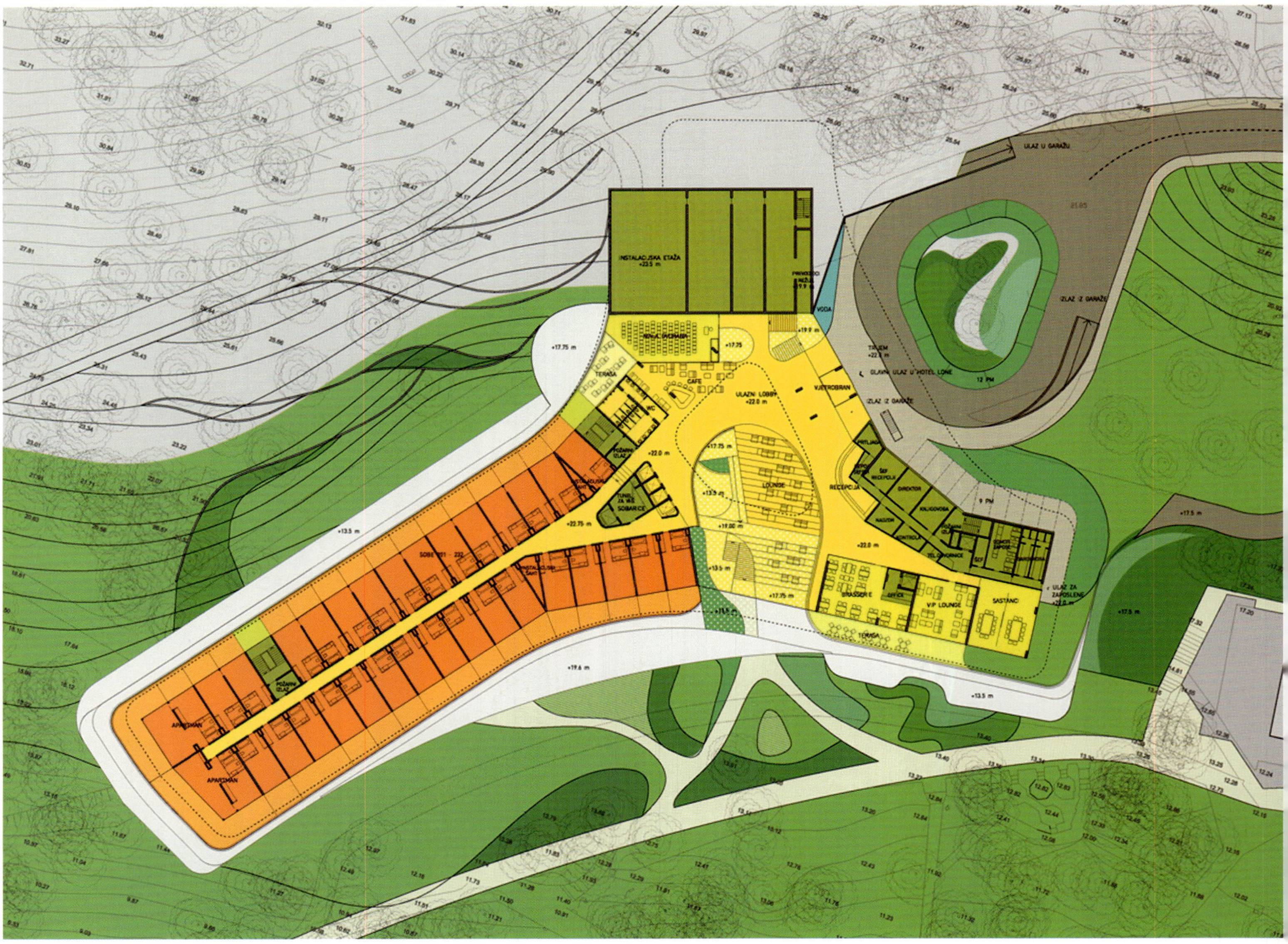

INSTALACIJSKA ETAŽA
+23.5 m
ULAZ U GARAŽU
IZLAZ IZ GARAŽE
VODA
TRIJEM
GLAVNI ULAZ U HOTEL LONE
12 PM
9 PM
TERASA
CAFE
ULAZNI LOBBY
+22.0 m
VJETROBRAN
LOUNGE
RECEPCIJA
DIREKTOR
KNJIGOVODA
BRASSERIE
OFFICE
VIP LOUNGE
SASTANCI
ULAZ ZA ZAPOSLENE
APARTMAN
+17.75 m
+13.5 m
+19.6 m

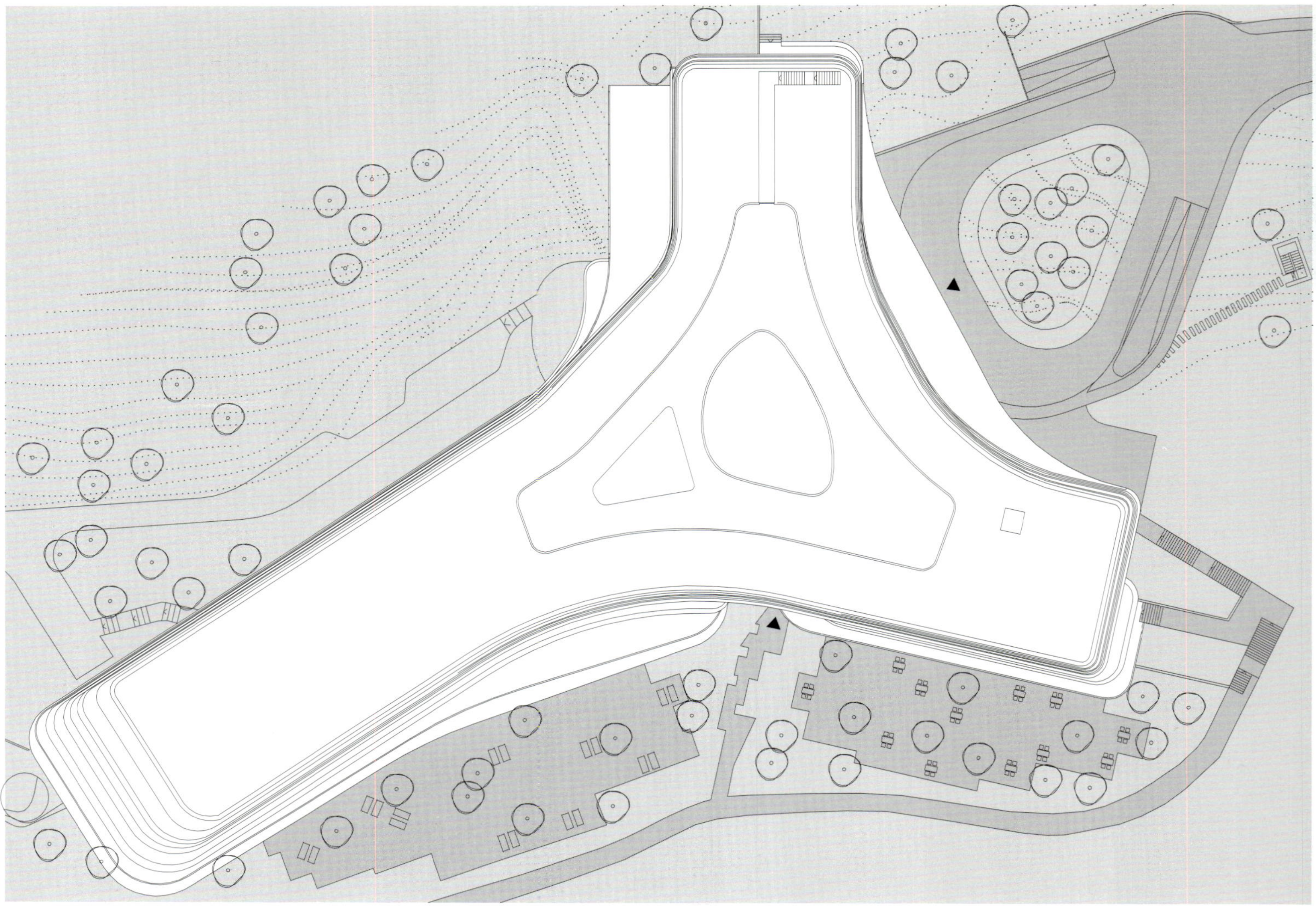

项目特点

酒店设计独特，不同高度的复杂地形决定了内部机构的安排，形成了公共区域与客房的动态交织。建筑从平面来看，呈"Y"字型，规划合理，功能齐全。每间客房都能欣赏到附近的美景，各种公共设施则集中分布在酒店的中央大厅。

酒店整体设计对比分明，以黑白色调为主。餐馆采用飘逸的薄纱作为装饰，房间以多功能的动感墙纸作点缀，大厅中还装有不同风格的壁画，酒店内各种装饰品应有尽有。酒店的内部装饰与家具布置各具特色，彰显其个性。所有的服务及配套设施，包括入口、地下车库都极具隐蔽性。酒店还可作为一个餐饮基地，极为奢华。

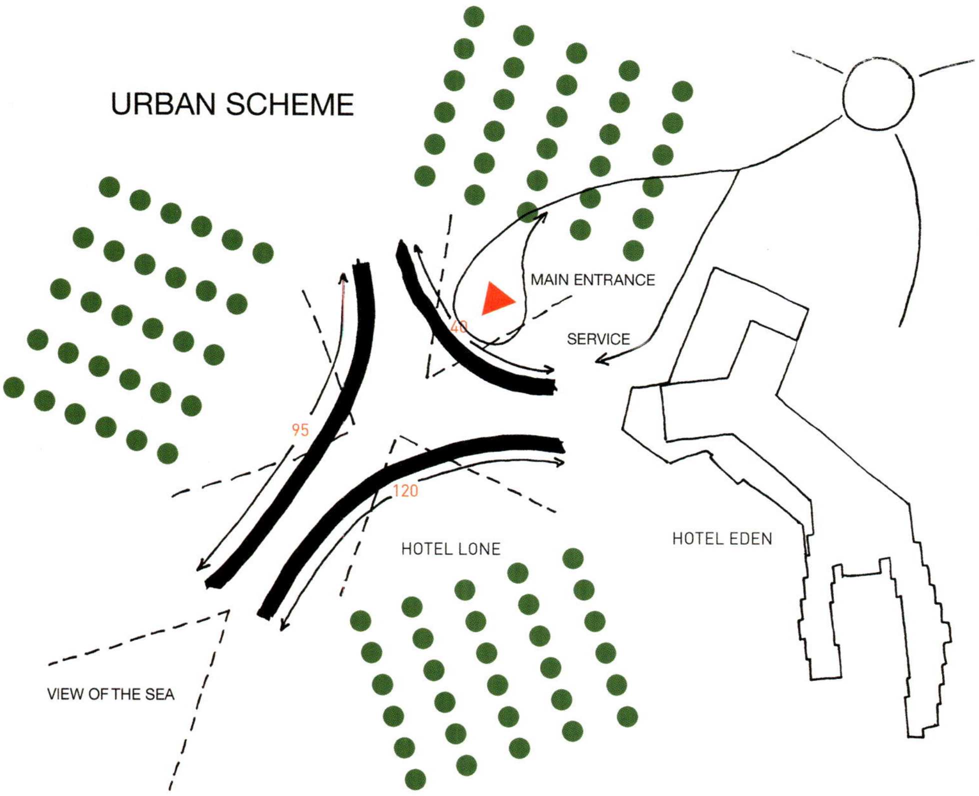

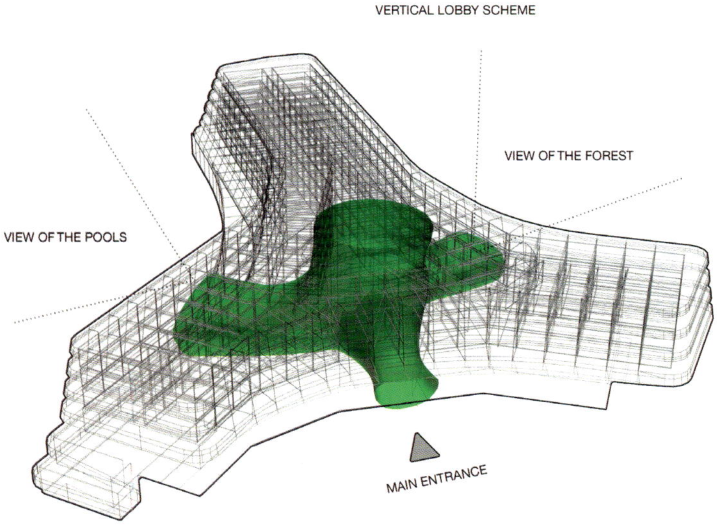

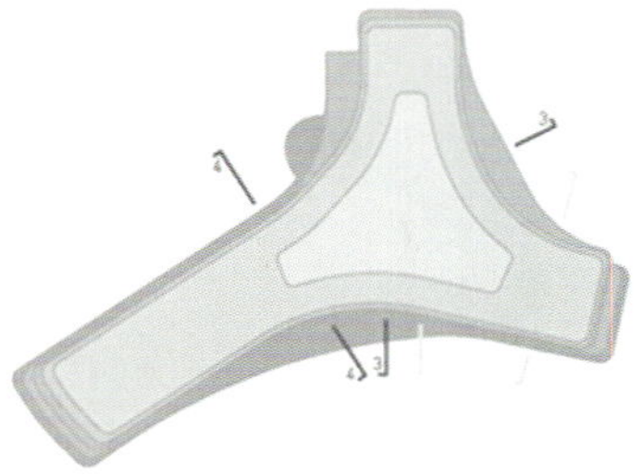

section 4-4

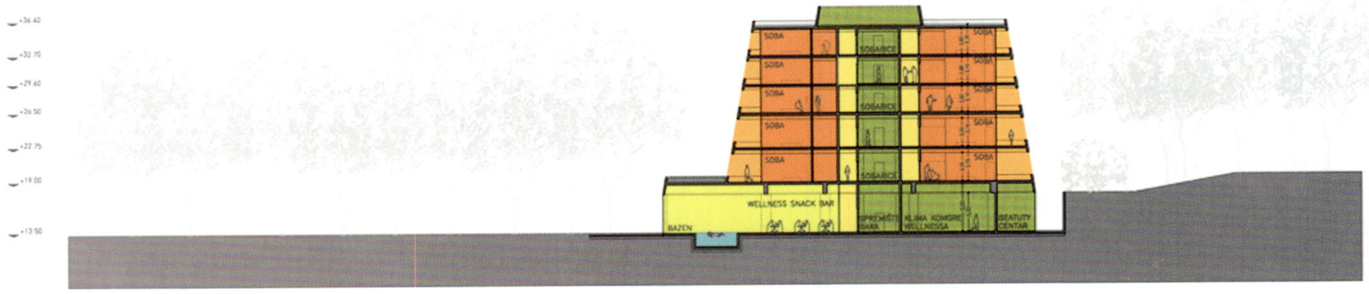

section 3-3

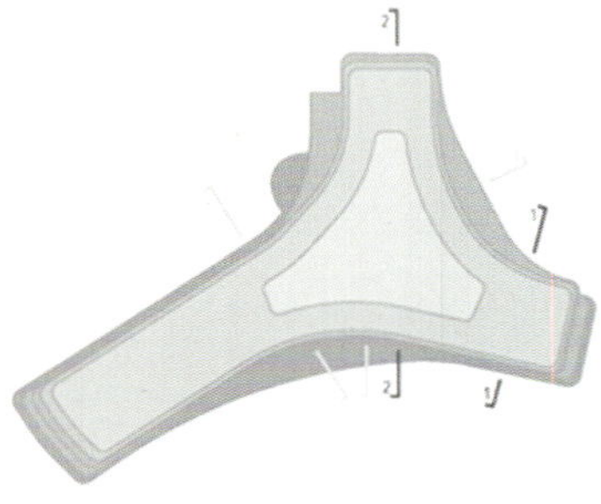

section 2-2

section 1-1

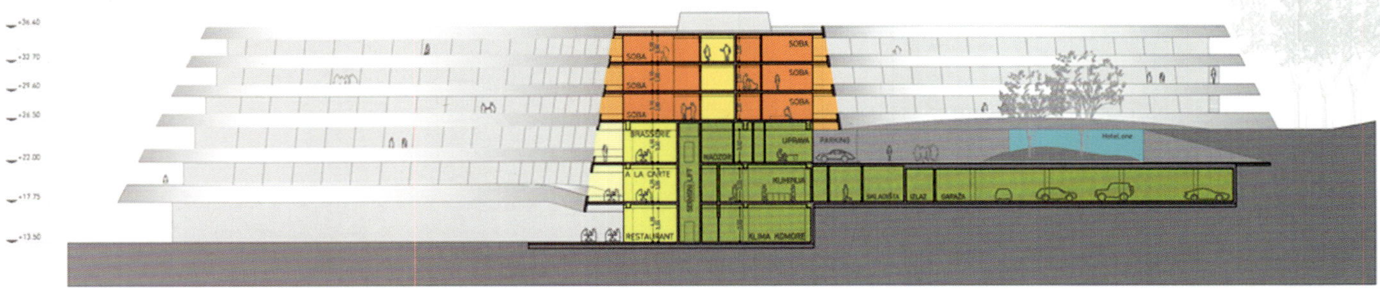

HKPIP

几年来，香港理工国际出版社秉承"传递价值，共创未来"的理念，凭借高效的团队和营运机制，已专业、出色地完成了多部图书的出版发行。已于 2010 年 7 月出版发行的《100 家全球最新品牌酒店》一书获得了业内人士的高度评价和读者的赞誉。该书收录了全球各大高端品牌酒店，并以图文并茂的海量信息诠释了当下酒店设计的最新动态，是一本值得收藏的好书。它不仅展现了酒店应有的舒适性、质量性，更突出了人性需求的另一个精神境界——"品位"。全书收录了全球较有代表性的作品，从案例中可以更好地了解酒店及其格调、环境的塑造过程。值得一提的是，本书是国内最新完成的全球最新品牌酒店集锦，该书一经推出便持续热销，在国内外读者中产生巨大反响。

书中对酒店进行了详细的分类介绍：奢华型酒店营造出一种尊贵高雅的生活方式；商务型酒店在房间设施的配备上强调商务功能的同时又兼备时尚感、舒适性；度假型酒店体现出极度放松、休闲、归真的本真状态；设计型酒店个性形象鲜明，时尚感强烈，具有精致的形象感；时尚型酒店则以现代时髦的建筑外观、前卫个性的室内设计、新异的美食主题和新颖的服务来诠释时尚的概念。

《100 家全球最新品牌酒店》的策划、设计、印刷时尚且精细，贵社的出版策划资源非常丰富。——上海现代集团华东建筑设计研究院

《100 家全球最新品牌酒店》一书制作之认真、设计之精美实属罕见，给我们留下了深刻印象。——KCA International

《100 家全球最新品牌酒店》设计制作十分专业，印刷精美，内容丰富，是目前我们见到最优秀的一部酒店图书。——万科企业股份有限公司

The production of this book is very fantastic, the design and scheming work of the books in China is becoming better and better. It is really wonderful. It is a great honor to have this book, and we'll remember HKPIP.——世博会西班牙馆的外籍朋友

…………

当然，随着中国地产业的发展，竞争的日益激烈，任何一家出版社都不能畏葸不前，香港理工国际出版社在原有的优秀选题上继续关注世界建筑热点，深度挖掘有特色的题材，加强国内外交流合作，将为大家呈现另一场视觉盛宴——城市综合体《HOPSCA》。

HOPSCA 是指在城市中的居住、办公、商务、出行、购物、文化娱乐、社交、游憩等各类功能复合，相互作用，互为价值链的高度集约的街区建筑群体，由 Hotel、Office、Park、Shopping mall、Convention、Apartment 六部分构成。

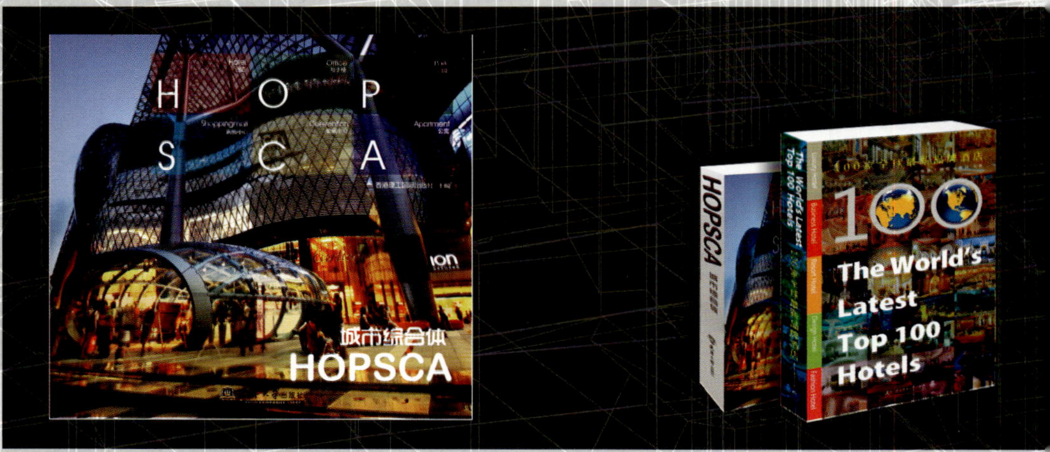

作为城市最重要的构成单位，HOPSCA 的发展趋势与城市发展息息相关。HOPSCA 还是一个强大的磁场，她融会城市各种资源；她也是个开放式的交流中心，不间断地与城市交流自身的资源；她更是个核心，影响甚至能带动整个城市发展。HOPSCA 不仅仅满足人们在生活上各方面的需求，而且业态与业态之间的互动及依赖更体现出 HOPSCA 业态的科学性及联动性。

该书集世界最新城市综合体建筑作品、方案等于大成，具有如下特点：权威性、先进性、实用性。紧紧把握当代全球 HOPSCA 建筑设计的发展趋势，力求全面地介绍项目的设计特色和设计理念等。书中涵盖了世界顶尖商场——ION Orchard；大型商务大厦——投资广场；深圳 CBD 第一商务旗舰——卓越皇岗中心；日本目前规模最大的都市再开发计划——ppongi Hills；集高档公寓、商务写字楼、零售商场于一体的综合项目——来福士等经典项目。

"IDU 设计改变世界"系列活动

——国际知名设计师中国行

世界设计联盟联合业务中心（JBCIDU）是一个全球性联盟设计机构，该机构将位于世界各地的高端设计公司和设计师联合到一起，以统一的联营品牌形象（IDU 埃迪优）对外接洽设计业务。JBCIDU 以国际视野和全球一体化的发展战略，汇聚了世界各地高端设计资源和先进设计理念，为客户提供项目设计、实施和推广运营等环节的专业化一站式服务。

目前，JBCIDU 旗下拥有 16 个直属设计团队和遍布五大洲的 40 多家国际设计公司，业务涵盖设计前期咨询、规划设计、建筑设计、景观设计、室内设计等多个设计领域。

此次"IDU 设计改变世界"系列活动中，IDU 将从关注人居生活出发，与数百位全球知名设计专家一起分享世界各地在人居环境设计和资源管理方面的先进技术和成功经验，共同探讨未来可持续发展与人居质量提升的有效措施，从而真正践行建筑设计让城市生活更美好的设计理念。届时，Signers 的创始人、知名设计师 Alain Cousseran，西班牙著名设计大师 Ana Esteve Cruella，意大利著名建筑师 Laura Aquili，法国注册建筑师 Bereder Frederic 等都将莅临。活动将使不同国籍原汁原味的设计风情与项目定位实现完美结合，使国际先进成熟的设计理念真正落实于本土，让合作的项目仅从设计上就能突显非凡的气质和无限的"钱"途。

目前，已有 200 多家媒体将对参与本次活动的房地产开发企业及参与活动的项目进行历时半年多的立体式滚动报道，充分展示开发商的发展文化和地块资源优势，彰显项目价值的发展潜力。开发商也将借助国际舞台亮相，引来八方目光，使项目还未启动就已名满海内外。

大会还将举办房地产投融资交流会，邀请国际著名财团、投行和众多金融界人士与参会开发商直接交流洽谈，有效促成双方的共赢发展。

此外，联合国人居环境规划署（UN-HABITAT）也对此次活动表达了强烈的意愿与关注。UN-HABITAT 与 IDU 的合作不仅对人居环境的改善具有重要意义，而且对于促进中国与联合国人居环境规划署的友谊也有深远意义。

在这里不仅仅是收获世界城市建设和开发的新概念，更使得人类共同追求生态、建康、环保、可持续发展的美好理想变为现实，让本土联动全球，让权威鉴证价值，让项目完美塑造。

（活动详情请登录网站：www.jbcidu.com)

图书在版编目（CIP）数据

世界酒店建筑 ： 对话国际建筑师事务所 / 香港理工国际出版社 主编
. 北京 ： 中国林业出版社， 2010.10
ISBN 978-7-5038-5972-4

Ⅰ. ①世… Ⅱ. ①香… Ⅲ. ①饭店－建筑设计－世界－图集 Ⅳ.
①TU247.3-64
中国版本图书馆 CIP 数据核字（2010）第 199080 号

中国林业出版社 • 环境景观与园林园艺图书出版中心

出　　版：中国林业出版社（100009　北京西城区刘海胡同 7 号）
发　　行：新华书店北京发行所
出 版 人：贺李渊
策　　划：香港理工国际出版社
责任编辑：李　顺
编　　辑：高雅雯 Frankie
美术指导：Kirlly 易帅
印　　刷：深圳市彩美印刷有限公司
版　　次：2010 年 10 月第 1 版
印　　次：2010 年 10 月第 1 次
开　　本：220 mm ×320 mm
印　　张：47
字　　数：560 千字
定　　价：298 元

电话、传真：83229512
经销商：北京都市龙腾图书有限公司
电话：010-82226828
凡本书出现缺页、倒页、脱页等质量问题，请向出版社图书营销中心调换。
版权所有　侵权必究